·大学生创新实践系列丛书·

大学生现代土木工程创新创业实践

胡列◎著

College Students' Innovation and Entrepreneurship Practice in Modern Civil Engineering

清華大學出版社
北京

图书在版编目（CIP）数据
大学生现代土木工程创新创业实践 / 胡列著.
北京 ：清华大学出版社, 2024. 9. -- (大学生创新实践系列丛书).
ISBN 978-7-302-67410-8
Ⅰ. TU
中国国家版本馆 CIP 数据核字第 2024JS0619 号

责任编辑：付潭蛟
封面设计：胡梅玲
责任校对：王荣静
责任印制：刘海龙
出版发行：清华大学出版社
网　　址：https://www.tup.com.cn，https://www.wqxuetang.com
地　　址：北京清华大学学研大厦 A 座　　邮　　编：100084
社 总 机：010-83470000　　邮　　购：010-62786544
投稿与读者服务：010-62776969，c-service@tup.tsinghua.edu.cn
质 量 反 馈：010-62772015，zhiliang@tup.tsinghua.edu.cn
课 件 下 载：https://www.tup.com.cn，010-83470332
印 装 者：定州启航印刷有限公司
经　　销：全国新华书店
开　　本：185mm×260mm　　印　张：16　　字　　数：422 千字
版　　次：2024 年 11 月第 1 版　　印　　次：2024 年 11 月第 1 次印刷
定　　价：45.00 元

产品编号：105405-01

作 者 简 介

胡列，博士，教授，1963年出生，毕业于西北工业大学，1993年初获工学博士学位，师从中国航空学会原理事长、著名教育家季文美大师，现任西安理工大学高科学院董事长、西安高新科技职业学院董事长。

胡列博士先后被中央电视台《东方之子》栏目特别报道，荣登《人民画报》封面，被评为“陕西省十大杰出青年”“陕西省红旗人物”“中国十大民办教育家”“中国民办高校十大杰出人物”“中国民办大学十大教育领袖”“影响中国民办教育界十大领军人物”“改革开放30年中国民办教育30名人”“改革开放40年引领陕西教育改革发展功勋人物”等，被众多大型媒体誉为创新教育理念最杰出的教育家之一。

胡列博士先后发表上百篇论文和著作，近年分别在西安交通大学出版社、华中科技大学出版社、哈尔滨工业大学出版社、清华大学出版社、人民日报出版社、未来出版社等出版的专著和教材见下表。

复合人才培养系列丛书：	**概念力学系列丛书：**
高新科技中的高等数学	概念力学导论
高新科技中的计算机技术	概念机械力学
大学生专业知识与就业前景	概念建筑力学
制造新纪元：智能制造与数字化技术的前沿	概念流体力学
仿真技术全景：跨学科视角下的理论与实践创新	概念生物力学
艺术欣赏与现代科技	概念地球力学
科技驱动的行业革新：企业管理与财务的新视角	概念复合材料力学
实践与认证全解析：计算机-工程-财经	概念力学仿真
在线教育技术与创新	**实践数学系列丛书：**
完整大学生活实践与教育管理创新	科技应用实践数学
大学生心理健康与全面发展	土木工程实践数学
科教探索系列丛书：	机械制造工程实践数学
科技赋能大学的未来	信息科学与工程实践数学
科技与思想的交融	经济与管理工程实践数学
未来科技与大学生学科知识演进	**大学生创新实践系列丛书：**
未来行业中的数据素养与职场决策支持	大学生计算机与电子创新创业实践
跨学科驱动的技能创新与实践	大学生智能机械创新创业实践
大学生复杂问题分析与系统思维应用	大学物理应用与实践
古代觉醒：时空交汇与数字绘画的融合	大学生现代土木工程创新创业实践
思维永生	建筑信息化演变：CAD-BIM-PMS融合实践
时空中的心灵体验	创新思维与创造实践
新工科时代跨学科创新	大学生人文素养与科技创新
智能时代教育理论体系创新	我与女儿一同成长
创新成长链：从启蒙到卓越	智能时代的数据科学实践

AuthorBiography

Dr. Hu Lie, born in 1963, is a professor who graduated from Northwestern Polytechnical University. He obtained his doctoral degree in Engineering in early 1993 under the guidance of Professor Ji Wenmei, the former Chairman of the Chinese Society of Aeronautics and Astronautics and a renowned educator. Dr. Hu is currently the Chairman of the Board of Directors of The Hi-Tech College of Xi'an University of Technology and the Chairman of the Board of Directors of Xi'an High-Tech University. He has been featured in special reports by China Central Television as an "Eastern Son" and appeared on the cover of "People's Pictorial" magazine. He has been recognized as one of the "Top Ten Outstanding Young People in Shaanxi Province" "Red Flag Figures in Shaanxi Province" "Top Ten Private Educationists in China" "Top Ten Outstanding Figures in Private Universities in China" "Top Ten Education Leaders in China's Private Education Sector" "Top Ten Leading Figures in China's Private Education Field" "One of the 30 Prominent Figures in China's Private Education in the 30 Years of Reform and Opening Up" and "Contributor to the Educational Reform and Development in Shaanxi Province in the 40 Years of Reform and Opening Up" among others. He has been acclaimed by numerous major media outlets as one of the most outstanding educators with innovative educational concepts.

Dr. Hu Lie has published over a hundred papers and books. In recent years, his monographs and textbooks have been published by the following presses: Xi'an Jiaotong University Press, Huazhong University of Science and Technology Press, Harbin Institute of Technology Press, Tsinghua University Press, People's Daily Press, and Future Press. The details are listed in the table below.

Composite Talent Development Series:	***Conceptual Mechanics Series:***
Advanced Mathematics in High-Tech Science and Technology	*Introduction to Conceptual Mechanics*
Computer Technology in High-Tech Science and Technology	*Conceptual Mechanical Mechanics*
College Students' Professional Knowledge and Employment Prospects	*Conceptual Structural Mechanics*
The New Era of Manufacturing: Frontiers of Intelligent Manufacturing and Digital Technology	*Conceptual Fluid Mechanics*
Panorama of Simulation Technology: Theoretical and Practical Innovations from an Interdisciplinary Perspective	*Conceptual Biomechanics*
Appreciation of Art and Modern Technology	*Conceptual Geomechanics*
Technology-Driven Industry Innovation: New Perspectives on Enterprise Management and Finance	*Conceptual Composite Mechanics*
Practical and Accredited Analysis: Computing-Engineering-Finance	*Conceptual Mechanics Simulation*
Online Education Technology and Innovation	***Practical Mathematics Series:***
Comprehensive University Life: Practice and Innovations in Educational Management	*Applied Mathematics in Science and Technology*
College Student Mental Health and Holistic Development	*Applied Mathematics in Civil Engineering*
Science and Education Exploration Series:	*Applied Mathematics in Mechanical Manufacturing Engineering*
The Future of Universities Empowered by Technology	*Applied Mathematics in Information Science and Engineering*
The integration of technology and thought	*Applied Mathematics in Economics and Management Engineering*
Future Technology and the Evolution of University Student Disciplinary Knowledge	***College Student Innovation and Practice Series:***
Data Literacy and Decision Support in Future Industries	*College Students' Innovation and Entrepreneurship Practice in Computer and Electronics*
Interdisciplinary-Driven Skill Innovation and Practice	*College Students' Innovation and Entrepreneurship Practice in Intelligent Mechanical Engineering*
Complex Problem Analysis and Applied Systems Thinking for University Students	*University Physics Application and Practice*
Ancient Awakenings: The Convergence of Time, Space, and Digital Painting	*College Students' Innovation and Entrepreneurship Practice in Modern Civil Engineering*
Mind Eternal	*Evolution of Architectural Informationization: CAD-BIM-PMS Integration Practice*
Mind Experiences Across Time and Space	*Innovative Thinking and Creative Practice*
Interdisciplinary Innovation in the Era of New Engineering	*Cultural Literacy and Technological Innovation for College Students*
Innovative Educational Theories and Systems in the Intelligent Era	*Growing Up Together with My Daughter*
The Innovation Growth Chain: From Enlightenment to Excellence	*Data Science Practice in the Age of Intelligence*

丛 书 序

在这个充满变革的新时代，创新成了推动科学、技术与社会发展的核心动力。作为一位长期从事教育工作的院士，我对于推动创新教育的重要性有着深刻的认识。胡列教授编写的“大学生创新实践系列丛书”，以其全面深入的内容和实践导向的特色，为我们呈现了一个关于如何将创新融入教育和生活的精彩蓝图。

该系列丛书从《大学生计算机与电子创新创业实践》开始，直观展示了在计算机科学和电子工程领域中，理论与实践如何结合，推动了技术的突破与应用。接着，《大学生智能机械创新创业实践》与《大学物理应用与实践》进一步拓展了我们的视野，展现了在机械工程和物理学中，创新思维如何引领技术发展，解决实际问题。同时，《智能时代的数据科学实践》介绍了数据科学在智能时代的应用，结合深度学习、人工智能等技术，通过案例展示其在金融、医疗、制造等领域的潜力，帮助读者提升创新能力。

更进一步，《大学生现代土木工程创新创业实践》与《建筑信息化演变》让我们见证了土木工程和建筑信息化在当今社会中的重要性，以及它们如何通过创新实践，促进了建筑领域的革新。

在《创新思维与创造实践》和《大学生人文素养与科技创新》中，胡列教授通过探讨创新思维与人文素养的关键作用，展示了如何在快速发展的科技时代中，保持人文精神的指引和多元思维的活力。《创新思维与创造实践》不仅跳出了具体技术领域的局限，强调了创新思维的力量及其在跨学科问题解决中的应用；而《大学生人文素养与科技创新》则强调了人文素养在激发创新思维、推动技术进步中的独特价值，鼓励读者在追求科技进步的同时，不忘人文关怀。

在《我与女儿一同成长》中，胡列教授用自己与女儿的成长故事，向我们展示了教育、成长与创新之间的紧密联系。这不仅是一本关于个人成长的书，更是一本关于如何在生活中实践创新的指导书。

通过胡列教授的这套丛书，我们不仅能学习到具体的技术和方法，更能领会到创新思维的重要性和普遍适用性。这套丛书对于任何渴望在新时代中取得进步的学生、教师以及所有追求创新的人来说，都是一份宝贵的财富。

因此，我特别推荐“大学生创新实践系列丛书”给所有人，特别是那些对创新有着无限热情的年轻学子。让我们携手，一同在创新的道路上不断前行，为构筑一个更加美好的未来而努力。

杜彦良
中国工程院院士
国家科技进步奖特等奖 2 项、一等奖 1 项
国家教学成果奖一等奖 1 项
2024 年 9 月

前言

随着中国经济的深度变革和全球化进程的加速，创新创业已经成为国家及教育部的核心要求，更是新时代下青年一代追求卓越的关键动力。在这场科技创新的浪潮中，我们不仅见证了无数技术的转化，更是见证了经济形态的转型，尤其是在土木工程这一领域，它的进步与创新对于国家的发展具有里程碑式的意义。

本书旨在为读者呈现现代土木工程领域的最前沿和最具创新性的实践。书中涵盖了上百个适合大学生创新创业的应用实践方案，从项目的初始创意，到实际的设计与执行，再到项目的完成与验收，每一个环节都充满了技术的挑战与解决之道。这些方案不仅展示了土木工程的技术深度和广度，更展示了当代工程师需要结合多学科知识，进行跨界创新。

对于大学生来说，这本书不仅是一本教材，更是一个创意的灵感来源。在今天，复合型人才的培养成为教育领域的核心课题，我们需要的不仅仅是独立的技术专家，更需要的是能够跨学科合作、具备广泛知识体系的创新者。本书正是为这样的人才培养提供了宝贵的参考。

此外，对于那些参与“全国大学生结构设计竞赛”、“互联网+”大学生创新创业大赛、“挑战杯”中国大学生创业计划竞赛、中国创新创业大赛、全国大学生数学建模竞赛等赛项的同学，本书更是提供了丰富的方案和策略，帮助同学们更好地理解和参与这些竞赛。

在此，我诚挚地希望本书能够为所有的读者带来启示，帮助你们更好地理解现代土木工程的深度与广度，激发出你们的创新潜能，为国家的发展和自己的未来创造更多的价值。

胡　列

2023 年 10月

目录

第1部分　土木工程的基本概念与创新背景

第2部分　实用技能与工具

第3部分 现代土木工程的创新领域与趋势

第4部分　现代土木工程与其他学科的融合

第5部分　从创意到实践与创业：大学生现代土木工程项目实践与参赛指南

第1部分

土木工程的基本概念与创新背景

第1章　土木工程的定义与分类

1.1　什么是土木工程

1.1.1　土木工程的定义与其在现代社会中的角色

土木工程，作为工程技术的一大分支，关注的是设计、建造和维护自然或人工环境的基础设施。这些设施包括但不限于桥梁、道路、隧道、大坝、机场、港口、水处理设施以及许多其他的建筑和基础设施。因此，土木工程是现代社会持续发展的基石。

在古代，土木工程与军事工程通常被视为一体，因为当时的主要建筑活动是建造堡垒和防御工事。但随着社会的发展以及人们对安全、高效和持久的基础设施的需求增加，土木工程逐渐作为一个独立的学科崭露头角。

在现代社会中的角色

社会发展的支持者：随着城市化进程的加速，高质量的基础设施变得至关重要。无论是交通系统、供水供电还是废物处理，土木工程师都在背后起到关键作用，确保社会的正常运作。

环境保护者：随着对环境保护的重视，土木工程师不仅要考虑如何建造结构，还要确保它们对环境的影响最小化。例如，水资源管理、水土保持和节能建筑设计都是当前土木工程研究的热点。

创新者和解决方案提供者：在面对如气候变化、自然灾害和资源短缺等全球性挑战时，土木工程师正在发挥着越来越重要的作用，为这些问题提供可行的解决方案。

经济增长的促进者：高效的交通网络、稳定的电力供应和良好的水资源管理是经济增长的关键因素，而这都离不开土木工程的支持。

土木工程不仅为我们提供了生活、工作和娱乐所需的物理环境，而且在维护和增强社会、经济和环境的可持续性方面发挥着至关重要的作用。

1.1.2　土木工程与其他工程领域的区别

工程技术包括多个子领域，土木工程只是其中之一。为了更好地理解土木工程的特性，我们可以通过将其与其他主要工程领域进行比较来加以区分。

1. 土木工程与机械工程

土木工程：主要关注的是大型的固定结构，如桥梁、建筑、隧道等的设计、建造和维护。

机械工程：关注的是移动部件和机器的设计、制造和维护，如发动机、机器人和空调系统。

2. 土木工程与电子工程

土木工程：侧重于大型物理结构和基础设施。

电子工程：涉及电子设备、电路和系统的设计、开发和维护，如计算机硬件、通信系统和微电子设备。

3. 土木工程与化学工程

土木工程：主要涉及建筑物和基础设施的物理结构。

化学工程：是应用化学、生物学、物理学和数学的原理来解决与化学生产和使用的产品及过程相关的问题。

4. 土木工程与航空航天工程

土木工程：通常处理地面上或地下的结构。

航空航天工程：涉及飞机、航天器和卫星的设计、开发和测试。

5. 土木工程与生物医学工程

土木工程：关注的是非生物的、大型的物理结构。

生物医学工程：结合医学和生物学原理，解决与健康和医疗相关的问题，如医疗设备的设计或生物材料的研究。

6. 土木工程与软件工程

土木工程：在实际环境中创建和维护物理结构。

软件工程：涉及计算机软件的设计、开发和维护。

虽然所有工程领域都涉及解决复杂问题的能力，以及应用数学和科学原理，但每个领域都有其特定的应用和专长。土木工程专注于我们生活、工作和交通的物理环境，而其他工程领域则可能更注重机械、电子、化学等其他方面的应用。

1.1.3　土木工程的重要性及其对社会发展的影响

土木工程，作为最古老的工程学科之一，与人类文明的发展和进步息息相关。它的重要性不仅体现在对日常生活的直接支持，还深远地影响着社会的经济、环境和文化层面。

支撑日常生活：大多数人日常生活中的基础设施，如道路、桥梁、供水和排水系统，以及我们所住的房屋，都是土木工程的产物。它们确保了人们的出行、住宿和生活的基本需求得到满足。

经济影响：高质量的基础设施有助于促进经济活动。有效的交通网络可以加速商品和人员的流动、提高生产效率；而稳定的资源供应（如电和水）可以为各种行业提供可靠的支持。

环境影响：土木工程项目考虑到对环境的影响，采取措施减少资源消耗、避免污染，并增强生态系统的健康。例如，绿色建筑和雨水管理系统都是为了更加环保和可持续发展。

应对全球挑战：随着全球气候变化和海平面上升等挑战的出现，土木工程师正在开发新的建筑方法和材料，以建造更具适应性和韧性的结构来应对这些威胁。

社会凝聚力：大型公共土木工程项目，如体育场馆、公园和纪念碑，不仅为公众提供了休闲和娱乐空间，还增强了社区的凝聚力和公众的身份认同感。

文化和历史价值：许多古老的土木工程项目，如长城、金字塔和罗马水道，现在被视为珍贵的文化遗产，反映了人类文明的历史和成就。

对社会发展的持续影响和所发挥的关键作用，让土木工程的重要性不言而喻。每一个成功的土木工程项目都是人类智慧、技术和创新精神的结晶，共同为全球的持续发展和繁荣提供坚实的支撑。

1.2　土木工程的主要分支

土木工程涵盖了多个子领域或分支，每个分支都专注于特定类型的基础设施或系统。以下是土木工程的主要分支。

1.2.1　结构工程

结构工程是土木工程的一个重要分支，它主要研究如何设计和建造各种结构，使其能够安全、经济并具有较长的使用寿命。结构工程师需要确保所设计的结构能够安全地承受预期的载荷和外部环境因素，如风、地震和雪。

1. 建筑结构

定义：涉及建筑物的设计和建造，如住宅、商业大楼、工厂、学校等。

重要性：不仅要确保建筑物的安全性和功能性，还要考虑美学、舒适性和持久性。

主要考虑因素：材料选择、载荷估计、结构系统设计、地基和基础选择等。

2. 桥梁

定义：设计和建造用于跨越障碍物（如河流、山谷或公路）的结构。

重要性：桥梁不仅能提供交通的连续性，还可能成为城市的标志或地标。

主要考虑因素：桥型选择、材料选择、基础类型、地震和风载荷分析等。

3. 隧道

定义：设计和建造穿越山体或地下的通道，用于道路、铁路或公共事业。

重要性：隧道为城市和交通网络提供了重要的连接，并可以避开表面上的障碍。

主要考虑因素：土壤和岩石条件、支撑系统、安全和通风、火灾防护等。

结构工程的核心是确保所设计和建造的所有结构都是安全、经济和可靠的。为此，结构工程师使用复杂的分析方法、计算机模拟和实验测试来验证他们的设计，并确保结构在其预期的使用寿命内能够正常工作。

1.2.2 交通工程

交通工程是土木工程的另一个重要分支，它涉及交通工具的规划、设计、建设、运营和维护，以确保人员和货物的安全、运输的高效和环保。

1. 道路

定义：涉及公路、高速公路、街道和其他道路系统的设计、建设和维护。

重要性：为日常通勤、货物运输等提供了基础设施，是城市和国家的经济命脉。

主要考虑因素：交通流量、土壤条件、排水、路面材料选择、安全性和环境影响。

2. 铁路

定义：涉及铁路轨道、车站和其他相关设施的设计、建设和维护。

重要性：为大量的人员和货物运输提供了高效和经济的解决方案，尤其在地域辽阔地区。

主要考虑因素：轨道布局、土工和桥梁设计、车站位置和设计、信号系统。

3. 航空

定义：包括机场跑道、滑行道、停机坪、航站楼等的设计和建设。

重要性：支持国内和国际的航空交通，为快速长距离旅行和货物运输提供基础。

主要考虑因素：跑道长度和方向、飞机的大小和类型、终端设施、安全性。

4. 港口

定义：涉及海港、码头、堤坝和其他支持船舶进出的结构的设计和建设。

重要性：是货物进出口的关键节点，对国家和地区的经济至关重要。

主要考虑因素：船舶大小、水深、潮汐和波浪条件、货物处理设施、连接道路和铁路的接入。

交通工程不仅要确保交通系统的高效运行，还要考虑如何减少对环境和社区的影响，提高交通安全性，并适应未来的交通需求和技术变革。

1.2.3 水资源工程

水资源工程是土木工程中的一个专门分支，专注于水资源的规划、管理、开发和利用。该领域确保水资源的可持续管理，并为各种应用提供足够、安全且高效的水资源。

1. 河流

定义：涉及河流的管理、改道和控制，以防止洪水、河道侵蚀和泥沙沉积。

重要性：为人类提供饮用水、支持生态系统，并作为主要的运输途径。

主要考虑因素：水流速度、河床稳定性、生态流量和河岸保护。

2. 渠道

定义：人工水道，用于引水、排水或航运。

重要性：提高水资源的可利用性，并为干旱地区提供生命线。

主要考虑因素：水流速度、渠道材料、流量控制和维护。

3. 水库

定义：通过建设大坝或堤坝而创建的人工湖，用于储存水。

重要性：为干旱季节或干旱地区提供稳定的水供应，并进行水力发电。

主要考虑因素：大坝的设计、储水量、水质管理和环境影响。

4. 泵站

定义：用于将水从较低的地方抽取到较高的地方的设施。

重要性：支持灌溉、供水和排水系统。

主要考虑因素：泵的效率、电力供应、控制策略和维护。

5. 排水

定义：从土地、建筑或其他结构中移除多余水的过程和系统。

重要性：防止洪水、保护土地和基础设施、提高城市的可居住性。

主要考虑因素：排水模式、材料、流量控制和环境影响。

6. 灌溉

定义：为农业提供水的人工过程。

重要性：支持农业生产，尤其是在降水量不足的地区。

主要考虑因素：水的有效性、灌溉方法、土壤特性和作物需求。

水资源工程师不仅需要保证水资源的有效利用和管理，还要确保水的质量、环境的保护和人类社区的福祉。随着气候变化和全球水资源的日益紧张，这一领域的重要性也日益增长。

1.2.4 环境工程

环境工程是土木工程的一个分支，主要关注使用工程原理和技术来改善和维护自然环境的质量，以确保人类健康和生态系统的可持续性。

1. 污水处理

定义：处理生活和工业废水的过程，以使其重新进入自然环境或供再次使用。

重要性：保护水资源、减少污染、支持可持续的水循环。

主要考虑因素：处理技术、生物和化学过程、污泥管理、成本和环境影响。

2. 固废处理

定义：管理和处理城市、工业和农业产生的固体废物。

重要性：减少垃圾填埋场的使用、回收有价值的材料、减少环境污染。

主要考虑因素：垃圾分类、回收策略、焚烧和填埋技术、废物能量回收。

3. 空气质量管理

定义：评估、监测和控制大气中的污染物，以保护公众健康和环境。

重要性：降低与空气污染相关的健康风险、保护生态系统、应对气候变化。

主要考虑因素：污染物来源，监测技术，排放控制策略、政策和法规。

4. 环境修复

定义：恢复受污染或破坏的土地、水和其他自然资源的过程。

重要性：保护生物多样性、支持可持续的土地使用、减少长期污染的风险。

主要考虑因素：污染物类型、修复技术、生态系统健康、社区参与和成本效益分析。

环境工程的目标是在经济、社会和生态的各个层面上实现可持续性。随着全球环境问题的日益加剧，这一领域在维护人类健康和生态安全方面的重要性也随之增加。

1.3　土木工程的实际应用

1.3.1　桥梁

桥梁是连接两个或多个点的关键结构，克服了地形或障碍物（如河流、山谷、道路或铁路）带来的困难，使交通更为便捷。

1. 悬索桥

定义：桥面由主缆支撑，主缆则由塔柱支撑并锚定在桥的两端。

优点：可以跨越很大的距离，外观优美。

应用：为大都市或特定地区提供了标志性的建筑，例如旧金山的金门大桥。

2. 拱桥

定义：桥面由一个或多个弓形结构支撑。

优点：结构稳定，可以用各种材料（如石头、混凝土或钢）建造。

应用：常见于跨越河流或山谷的地方，是许多古老城市的重要组成部分。

3. 梁桥

定义：由一系列横梁支撑的结构简单的桥梁，横梁两端分别支撑在两个立柱上。

优点：建造简单，成本低，维护容易。

应用：广泛应用于城市和乡村，常用于跨越小河流或道路。

4. 桥梁在交通网络中的作用

连接性：桥梁连接了以前由于地形或其他障碍物而无法直接连接的区域，为经济和社会活动创造了更多的机会。

交通流动性：提高了交通效率，减少了出行时间和成本。

经济增长：增强了商业、旅游和其他经济活动的可能性，带动了经济发展。

城市发展：对城市规划和扩展有一定的影响，促进了城市化和现代化。

综上，桥梁在土木工程和整个社会发展中都扮演着至关重要的角色，不仅仅是作为一种交通工具，更是支持和推动社会经济发展的关键基础设施。

1.3.2　高速公路

高速公路是现代交通网络的重要组成部分，它支持了经济活动和社交互动，并有助于城市和乡村的发展。这种道路类型是为高速、长距离和大容量的车辆流量设计的，并提供了一个快速、高效和安全的出行方式。

1. 高速公路在现代交通网络中的作用

连接性：高速公路连接了不同的城市、省份甚至国家，使得商业、旅游和其他活动更为便捷。

技术进步：随着建筑技术的进步，道路建设变得更加快速和高效，使用的材料也更加耐用和可持续。

信息化：现代高速公路系统还整合了各种技术，如智能交通系统（Intelligent Traffic System，ITS），为驾驶员提供实时的交通信息。

2. 高速公路的规划

需求评估：评估未来的交通需求，确定路线和道路规模。

环境和社会考量：进行环境影响评估，确保道路建设对生态和社区的影响最小化。

经济分析：评估项目的成本效益，确定资金来源。

3. 高速公路的建设

土地获取：这可能涉及征地、购地或通过其他方式获取必要的土地。

设计和工程：确定道路的确切路径，设计桥梁、隧道和其他必要的结构，并为施工做好准备。

施工：涉及土方工程、路面铺设、标志和安全设施的安装等。

4. 高速公路的管理

维护：确保道路处于良好状态，这可能涉及路面修复、清除积雪或其他维护活动。

交通管理：利用智能交通系统来监控和管理车辆流量，确保交通顺畅。

安全：监控交通事故，定期进行道路安全评估，并采取必要的措施以减少事故的发生。

在一个日益全球化和城市化的时代，高速公路在支持经济增长、促进地区间的交流和改善人们的生活质量方面发挥着至关重要的作用。

1.3.3 大坝

大坝是人类历史上最宏大和技术最复杂的土木工程之一。这些结构通常建在河流上，用于储存、调节和释放水资源。大坝的主要功能包括水资源储存、防洪、发电以及灌溉，同时也为休闲和旅游活动提供了可能。

1. 水资源储存

供水：大坝储存的水常常用于供应城市、工业和农村地区的水需求。

储备：在干旱时期，大坝为地区提供了宝贵的水资源储备。

2. 防洪

洪水控制：大坝可以通过调节水库的水位，有效控制洪水的流量，防止河流下游地区的洪水灾害。

水流调节：在雨季，大坝有助于稳定河水的水流，预防和减轻洪水的影响。

3. 发电

水力发电：许多大坝都配有水电站，将水的重力势能转化为电能，可为周边地区提供清洁的能源。

稳定供电：与其他可再生能源（如风能和太阳能）相比，水电站能提供更稳定的电力供应。

4. 灌溉

农业支持：大坝储存的水资源可用于灌溉农田，支持农业生产。

土地再生：在某些地区，灌溉有助于改善地况和土地再生，使之适合农业生产。

尽管大坝为人类社会提供了诸多好处，但它们的存在也具有一定的争议。大坝的建设可能会导致河流生态的变化、移民及沉积物堆积等问题。因此，大坝的规划、设计和建设需要综合考虑技术、经济、社会和环境因素，确保其可持续性和对周围环境的最小影响。

1.3.4 隧道

隧道是一种在地下或水下穿越障碍物（如山脉、河流或城市建筑）的通道。这些结构旨在为车辆、行人、铁路、公共交通或公用事业提供一个安全的通过路径。隧道的设计、建设和维护是土木工程中最为复杂和技术密集的领域之一。

1. 设计

地质调查：在设计之前，需要对地质和土壤进行详细的调查，以确定隧道的最佳位置及相关的设计方案。

安全性：确保隧道的稳定性和安全性是设计的核心，同时应考虑地震、水压和土壤移动等因素。

通风和安全出口：隧道内，特别是在长隧道中，需要确保有适当的通风系统和安全出口。

2. 建设

挖掘方法：根据地质条件，可以选择不同的挖掘方法，如开挖法、盾构法或爆破法。

支护：在挖掘过程中，可使用钢筋混凝土、钢支撑或其他材料来支撑隧道壁，以确保其稳定性。

防水和排水：由于隧道通常位于地下，所以需要有有效的防水和排水系统，以防止渗水和积水。

3. 维护

检查与维修：定期对隧道进行结构和安全检查，确保其长期稳定和安全运行。

通风与空气质量：确保通风系统正常运行，维护良好的空气质量，尤其是在交通量大的隧道中。

安全设施：维护和升级安全设备，如消防系统、紧急出口和监控系统。

隧道不仅是现代交通网络的重要组成部分，而且在历史上也扮演了关键角色，使人们能安全、快速地穿越自然和人为障碍。尽管隧道建设和维护面临着技术和经济上的挑战，但它们为社会经济发展提供了巨大的支持和价值。

第2章　土木工程的历史与创新演变

2.1　古代的土木工程杰作

2.1.1　长城

长城，又称万里长城，是中国古代一项宏大的防御工程。它不仅是一个建筑奇迹，还是人类智慧的象征。

1. 建设背景

建设目的：建设长城的初衷是为了防御来自北方的游牧民族的入侵。

统一标志：除了防御功能，长城的建设也象征了中央王权的统一和稳定。

2. 所用技术与材料

材料的多样性：长城沿线的建材取决于当地的资源。在山地，石头是主要的建材；在平原地区，则选用泥土和黄土作建材。

结构设计：长城不仅是一堵墙，它还有许多用于军事通信和部队部署的关卡、烽火台和哨所。

3. 工程挑战与解决方法

地形挑战：长城穿越了山脉、沙漠和平原，每一种地形都加大了长城的建设难度。

人力资源：建设长城需要大量的劳动力。很多人被征召来参与建设这项宏大的工程，其中包括农民、士兵和囚犯。

运输问题：在没有现代交通工具的情况下，所有的材料都需要人力或畜力来运输。

4. 长城的防御功能与其在历史中的地位

战略防线：长城作为一个连续的防线，保护了中华文明免受外部的侵犯和影响，使其得以繁荣发展。

历史象征：长城不仅是一个工程结构，它也是中国文化和历史的象征，还是中国古代人民智慧和决心的体现。

5. 古代工艺与长城的建设方法

古代的测量技术：尽管没有现代的测量工具，古代的建筑师和工程师仍能依靠简单的工具和他们对地形的深入了解来规划长城的路径。

建筑技巧：使用黄土、树枝和石头，工匠们采用叠层和压实技术来建造墙体。

烽火传信：长城的烽火台用于传递军事信息。当敌人来犯时，通过点燃稻草等可燃物把信息传递给远处的兵站或城池。

长城是一个展现古代土木工程技术和人民智慧的杰出例证，它不仅体现了建筑的伟大，而且展示了人类的智慧。

2.1.2　金字塔

古埃及的金字塔是古代土木工程中最为引人注目的代表之一。这些令人惊叹的结构不仅展示了当时的建筑技术，还体现了古埃及文化中关于生死和超验的深刻信仰。

1. 设计原则

天文定位：金字塔的侧面精确地指向 4 个基本方向，顶部和北极星对齐，反映了古埃及人对天文学的深厚了解。

几何对称：金字塔的基座是一个完美的正方形，四面坡度相同，展示了古埃及人的几何知识。

2. 施工技术与材料来源

材料选择：大部分金字塔是用石灰岩建造的，而较为精致的外表面则使用了花岗岩或高品质的石灰岩。

巨石运输：巨大的石块主要是通过尼罗河水路运输的，然后通过滑轨和滚木的方式移至施工现场。

施工技巧：尽管没有确凿证据，但普遍的观点是，建筑工人可能使用了螺旋形的外部坡道或内部螺旋坡道来移动石块。

3. 金字塔的宗教与文化意义

永生的象征：金字塔作为法老的陵墓，被认为是他进入后世的通道，反映了古埃及文化对于生死和永生的信仰。

权力的展示：建造金字塔需要巨大的人力和资源，这不仅是对神的致敬，也是法老展示其权力和影响力的方式。

4. 金字塔建设的工程挑战

精确度：确保金字塔完美地对齐 4 个基本方向是一个重大挑战，需要精确的测量技术。

石块的切割与定位：确保每块石头的大小和形状的统一及位置的正确，需要极高的技能。

劳动力管理：尽管一些学者认为金字塔是由奴隶建造的，但现代研究倾向于认为这些是由大批志愿劳动者在农闲期间完成的，这需要巨大的组织和协调工作。

古埃及的金字塔不仅是建筑技术的杰出代表，它们还是古埃及文化、宗教和权力观念的有力象征。

2.1.3　古罗马道路

古罗马道路在古代土木工程中占有一席之地。这些道路构成了古罗马帝国广阔的交通网，展示了古罗马工程师的才华和古罗马文化的前瞻性思维。

1. 设计原则

直线原则：古罗马人追求直线和效率，因此，他们的道路通常直接连接两点，无论地形如何。

多层结构：古罗马道路采用多层结构，包括底部的粗石和上部的碎石或砖块，以确保道路结实且排水良好。

2. 施工技术

基础工作：首先挖掘道路的基础，再去除松软的土壤，并填充粗石和砂。

排水系统：道路两侧常有排水沟，确保水不积聚在路面。

路面铺设：在粗石上铺设较细的碎石，然后再铺设石板或砖块，形成坚硬的路面。

3. 古罗马混凝土与道路建设

创新材料：古罗马混凝土，主要由石灰、水、火山灰和砂石组成，被广泛用于多种建筑工程，包括桥梁、道路和建筑。

耐久性：这种混凝土具有很好的耐久性，许多古罗马建筑至今仍然存在便足以证明。

4. 道路与古罗马帝国的军事、商业与文化发展

军事用途：道路使古罗马军队提升行进速度，确保对帝国各地的控制和防御。

商业利益：道路促进了商品、信息和文化的交流，从而增强了古罗马帝国内部的连通性和经济繁荣。

文化交流：道路使得文化、艺术和哲学的传播更为容易，加强了古罗马帝国的统一和文化同化。

古罗马道路不仅是工程上的伟大成就，更是古罗马帝国政治、军事和文化统一的关键工具。这些道路的遗迹，如今仍然可以在欧洲各地看到，是古罗马文明留给后世的宝贵遗产。

2.2 工业革命以来的技术进步与土木工程的创新发展

2.2.1 工业革命与土木工程材料的进步

工业革命，始于 18 世纪的英国，它使得技术、经济和社会结构发生了巨大变革。随着蒸汽机及机械化的出现，工业生产迅速扩张，带动了土木工程领域的革命性变革。其中，最为明显的变化是新材料的出现和使用，如钢铁和混凝土，这些材料为建筑和基础设施的快速发展提供了坚实的基础。

1. 钢铁

高强度：与传统的铁材料相比，钢的强度大大增强，使得建筑可以建得更高、更大。

生产效率：随着贝塞麦转炉炼钢法的出现，炼钢的效率和速度得到极大的提升，这为各种土木工程项目提供了充足的原材料。

应用广泛：钢铁被广泛应用于桥梁、铁路、高层建筑和各种其他工程结构，极大地扩展了设计的可能性和规模。

2. 混凝土

耐久性：混凝土具有出色的耐久性，能够抵抗各种天气条件和化学侵蚀。

塑性高：与石材或砖块等传统材料相比，混凝土在未固化时具有很高的塑性，可以塑造成各种形状和结构。

强度与经济性：随着配合比的研究和改进，混凝土的强度得到了增强，同时由于其成分普遍且易于生产，使得其成本较低。

随着这些材料的不断更新，土木工程领域出现了许多创新，如摩天大楼、大型桥梁和复杂的基础设施网络。这些变革不仅仅体现在工程技术上，并且在更深层次上影响了人们的生活方式，推动了现代城市化的快速进程。

2.2.2 现代化施工设备的出现与应用

随着工业革命的深入发展，土木工程领域也出现了各种现代化施工设备。这些设备大大提高了施工效率，并使得更大、更复杂的工程项目得以实现。

1. 蒸汽机

效率提升：在 18 世纪和 19 世纪，蒸汽机的出现彻底改变了人们的施工方式。其动力源使得重型机械得以应用，大大加快了建设速度。

多功能性：蒸汽机不仅被用于驱动工厂机械，还广泛应用于工地，如挖掘、搬运等作业。

交通革命：蒸汽机带来了火车和蒸汽船的发明，极大地改善了原材料和成品的运输效率，促进了工程项目的发展。

2. 起重机

重载提升：起重机使得工程师能够搬运重达数吨的物料和设备，大大超出了人力的搬运能力。

精准施工：随着起重机技术的进步，其精确性和稳定性也得到了增强，使得施工更为精准和可靠。

安全性增强：起重机不仅提高了施工速度，还减少了工人直接进行重物搬运的风险，从而降低了工地伤亡率。

此外，还有很多其他现代化施工设备，如混凝土搅拌车、打桩机、隧道掘进机等，它们在各自的领域内都起到了革命性的作用。这些设备的出现，使得土木工程领域的项目更为庞大、复杂，同时也更为安全和高效。这些技术进步不仅推动了土木工程的发展，也为社会经济和文明进程做出了巨大的贡献。

2.2.3　土木工程设计方法的进步

随着技术的发展，土木工程的设计方法也经历了翻天覆地的变革。特别是在 20 世纪后半叶到 21 世纪初，计算机技术和数字化方法的广泛应用，为工程设计带来了前所未有的便利和准确性。

1. 计算机辅助设计（CAD）

高效性：计算机辅助设计大大提高了设计的速度，简化了复杂计算和绘图工作，减少了人为错误。

准确性：CAD 工具能够帮助工程师进行精确的尺寸测量和细节设计，保证设计的准确性。

三维可视化：现代的 CAD 软件可以生成三维模型，这使得工程师、建筑师和客户都能在项目开始之前对建筑或结构有一个直观的了解。

2. 模拟技术

性能评估：通过模拟技术，工程师可以预测土木结构在不同条件下的性能，如地震、风荷载或交通荷载等。

风险分析：模拟技术可以帮助工程师评估潜在的工程风险，使得设计决策更加明智。

优化设计：通过模拟不同的设计方案，工程师可以选择最佳的设计方案，以实现结构性能和经济效益的最佳平衡。

3. 数字化测量和地理信息系统（GIS）

高精度数据收集：通过数字化测量技术，如无人机和激光扫描，可以快速、准确地获取地形、建筑和其他土木工程资料。

空间分析：GIS 技术使得工程师能够进行复杂的空间分析，如洪水模拟、交通流量分析等。

资源管理：GIS 还可以用于城市和区域规划、资源管理和环境保护，为土木工程的可持续发展提供重要信息。

随着计算机和数字化技术的进步，土木工程的设计方法也迎来了新的篇章。这些先进的工具和技术不仅提高了设计的质量和效率，还为解决现代社会的复杂问题提供了强大的支持。

2.3　20 世纪以来的重大土木工程项目与其背后的创新技术

2.3.1　巴拿马运河

巴拿马运河是连接大西洋和太平洋的人工水道，位于中美洲的巴拿马共和国。其建设不仅实现了商业和军事上的目标，也克服了一系列技术挑战。

1. 施工技术

巨大的挖掘量：建设运河需要进行大量的土石挖掘。为此，采用了大量的蒸汽挖掘机和爆破技术。

土壤与岩石的稳定性：由于运河沿线存在滑坡的风险，工程师采用了特殊的工程方法来确保土壤和岩石的稳定性。

2. 锁系统设计

创新的船闸设计：巴拿马运河特有的船闸系统使船只能够随着水面升降而升降，以适应大西洋和太平洋两端的海平面高度差异。这个系统通过一系列的船闸室和闸门来控制水位的升降，从而帮助船只顺利通过运河的高低落差区域。

自动化与遥控：随着技术的进步，运河的操作也实现了自动化和遥控，大大提高了通航效率。

3. 健康与安全

疾病防控：在运河建设过程中，工人面临许多健康挑战，尤其是疟疾和黄热病。运河管理当局采取了创新的健康措施，如排水、喷雾和医疗措施，有效地减少了疾病的传播。

4. 环境考虑

水资源管理：考虑到水资源的重要性，运河建设中考虑了雨水收集和存储系统，以确保运河的正常运行。

生态保护：在运河的建设和运营过程中，考虑到对当地生态系统的影响，采取了一系列措施来保护生态平衡。

巴拿马运河不仅是一个具有重要战略意义的水上交通要道，还是一项展示了许多创新土木工程技术的重大工程项目。

2.3.2 英吉利海峡隧道

英吉利海峡隧道，通常被称为“Channel”或“Eurotunnel”，连接了英国与法国，成为了两国间的一个重要交通动脉。它是世界上最长的海底隧道之一，其设计、施工和管理均展现了土木工程的创新之处。

1. 设计

三管式设计：隧道包括两个用于列车行驶的主隧道和一个中央服务隧道。这种设计不仅提高了安全性，还为维护提供了便利。

地质考量：工程师对地下的白云岩层进行了详细的研究，以确定最佳的隧道路径，以避免过多的海水渗入。

2. 施工

隧道掘进机（Tunnel Boring Machine，TBM）的使用：使用了创新的隧道掘进机来挖掘固体的白云岩，这大大加速了施工进度。

同步施工：在英国和法国两边同时开始施工，并在隧道中间会合，这需要高度的精确性和协调。

水密封技术：由于隧道位于海底，因此必须采用先进的防水技术来防止海水渗入。

3. 管理与运营

安全系统：隧道内设有先进的监控和报警系统，以确保旅客和运营人员的安全。

运营效率：使用了高度自动化的列车调度系统，确保列车的高频率和准时运行。

维护策略：隧道的维护计划考虑了长期的耐用性和安全性，其中包括定期的检查、维修和升级工作。

英吉利海峡隧道不仅是连接英国和欧洲大陆的交通枢纽，更是土木工程领域中的一项创新成果。其成功的实施和运营，展现了多种工程技术和管理策略的高度结合。

2.3.3　三峡大坝

三峡大坝位于中国的长江上，是世界上最大的混凝土坝和水电站。这一宏大的工程项目对于中国的水资源管理、能源供应和洪水控制都具有重大意义。其建设过程中涉及了一系列的工程挑战和创新。

1. 设计

多功能设计：三峡大坝不仅是为了发电，还被设计为具有防洪、航运和水资源调节的多重功能。

安全性评估：由于其巨大的规模，工程师进行了大量的地震和结构安全性评估，以确保大坝的长期稳定性。

2. 施工

混凝土施工技术：由于是世界上最大的混凝土坝，其混凝土浇筑技术必须达到前所未有的精确性。

岩土工程：大坝的地基是关键。对岩土的处理、固化和加固都采用了创新技术。

移民和环境保护：由于库区淹没了大片土地，涉及大规模的移民。同时，项目部还致力于野生动植物的保护和重新安置。

3. 管理与运营

水库调度：大坝的运营需要对长江上游的水库运营进行协调调度，确保电力生产的稳定性，同时也满足下游的需水、航运和生态需要。

维护与监测：采用了先进的传感器和监控技术，实时检测坝体的运行状况。

航运施工：为了保障航运，大坝旁建有大小船闸和一座船舶提升机，实现了船舶的快速通过。

三峡大坝不仅展示了当前土木工程技术的顶尖水平，更是环境、社会和技术三方面挑战的综合应对。它为世界其他地区的大型水利工程项目实施提供了宝贵的经验。

2.3.4　高铁技术的发展

高铁技术，即高速铁路技术，从 20 世纪中期开始在日本和欧洲兴起，并逐渐成为全球各地交通革命的象征。这种技术允许列车以超过 250 km/h 的速度运行，为人们提供了快速、高效的长途交通方式。以下是高铁技术的关键发展和如何在短时间内建设长途、高速的铁路线。

1. 设计与规划

线路选择与地貌：工程师需要选择避免大量隧道和桥梁的路径，但同时又要尽量走直线，以减少转弯和加速/减速的次数。

动态设计：为了处理高速下的动态负荷，轨道、桥梁和隧道的设计必须考虑到空气动力学方面以及噪声和振动的影响。

2. 施工技术

预制构件：为加速施工进度，许多构件（如轨道板）都是预先在工厂制造的，然后运到现场进行安装。

自动化施工：使用高度自动化的设备和机器，如自动轨道敷设机，可以大大提高施工速度和质量。

隧道掘进：对于必须穿越的山区和城市，使用了高效的隧道掘进机来快速打通隧道。

3. 管理与维护

智能维护系统：通过传感器和数据分析，可以预测和定位潜在的轨道问题，从而进行及时维护。

安全管理：考虑到高速列车的运行，安全系统、通信和监控系统的建设和维护是至关重要的。

调度与控制：使用先进的计算机系统进行列车调度，确保列车之间的安全距离，并准确控制列车的速度和时间表。

随着时间的推移，高铁技术在全球范围内迅速发展。不仅如此，随着技术的进步和施工经验的累积，高铁线路的建设速度也得到了显著提高，使得大量的长途高速铁路线在短时间内得以完成。

2.3.5 港珠澳大桥

港珠澳大桥是世界上最长的跨海大桥，连接中国的香港、珠海和澳门 3 个主要城市。这座大桥壮观宏伟，它是复杂地质条件、严格的环境保护要求和技术创新的完美结合。以下是这一宏伟工程的关键特点和背后的创新技术。

1. 设计与规划

结构设计：考虑到大桥所在的珠江口地震带的特点，大桥采用了能够抵抗强震的特殊结构设计。

环境保护：在设计过程中，工程师为保护当地的白海豚和其他生态系统进行了大量研究和规划。

2. 施工技术

深海基础施工：由于跨海大桥的建设需要在深海中建造桥墩，工程师采用了大型沉箱和钻孔灌注桩等技术。

隧道施工：大桥中包括了一段约 6.7 km 的沉管隧道，它是通过预制的沉管段连接起来的，这是在复杂的海洋环境中进行的一项技术挑战。

连接技术：桥和隧道的连接采用了特殊的人工岛设计，以确保交通的流畅和安全。

3. 管理与运营

安全系统：港珠澳大桥配备了一套先进的交通安全和监控系统，包括风速监测、车流监控和自动事故检测。

维护与保养：采用了高科技的维护设备，例如使用无人机进行桥梁检查，确保桥梁的长期运行安全。

交通管理：由于连接的 3 个城市有不同的交通法规和驾驶习惯，大桥的管理和运营需要特殊的策略和指导，例如交通指示和驾驶员培训。

港珠澳大桥不仅仅是一座工程奇迹，更是一个集结了多种创新技术和管理经验的代表作。它展示了现代土木工程建设者的能力，以及在巨大的技术和环境挑战面前实现目标的决心。

第3章 现代土木工程的创新趋势

3.1 可持续建筑材料与绿色建筑的创新技术与策略

3.1.1 绿色建筑的概念与价值

1. 绿色建筑的概念

绿色建筑不仅仅是一个建筑的概念，还代表了一种全新的建筑哲学和方法，强调与环境和谐共生、节能减排和对资源的尊重和保护。这种建筑方法着重考虑人与自然环境之间的平衡关系，使其在设计、施工和使用过程中达到节能、环保和舒适的效果。

2. 绿色建筑的价值

节能：绿色建筑通常使用高效的隔热材料和先进的建筑设计，以减少建筑物对冷暖气流的依赖。采用被动式设计，如南向窗户和热量回收系统，以及主动式技术，如太阳能电池板和地热泵，可以大大减少建筑物的能源需求。

环保：绿色建筑的设计与施工旨在减少环境污染和资源浪费。这包括使用可再生和可回收的建筑材料、减少施工废物、采用低挥发性有机化合物的建筑材料以减少室内空气污染，以及利用雨水回收系统减少对淡水的需求。

生态可持续性：与传统建筑相比，绿色建筑更加注重生态系统的健康和可持续性。这包括使用当地的植物进行绿化、减少对土地的开发影响、建设生态屋顶和绿墙，以及通过生态景观设计增强生物的多样性。

绿色建筑的价值不仅在于它们的环境效益，还在于它们为居住者和使用者带来的健康、舒适和经济效益。在长远的生命周期内，绿色建筑通常比传统建筑具有更低的运营和维护成本，同时还为建筑的用户和社区创造了更健康、更和谐的生活环境。

3.1.2 可持续建筑材料的选择与应用

随着人们对环境问题的关注，选择和应用可持续建筑材料已经成为现代土木工程的核心内容之一。这些材料的特点是其生产、应用和处置过程均具有较低的环境影响，并能够提供与传统材料相同或更好的性能。

1. 循环利用材料

再生混凝土：通过回收旧建筑中的混凝土碎片，与新骨料、水和水泥混合，生产新的混凝土。这种混凝土不仅减少了资源消耗，还减少了废物填埋。

再生金属：例如铝和钢，它们可以从废弃的建筑或其他产品中回收并重新铸造成新的建筑材料，这大大降低了新材料的生产所需的能源。

再生木材：来自拆除的建筑或家具的木材，经过处理后可以再次用于新的建筑或家具制造。

2. 降低碳排放的建筑材料

低碳水泥：通过采用新技术和替代材料，如粉煤灰、矿渣和硅藻土，可以生产出低碳水泥，从而减少了 CO_2 的排放。

生物基材料： 如麻、竹和木，它们在生长过程中吸收 CO_2，作为建筑材料可以有效地锁定这些碳分子，从而起到减碳的效果。

绝热材料： 如羊毛、麻或再生的聚合物泡沫，它们可以有效地提高建筑的热性能，从而减少建筑的能源需求和相关的碳排放。

3. 其他可持续建筑材料

绿色屋顶材料： 如土壤、植被和透水性材料，能够减少雨水径流、提供绝热效果，并为城市环境创造生态空间。

自净材料： 如光催化剂涂层，可以利用阳光把空气中的污染物分解为无害的物质。

选择和应用这些可持续建筑材料需要综合考虑其生命周期的环境、社会和经济效益。随着技术的进步和对可持续性的深入认识，这些材料的选择和应用正变得越来越普及。

3.1.3 节能与资源高效利用技术

随着全球能源危机的日益加剧和气候变化问题的严重，利用可再生能源和高效的能源利用技术在建筑中已经变得至关重要。这些技术不仅可以满足建筑的能源需求，还可以大大降低碳排放和环境污染。

1. 太阳能

光伏发电： 通过太阳能电池板将光能直接转化为电能。这些电池板可以安装在屋顶、墙壁或其他适当的表面上，为建筑提供电力。

太阳能热水器： 通过集热器收集太阳能，用于加热水，供建筑内部使用。

被动式太阳能设计： 通过建筑设计的方法，如定向、窗户大小和位置以及材料选择，有效地利用太阳能进行加热或冷却。

2. 风能

风力发电机： 大型的风力发电机主要用于大型风电场，但小型的风力发电机也可以安装在建筑物或其附近，为建筑提供电力。

建筑一体化的风能系统： 这是将风能系统与建筑结构相结合的方法，如利用建筑物的形状来增强风速，从而提高发电效率。

3. 其他节能技术

热回收系统： 回收建筑内部的废热，如从空调或通风系统中执行热回收，用于加热或预热新鲜空气。

LED 和智能照明系统： 使用能效更高的 LED 灯，并通过传感器和控制器自动调整光线的亮度和颜色，以节省能源。

绿色屋顶和墙体： 通过种植植被来绝热，降低室内的温度，并减少空调的使用。

4. 资源高效利用

雨水收集系统： 收集雨水并存储起来，用于冲厕、灌溉或其他非饮用目的。

灰水回收系统： 处理和回收建筑中产生的非污染水，如洗手盆和淋浴的水，用于冲厕或灌溉。

当我们在建筑设计和施工中综合应用这些节能与资源高效利用技术时，不仅可以大大减少建筑的运营成本，还可以为环境和未来带来巨大的好处。

3.2 数字化、智能化在土木工程中的应用及其带来的革命性变化

随着信息技术的不断发展，数字化和智能化技术在土木工程领域中的应用正在迅速扩展，

为整个建筑行业带来了前所未有的机遇和挑战。这些技术不仅提高了工程的效率和精度，还带来了全新的工作方式和流程。

3.2.1　建筑信息模型（BIM）与数字孪生

1. 建筑信息模型（BIM）

1）定义

BIM（Building Information Modeling）是一种数字化的设计和建筑工具，能够在整个建筑生命周期中为各方参与者提供实时、三维和动态的建筑项目可视化。

2）应用

设计阶段：设计师可以使用 BIM 进行 3D 建模，实现多学科协同工作，减少设计错误和冲突。

施工阶段：通过与现场数据集成，可以对施工进度进行实时监控，及时调整施工策略。

运营与维护阶段：BIM 提供了大量关于建筑性能和使用情况的数据，方便进行设备维护和建筑管理。

3）优势

通过利用 BIM，各方参与者可以更好地沟通和协作，降低项目风险，提高效率和质量。

2. 数字孪生

1）定义

数字孪生是沟通真实物理世界与虚拟数字世界之间的桥梁，为真实世界中的物体或系统提供一个完整、实时的数字化副本。

2）应用

实时监控：数字孪生能够实时收集和分析建筑或基础设施的数据，如温度、湿度、结构应力等。

预测性维护：通过分析数据模型，可以预测出潜在的问题或损坏，从而提前进行维护或维修。

模拟与优化：在数字模型中进行各种模拟，如能效、空气流动等，以优化设计或运营策略。

3）优势

数字孪生提供了一个实时、动态的分析工具，有助于提高建筑和基础设施的性能、耐久性和可靠性。

数字化技术的应用使土木工程行业实现了从传统的 2D 设计到现代的 3D、4D 甚至 5D 建模的巨大跨越。这不仅降低了项目的成本和风险，还大大提高了项目的质量和效率。

3.2.2　智能建筑与自动化施工技术

随着科技的进步和创新，智能建筑和自动化施工技术逐渐成为土木工程领域的重要趋势。这些技术带来了高度集成的系统、更高的工作效率，以及更为优化的施工流程。

1. 智能建筑

1）定义

智能建筑是指通过集成先进的自动化系统和网络技术，实现建筑环境、能源、安全等方面的智能管理和控制的建筑。

2）应用

环境监控：通过传感器收集建筑内外的环境数据，如温度、湿度、空气质量等，自动调整空调、通风和照明系统。

能源管理：智能建筑能够实时监测和调整能源消耗，提高能效，减少浪费。

安全与安防：智能摄像头、生物识别技术和其他传感器共同为建筑提供 24 小时的安全保障。

健康与舒适性：通过智能化调控，实现室内空气质量、温湿度等环境因子的优化，提升居住和工作的舒适度。

2. 自动化施工技术

1）定义

自动化施工技术是指使用先进的机械设备、机器人和信息技术，实现建筑施工过程的自动化。

2）应用

施工机器人：例如砖墙砌筑机器人、混凝土喷射机器人等，能够在特定环境下高效地完成施工任务。

无人机技术：用于建筑现场的实时监控、测量和数据收集，提供高清的航拍图像和 3D 建模。

3D 打印技术：在建筑领域中，3D 打印技术可用于打印复杂的结构部件、模型甚至整个建筑。

传感器与物联网：通过在施工现场安装各种传感器，收集数据并通过云计算进行分析，为工程师提供决策支持。

机器人、传感器和云计算等技术的融入使土木工程领域步入了一个新的时代，它不仅提高了施工的效率和精度，还为建筑带来了更高的可持续性和智能性。

3.2.3 数据分析与预测在工程管理中的价值

在土木工程领域，数据分析和预测已经成为工程管理中不可或缺的工具。随着技术的进步，大数据和人工智能为工程项目提供了前所未有的深度信息和广度信息。这些技术提供的综合信息分析为工程管理带来了以下价值。

1. 风险识别与管理

早期预警：通过对工程数据的实时监控和分析，可以提前识别可能出现的风险和问题，从而及时采取措施避免或减轻损失。

风险评估：利用数据分析对工程各个环节的风险进行量化评估，帮助管理者制定相应的风险管理策略。

2. 优化决策

成本效益分析：通过对工程数据的深度分析，可以准确评估项目的成本和预期收益，从而做出更明智的投资决策。

资源调配：利用数据预测技术，可以预测项目中的资源需求，如人员、材料和设备，从而实现资源的优化配置。

3. 进度管理

预测延误：通过对历史数据和当前施工数据的分析，可以预测项目的完成时间，并及时调整施工计划。

效率提升：利用数据分析可以揭示工程施工中的低效环节，从而采取措施提高施工效率。

4. 质量保证

质量监控：通过对工程数据的实时监控，可以实时发现质量问题，并及时采取改正措施。

历史数据参考：通过对历史工程数据的分析，可以为当前项目提供质量标准和参考，确保工程的高质量完成。

5. 客户满意度提高

通过数据分析对工程过程中的客户反馈进行实时响应，能够更好地满足客户需求和期望。

数据分析与预测在土木工程管理中的价值是巨大的。通过利用大数据和人工智能技术，工程管理者可以更有效地识别风险、优化决策、管控进度和保证质量，从而实现工程项目的高效、高质量完成。

3.3　响应城市化与气候变化的创新技术和解决方案

3.3.1　高密度城市的土木工程解决策略

随着城市化的持续推进，高密度城市已成为全球范围内的普遍现象。这些城市面临的核心挑战是如何在有限的土地上满足日益增长的人口和基础设施需求。为了应对这些挑战，土木工程师提出了多种创新的解决策略。

1. 垂直城市

1）定义

垂直城市是通过多功能的高层建筑，来满足人们居住、工作和娱乐的需求，从而减少对土地的依赖。

2）优点

节约土地：高层建筑可以容纳更多的居民和设施，从而减少对土地的需求。

减少交通需求：由于多种功能的集成，居民可以在同一建筑中工作、生活和娱乐，从而减少外出的需求。

可持续性：高层建筑可以更好地利用太阳能、风能等可再生能源，从而实现绿色和可持续的生活方式。

3）挑战

结构安全：垂直城市需要面对风、地震等自然灾害的挑战，因此需要更加坚固的结构设计。

供水和排水：高层建筑的供水和排水需要特殊的设计和技术支持。

交通和疏散：在紧急情况下，如何快速疏散大量居民是垂直城市面临的挑战。

2. 地下城市

1）定义

地下城市是利用地下空间建设的居住、工作和娱乐设施。

2）优点

节约土地：与垂直城市类似，地下城市也可以减少对土地的需求。

温度稳定：地下的温度相对稳定，可以减少能源消耗。

减少噪声和污染：地下空间远离地面的噪声和污染，提供了更好的居住和工作环境。

3）挑战

通风和采光：地下空间需要特殊的通风和采光设计。

安全和疏散：地震和火灾等紧急情况下，如何保证居民的安全是地下城市面临的挑战。

建设成本：地下建筑的建设成本通常高于地面建筑。

结合垂直城市和地下城市的优点和挑战，我们可以看到，高密度城市的土木工程解决策略需要综合考虑结构、环境和社会等多方面的因素，从而实现可持续、高效和安全的城市建设。

3.3.2 对抗极端气候的建筑与基础设施设计

随着气候变化的加剧，土木工程领域也面临着新的挑战。为了应对日益频繁和强烈的极端气候事件，建筑和基础设施设计需要考虑到多种应对策略。

1. 抗洪设计

高程调整：为了防止洪水侵袭，一些建筑可能需要提高其基础或使用阶梯式的设计。

生态护岸与湿地：这些天然的缓冲区可以减少洪水的冲击，并帮助吸收过多的雨水。

雨水收集与存储：集雨系统和地下储水池可以减少城市洪涝问题。

排水系统优化：确保城市有足够、高效的排水系统，能够快速处理暴雨带来的大量雨水。

2. 抗震设计

深基础与隔震技术：深层基础和隔震器可以分散地震的能量，减少地震波对建筑的冲击。

柔性结构：允许建筑在地震中产生一定的移动，从而避免结构破裂。

地震预警系统：通过实时监测地震活动，为居民提供预警，减少伤害。

3. 抗风设计

流线型结构：设计建筑的流线型外形以减少风的冲击和涡流。

加强结构：使用钢筋、预应力混凝土等材料来增强建筑的抗风能力。

防风障碍物：如树木、围墙等，可以降低风速，并为建筑提供额外的保护。

4. 其他考虑

绿化屋顶与墙壁：这些设计既可以帮助吸收雨水，又可以为建筑提供额外的保温层，从而抵御极端的高温或低温。

社区设计：确保社区内的建筑和基础设施之间有足够的距离和缓冲区，以减少极端气候事件的连锁反应。

面对气候变化带来的挑战，土木工程师们正采用上述和其他创新技术，确保建筑和基础设施既安全又可持续。

3.3.3 绿色基础设施与生态城市设计

绿色基础设施与生态城市设计的核心是促进与自然环境的和谐共生，同时满足城市化的需求。这种设计策略不仅提高了城市居民的生活质量，还对应对气候变化、提高生物多样性和增强城市韧性起到了至关重要的作用。

1. 雨水收集

城市雨水收集系统：在街道、广场和公共区域设置雨水收集点，将雨水直接导入储水设施或再利用。

住宅雨水收集：通过屋顶的雨水槽和集雨桶，家庭可以收集雨水供园艺或其他非饮用目的使用。

2. 绿色屋顶

隔热与节能：植被覆盖可以提供额外的隔热层，减少建筑物的冷热负荷，节约能源。

增加生物多样性：为城市中的野生动植物提供生活空间。

减少城市热岛效应：通过吸收太阳的辐射，减少反射和热量的积累。

3. 生态廊道

提供野生动植物通道：确保城市中的野生动植物可以自由迁移，促进种群的健康和生物多样性。

空气净化：树木和植被可以吸收污染物，提供更健康的空气。

休闲与健康：为城市居民提供宁静的绿色空间，增进身心健康。

4. 其他技术

透水性铺装：使用透水材料建造道路和人行道，使雨水可以渗透到地下，增加地下水补给。

垂直绿化：利用建筑的墙面种植植被，不仅提供绿色空间，还能降低建筑的温度。

自然化处理系统：例如，生态湿地可以用于处理城市废水，既减少污染，又创建了有价值的生态空间。

绿色基础设施和生态城市的设计思路强调了人与自然的和谐共生，它们不仅增强了城市的韧性和适应能力，还为居民创造了一个更加宜居的环境。

第4章　土木工程中的交叉学科创新

4.1　土木工程与材料科学的结合

材料科学在近年来已经对土木工程带来了前所未有的突破，尤其是在新型建筑材料的研究与应用上。通过深入的交叉学科研究，现代土木工程已经可以利用这些高科技材料，不仅提高了建筑的寿命和韧性，还能响应环境和社会的可持续发展需求。

4.1.1　新型建筑材料的概念与特性

1. 自修复材料

概念：这些材料可以在受到损伤后自我修复，从而延长其使用寿命，并减少维护和维修的需求。

特性：通过嵌入微生物或特定化学物质，使材料在受损时可以产生类似“愈合”的效果。

应用：可以应用在桥梁、道路、隧道等关键结构上，以减少因微小裂缝引起的长期损坏。

2. 超高性能混凝土（UHPC）

概念：这是一种具有出色机械性能和耐久性能的混凝土材料。

特性：UHPC具有超高的压缩强度、优异的抗折性能，并具有很好的耐久性，能抵抗侵蚀和冻融。

应用：UHPC可用于各种高性能需求的建筑结构，如大跨度桥梁、摩天大楼等。

3. 纳米材料

概念：在纳米尺度上制造或处理的材料，能够展现出传统材料所不具备的优越特性。

特性：纳米材料具有高度的表面活性、优越的力学性能和特殊的化学性能。

应用：纳米材料可用于制造更轻、更强和更耐用的土木工程材料，例如纳米钢、纳米混凝土加固剂等。

随着材料科学与土木工程的更深入结合，未来的建筑结构将会更加持久、安全和可持续。这种交叉学科的融合为现代土木工程带来了无限的可能性。

4.1.2　轻质与环保建筑材料

随着环境保护和可持续发展日益受到重视，轻质和环保建筑材料已经成为土木工程领域的研究热点。这些材料不仅降低了建筑物的碳足迹，还满足了现代建筑对轻便、高性能和可回收的需求。

1. 绿色建材

概念：从提取、生产到使用和处理，整个生命周期内对环境影响最小的建筑材料。

特性：绿色建材不仅环保，还常常具备良好的绝缘、透气、隔音和抗震特性。

应用：如麻、竹、草或其他天然纤维所制的建材，以及非毒性和低VOC的油漆和涂料。

2. 再生材料

概念：通过对废弃建筑材料的回收和处理得到的可以再次使用的材料。

特性：减少了新材料的开采和生产，从而降低了碳排放和其他环境影响。

应用：例如，旧混凝土经过碎裂可以作为新混凝土的骨料，旧砖块和瓦片可以破碎后用作新建材。

3. 低碳材料

概念：在生产、使用和处置过程中产生的碳排放远低于传统材料的建筑材料。

特性：低碳材料不仅减少了温室气体排放，而且往往具有更好的绝缘性能和热性能。

应用：例如，高效绝热材料、低碳混凝土和生态木材。

通过采用这些轻质和环保建筑材料，建筑项目可以实现更高的资源效率和更低的环境影响，从而推动整个土木工程领域向更加可持续的未来迈进。

4.1.3　材料科学在基础设施维护与延寿中的角色

材料科学在土木工程中的应用不仅不局限于新型建筑材料的研发和使用，还广泛应用于基础设施的维护和延寿。随着新技术和材料的不断涌现，现代土木工程师能够更有效地维护现有结构，延长其使用寿命并确保其安全运行。

自修复材料：这些材料能够自动修复微小的裂缝和损伤，从而延长结构的寿命。例如，某些混凝土中含有微生物，当混凝土产生裂缝时，这些微生物会产生矿物质来填充裂缝。

高耐久性材料：通过改进材料的生产和加工方法，如添加特定的添加剂或改变生产工艺，可以生产出更耐用、更抗腐蚀的建筑材料。这类材料尤其适用于恶劣环境中的基础设施。

智能材料：这些材料可以对环境变化做出响应，如温度、湿度或压力的变化。例如，形状记忆合金在受到外部力时会改变形状，但在无载荷时又能恢复原状。

增强材料：通过将传统建筑材料与纳米材料、纤维或其他增强材料结合，可以得到具有更高强度和韧性的复合材料。例如，碳纤维增强的聚合物（CFRP）可以用于加固和维修受损的混凝土结构。

生物基建筑材料：这些由天然纤维和生物树脂组成的材料不仅具有出色的机械性能，还对环境友好，其制造过程中的碳排放远低于传统材料。

通过使用这些新型材料，工程师可以延长基础设施的使用寿命、提高其稳定性和耐用性，并降低维护成本和环境影响。此外，这些材料还为工程师提供了更多的设计和施工选择，从而提高整个土木工程领域的创新能力。

4.2　土木工程与信息技术的融合

随着信息技术的迅猛发展，其在土木工程中的应用也日益深入，带来了全新的管理模式和解决方案，改变了传统的工程实践。

4.2.1　建筑信息模型（BIM）在工程全周期中的应用

BIM，即建筑信息模型，是一种基于 3D 模型的数字表示形式，能够整合建筑的几何空间关系、地理信息以及属性数据。这种整合不仅仅局限于设计阶段，而是涵盖了建筑和基础设施的整个生命周期，包括规划、设计、施工和运营。

设计阶段：BIM 可以实时进行碰撞检测，即在设计阶段就预测并解决各个系统之间的空间冲突，如管道和梁的位置关系。此外，设计师可以使用 BIM 进行更为细致和准确的量化分析，如材料需求预测、能效分析等。

施工阶段：在施工现场，BIM 可以与各种传感器和设备相结合，实现实时监控和比对。例如，通过 BIM 与无人机或激光扫描设备的结合，可以快速检测实际施工进度与 BIM 模型之间的差异，并做出相应调整。

运营与维护阶段：BIM 不仅提供了建筑的 3D 模型，还包含了关于建筑各部分的详细信息，如材料、设备规格、预期使用寿命等。这使得物业管理者能够更为精确地进行设备维护和更换，提高资源利用效率。

数据驱动的管理：BIM 不只是一个模型，更是一个信息数据库。这意味着，各个阶段产生的数据可以被回馈到模型中，为后续决策提供数据支持。例如，施工中的材料使用数据可以回馈到设计阶段，帮助设计师优化设计方案。

BIM 在土木工程的全周期中都发挥着重要作用，它将设计、施工和运营整合在一起，使得工程项目能够更为高效、精确和可持续地进行。

4.2.2 虚拟现实（VR）与增强现实（AR）在土木工程中的价值

随着技术的不断发展，虚拟现实（VR）和增强现实（AR）已从原初的游戏和娱乐领域扩展到了土木工程等实际应用场景。它们为土木工程提供了全新的视角和工作方式，提高了效率和精准度。

1. 设计可视化

VR 和 AR 可以将 2D 设计图纸转化为 3D 模型，并置入真实或模拟的环境中，允许工程师、设计师和客户沉浸其中。这种沉浸式体验使得参与者能够更直观地理解设计意图，捕捉到可能的问题，并提供实时反馈。

AR 在实地工程现场上也有重要作用，例如，设计师可以使用 AR 技术在现场叠加数字模型，直观地看到建筑或基础设施在现实环境中的位置和外观。

2. 施工模拟

在施工前，工程团队可以使用 VR 进行模拟演练，识别潜在的风险和障碍，制订更为有效的施工计划。

AR 技术可以在施工现场为工人提供实时信息和指引，例如显示管道、电缆等隐藏在墙内或地下的设施位置，以减少误差并提高施工安全性。

3. 培训应用

VR 为新员工提供了一个风险较低的环境来进行模拟操作和培训，从而加速他们的上手过程。例如，对于某些特定的机器或工程任务，使用 VR 进行模拟操作可以大大降低真实施工中的风险。

AR 可以为现场工人提供实时的操作指导，使其快速掌握新技术或工艺。

结合 VR 和 AR 技术，土木工程从设计、施工到培训都可以得到有效的改善和优化。这两种技术不仅提高了效率和准确性，还有助于降低工程风险，使项目实施更为顺利。

4.2.3 信息技术对工程管理与决策的影响

随着信息技术的迅速发展，数据分析和人工智能（AI）已逐渐成为土木工程领域的重要支持工具。它们为工程管理和决策提供了更高的准确性和效率，从而极大地提高了工程的可预测性和成功率。

1. 数据驱动的决策

利用先进的数据分析工具，工程师和项目经理可以快速收集、分析和解释大量的工程数据，从而做出更为明智的决策。例如，施工进度、材料消耗和质量控制等关键数据可以实现实时监控，确保工程始终按照预定的路径进行。

通过对历史工程数据进行分析，可以预测未来的趋势和潜在问题，从而提前做出调整，优化施工计划。

2. AI 在风险控制中的应用

AI 算法可以从大量的历史数据中识别模式和关联，预测可能的风险因素，并为工程团队提供早期预警。例如，AI 可以帮助预测天气对施工的影响，或者分析材料供应链的稳定性，从而确保施工不会意外中断。

3. 优化资源分配与管理

利用数据分析和 AI，工程团队可以更为准确地预测资源需求，如人力、材料和设备，从而实现更为高效的资源分配和利用。

AI 还可以帮助自动调整施工计划，确保在资源有限的情况下工程仍能按时完成。

4. 实时通信与协作

信息技术支持的实时通信工具可以确保团队之间信息流畅，无论他们身处何地。这对于分散在不同地点的团队来说尤为重要，因为他们可以实时分享数据、提出问题和交流意见，确保工程进度不受阻碍。

信息技术为土木工程管理和决策提供了全新的工具和方法，使工程团队能够更为准确和高效地进行工作。随着技术的不断进步，我们可以预期，未来的土木工程将更加智能化、自动化和高效。

4.3 土木工程与生态学的交叉

土木工程与生态学的结合正在为我们的建筑环境和城市发展带来革命性的变革。这种交叉学科的合作着眼于创建一个与自然环境和谐共生的城市，以确保可持续性和生态友好性。

4.3.1 生态友好型城市的规划与设计原则

生态友好型城市的规划与设计致力于对自然环境的干扰最小化，同时提供给居民舒适、健康和高效的生活空间。以下是核心原则。

整体性：从整体的角度看待城市规划和设计，而不仅仅是从单一的建筑或项目的角度。考虑所有的生态、社会和经济要素，确保城市的长期可持续性。

生态优先：在设计和规划过程中，首先考虑生态因素。为野生动植物创造生境，维护水体的健康以及确保土壤的肥沃，都是至关重要的。

多功能绿地：创造多功能的公共和私人绿地，提供休闲、娱乐、防洪和生态廊道等多种功能。

自然资源的高效利用：通过雨水收集、太阳能和风能等方式高效利用自然资源。

低影响发展：减少对土地、水和其他资源的消耗，减少污染，降低碳足迹，并尽可能地使用再生和可持续的资源。

社区参与：鼓励社区成员参与规划和设计过程，确保他们的需求和愿景得到体现。

灵活性：随着时间的推移和环境的变化，城市设计和基础设施应该具有足够的灵活性。

生物多样性：保护和增加城市的生物多样性，以支持健康的生态系统并提高城市居民的生活质量。

生态友好型城市不仅仅是一个设计理念，它是一个完整的方法论，旨在将自然生态融入城市发展中，确保人与自然和谐共生。这需要土木工程师、生态学家、城市规划师和其他多学科专家的紧密合作。

4.3.2 绿色基础设施与生态廊道的实践

随着城市化的加速和气候变化带来的挑战，绿色基础设施和生态廊道已经成为了城市规划和土木工程实践中的核心概念。这些概念不仅有助于提高城市居民的生活质量，还能为城市居民提供必要的生态服务。

1. 雨水管理

传统的雨水管理方式往往是建设大型的排水系统和硬化表面，将雨水快速排放出城市。但这种方法往往导致水资源的浪费和城市内涝问题。而绿色基础设施则提倡采用如下方法来进行雨水管理。

雨水花园：这些是专门设计的低洼地带，可以收集和过滤雨水，并允许水渗透到土壤中。

绿色屋顶：能够吸收雨水的植物屋顶，可以减缓雨水流速、减少径流。

透水性铺装：允许雨水渗透到地下的铺装材料，可以减少雨水径流并重用雨水。

2. 生态恢复

随着城市化的推进，大量的自然生态系统被破坏。生态恢复是指通过人工干预来恢复这些被破坏的生态系统。这包括以下几方面。

湿地恢复：湿地可以为野生动植物提供栖息地，同时还可以过滤污染物和减缓洪水。

河流和溪流恢复：通过恢复河流和溪流的自然形态，可以提高其生态功能和生物多样性。

3. 城市绿化策略

生态廊道：这些是连接不同生态区域的绿色通道，可以为动植物提供栖息地和迁徙路线，同时也为市民提供休闲和娱乐空间。

社区花园和公园：这些绿地为城市居民提供了放松和娱乐的空间，同时也增加了城市的绿色覆盖率。

城市林业：在城市中种植大量的树木，可以提高空气质量，减少噪声污染，并为城市居民提供阴凉。

绿色基础设施和生态廊道为现代城市提供了一种与自然和谐共生的方式，它们不仅能够提高城市的生态服务功能，还能为城市居民提供更好的生活环境。

4.3.3 生态学在城市适应性设计中的作用

随着全球气候变化对城市的影响越来越明显，城市适应性设计成为一个日益重要的课题。生态学为城市提供了一系列理论和方法，以确保城市能够在面临气候变化等外部压力时继续提供核心服务并保证居民生活质量。以下是生态学在城市适应性设计中的几个主要应用。

1. 生态系统服务的恢复与增强

湿地和雨水花园：这些生态系统可以吸收过多的雨水，降低洪涝风险，同时提供多样性生物的栖息地。

绿色屋顶和墙壁：可以调节城市微气候，降低城市热岛效应，同时为野生生物提供生境。

2. 城市生物多样性的提高

生态廊道和绿地网络：为野生动植物提供活动和繁殖的通道，增加城市内部的生物多样性，提高城市的生态韧性。

3. 资源循环和效率的提高

循环经济和再生资源：通过促进资源的循环使用和废物的资源再生，降低对外部资源的依赖，提高城市的自给自足能力。

4. 韧性基础设施的设计和建设

自然基础设施：如沙丘、潮汐湿地等，可以作为对抗海平面上升和风暴潮的第一道防线。

绿色基础设施：如绿色屋顶、透水铺装等，可以降低径流、减缓洪涝和增加地下水补给。

5. 社区参与和教育

公众参与：鼓励公众参与城市绿色项目的规划和实施，提高公众的环境意识和行动能力。

生态教育：通过教育项目，使公众更加了解气候变化和生态系统服务，提高其参与和支持度。

生态学为城市适应性设计提供了一个独特的视角和方法，通过模仿和增强自然系统，我们可以设计出更加韧性、自给自足和与自然和谐共生的城市。

第2部分

实用技能与工具

第5章　数学与物理学在土木工程中的应用

土木工程中的数学和物理学应用主要涉及对各种工程问题的数学建模和物理分析。这些模型和分析可以帮助工程师预测和控制建筑结构的性能，确保其安全、经济和环保。

5.1　土木工程的数学建模

数学建模在土木工程中的应用涉及将实际的土木工程问题转化为数学方程或系统，然后利用这些方程或系统来分析和解决问题。

5.1.1　基于中国地质与气候条件的土木工程数学模型

中国的地质和气候条件独特，地震和台风等自然灾害对土木工程提出了特殊的挑战。因此，基于这些条件的数学建模尤为重要。

地震模型：土木结构在地震作用下的动态响应可以通过地震动力学方程来描述。结构的振动特性、地震输入、土壤—结构相互作用等因素都会影响到结构的地震响应。通过数学建模，可以预测结构在特定地震作用下的响应，并据此设计结构，使其能够抵抗地震的破坏。

台风模型：台风产生的风荷载对土木结构产生很大的影响，特别是高层建筑和桥梁。台风模型考虑了风速、风向、地形和结构形状等因素，以预测结构在台风作用下的风压和响应。这些预测可以用于指导结构的设计，以确保其在台风中的安全。

地质模型：中国的地质条件复杂多变，从软土到硬岩都有。土木工程结构的稳定性、承载能力和变形特性都与地下土壤或岩石的性质有关。通过地质数学模型，可以预测土壤或岩石在工程荷载下的变化，从而指导基础和地下结构的设计。

基于中国的地质和气候条件的数学建模为土木工程建设提供了有力的工具，帮助工程师更好地应对地震、台风等自然灾害的挑战。通过这些模型，可以设计出既经济又安全的土木工程结构，满足社会和经济的需求。

5.1.2　在复杂工程环境中应用的偏微分方程

偏微分方程（Partial Differential Equations，PDEs）在土木工程中的应用主要涉及描述复杂的工程现象，例如土壤—结构相互作用、流体—结构相互作用、温度—应力相互作用等。这些现象通常涉及多物理场的交互作用，因此需要偏微分方程来描述。

1. 多物理场的交互作用描述

土壤—结构相互作用：当建筑或其他土木结构受到荷载或其他外部影响时，它会与其下的土壤发生相互作用。考虑到土壤的弹性或黏性行为，以及结构的动态响应，这种相互作用可以通过偏微分方程来描述。

流体—结构相互作用：当结构与流体相互作用，例如桥梁受到风或水流的影响时，结构的响应会与流体的流动相互影响。这种相互作用可以用Navier-Stokes方程（描述流体动力学）和结构动力学方程共同描述。

温度—应力相互作用：当结构受到温度变化的影响时，它会发生热膨胀或收缩，从而产生应力。这种温度—应力相互作用可以通过热传导方程和弹性方程来描述。

2. 应用

通过有限元方法、边界元方法或其他数值方法，工程师可以求解这些偏微分方程，从而预测结构在各种工程环境中的响应。这些预测可以用于指导设计，确保结构的安全性和功能性。

偏微分方程为土木工程提供了强大的工具，能够描述和解决复杂的工程现象。通过这些方程，可以更好地理解和控制多物理场的交互作用，从而设计出更安全、经济和高效的土木工程结构。

5.1.3 优化技术在土木工程中的应用

优化技术在土木工程中有着广泛的应用，旨在提高工程效率、经济性、环境友好性和可持续性。以下是优化技术在土木工程中的几个典型应用。

1. 结构优化

形状优化：通过改变结构的几何形状，以满足强度、刚度和稳定性要求，同时尽量减少材料使用，从而降低成本。

材料优化：选择合适的材料组合，使结构既具有所需的性能又具有经济性。

拓扑优化：确定材料在结构域内的最佳分布，以实现预定的性能指标。

2. 施工方法优化

施工序列优化：根据施工活动的相互依赖关系，确定最佳的施工顺序，从而缩短工程周期和降低成本。

资源分配优化：根据项目的需求，合理分配施工机械、人力和材料，确保项目按计划进行。

3. 施工调度与管理优化

使用模拟技术和计算机软件，如 Primavera 或 MS Project，对施工活动进行调度，确保有效利用所有资源。

对施工进度、成本和资源进行实时监控，以确保项目按计划进行。

4. 环境影响与可持续性优化

对工程方案进行评估，以减少对环境的负面影响，并提高工程的生态可持续性。

利用生命周期成本分析和生命周期评估，考虑工程的整个生命周期，从设计、施工到维护，以实现最佳的经济和环境效益。

优化技术在土木工程中的应用不仅可以提高结构的性能和经济性，还能确保工程项目的顺利进行和成功完成。通过结合现代计算技术和先进的优化方法，土木工程师可以设计出更加安全、经济和环保的工程结构。

5.2 静力学与动力学

5.2.1 结构静力稳定性分析与我国的建筑规范

结构静力稳定性分析是土木工程中的核心内容，主要研究结构在静荷载作用下的变形和破坏行为。静力分析通常是在结构的设计初期进行，为结构提供足够的强度、刚度和稳定性。

我国的建筑规范针对各种建筑结构和材料设定了明确的设计和施工标准。考虑到我国的地理、气候和地震活跃性，建筑规范特别强调了结构的静力和动力稳定性。

地震区划：我国划分了不同的地震烈度区，每个区域都有其特定的地震参数。在地震活跃区，如西部的四川、云南和新疆等地，建筑规范要求结构具有更好的抗震性能。

风区：根据不同地区的风速和风压，我国划分了不同的风区。沿海地区，如广东、福建和浙江，由于受到台风的影响，建筑规范对防风设计提出了严格的要求。

静力分析：在进行结构设计时，首先要确定结构受到的所有静荷载，包括自重、使用荷载、雪荷载等。然后，根据这些荷载，计算结构的应力、变形和内力分布，确保结构的安全和稳定。

与规范的结合：设计师必须遵循我国的建筑规范进行静力稳定性分析。这包括选择合适的荷载组合、考虑不利的荷载效应、使用规定的材料强度和安全系数等。

结构静力稳定性分析是保证结构安全的基础。在我国，由于地震和风的影响，建筑规范对结构的稳定性提出了严格的要求。通过严格遵循建筑规范和进行细致的静力分析，可以确保结构在各种荷载作用下的安全和稳定。

5.2.2　动力学响应与地震工程

动力学响应是描述结构在动力荷载，特别是地震荷载作用下的变形、应力和内力分布的过程。动力学响应分析要考虑结构的质量、刚度、阻尼以及施加的荷载的时间变化特性。

我国的地震工程实践与设计方法

地震区划：我国已经制定了详细的地震区划图，将国土划分为不同的地震烈度区。这些区域是根据地震活跃性、历史地震记录和潜在地震危害进行分类的。

地震设计参数：根据地震区划，为每个地区确定地震设计参数，如设计地震加速度、反应谱等。

反应谱分析：这是一种计算结构在地震作用下的动力响应的方法。它考虑了地震输入、结构的动态特性和地震作用的随机性。

隔震与减震技术：为了减少地震对结构的破坏，我国在许多新建筑中采用了隔震和减震技术。隔震技术通过在结构与基础之间安装隔震装置来分隔地震能量；而减震技术则利用能量耗散装置来吸收并消散地震能量。

加固与修复：对于现有的老旧结构，尤其是在地震高风险区域，采用了多种加固方法，如外部束带、钢框架加固和碳纤维加固等，以增加其抗震性能。

仿真与实验：为了更好地理解结构在地震作用下的响应，进行大型模型或全尺寸结构的地震模拟实验。这些实验为地震工程提供了宝贵的数据。

综合地震风险管理：除了工程设计和施工外，还需要进行地震风险评估、公众教育和应急预案制定等综合措施，以减少地震对人们生命和财产的威胁。

地震工程在我国得到了高度重视，因为我国是一个地震频发国家。通过先进的设计方法、加固技术、仿真实验和综合风险管理，我国正在努力降低地震对社会和经济的影响。

5.2.3　多尺度、多物理场的结构动态模拟

多尺度、多物理场的结构动态模拟是为了捕获复杂工程结构的行为，它允许考虑不同尺度上的结构特性及其相互作用，同时也能够描述多个物理过程的联合影响。这种模拟通常用于处理涉及多种尺度和/或物理过程的复杂工程问题。

多尺度模拟：为了正确描述工程结构的行为，有时需要在不同的尺度上进行模拟。例如，微观尺度可以考虑材料的内部结构，中观尺度可以考虑构件的局部行为，而宏观尺度则可以考虑整个结构的全局行为。这些不同尺度上的模拟需要有适当的桥接技术，以确保信息的连贯性。

多物理场模拟：土木工程结构常常受到多个物理过程的影响，如温度、湿度、载荷、风和地震等。这些物理过程之间可能存在相互作用。多物理场模拟允许考虑这些相互作用，从而获得更为真实的结构响应描述。

结构与其环境的交互效应

土—结构交互：建筑物或桥梁与其基础土壤的相互作用可能影响结构的动态响应。例如，在地震时，土壤的非线性行为可能导致结构产生非预期的振动模式。

风—结构交互：高层建筑或大跨桥梁在风载作用下可能会产生振动，这种振动需要通过模拟风的随机性和结构的动态响应来预测。

水—结构交互：水坝、桥墩或海上结构受到流体流动的影响，这种流动可能导致结构振动或稳定性问题。

工具与技术：有多种高级数值方法和工具可用于多尺度、多物理场的结构动态模拟，如有限元方法、有界元方法和计算流体动力学。此外，还需要复杂的耦合技术来处理不同物理过程之间的相互作用。

多尺度、多物理场的结构动态模拟为土木工程提供了一个强大的工具，可以更准确地预测结构在实际环境中的状态及变化。这不仅有助于提高结构的安全性和性能，而且有助于优化设计，节省材料和成本。

5.3 土木工程中的仿真技术

仿真技术为土木工程师提供了一个有效的工具，用于预测和优化工程结构的性能。这项技术的核心是模拟现实世界中的工程行为，从而帮助工程师更好地理解、设计和改进结构。

5.3.1 基于我国实际工程项目的土木工程仿真软件应用

随着我国土木工程领域的快速发展，仿真技术已成为项目设计、评估和管理的重要工具。以下是一些在我国广泛使用的土木工程仿真软件以及其与国外软件的比较。

MIDAS/Civil：这是一个韩国开发的软件，主要用于桥梁和道路工程的设计和分析。它在亚洲，尤其在我国，受到了广泛的欢迎。

PKPM：这是一个我国本土开发的软件，广泛用于高层建筑的设计和分析。其功能可以与许多国外的高端软件相媲美，如 ETABS。

ANSYS Civil：这是一个国际知名的通用有限元分析软件，广泛应用于多种土木工程问题。其在全球范围内都得到广泛的使用，包括我国。

ETABS：由美国 Computers and Structures 公司开发，主要用于建筑结构的设计和分析。在我国，它也被广泛使用，尤其是在高层建筑和地震工程领域。

SAP2000：这是另一个由 Computers and Structures 公司开发的软件，它是一个通用的结构分析和设计软件，广泛用于各种土木工程。

ABAQUS：这是一个高级的有限元分析软件，可以处理复杂的土木工程问题，如地震、土—结构交互等。

当选择仿真软件时，需要考虑多个因素，如软件的功能、易用性、技术支持和价格。

我国的项目通常需要满足国内的设计规范，因此选择能够遵循这些规范的软件是很重要的。

在某些特定应用领域，例如桥梁设计或高层建筑设计，某些专业软件可能比其他通用软件更为优越。

选择合适的土木工程仿真软件需要结合项目的特定需求和预算。无论是国内还是国外的软件，关键是正确选择能够满足项目需求的工具。

5.3.2 虚拟工程测试及其在我国的应用方案

虚拟工程测试是指利用计算机仿真技术来模拟真实工程环境和条件的实验。这种技术的主要目的是在不造成实际损坏或风险的情况下，评估和验证设计方案的可行性、安全性和效率。在我国，随着数字技术的发展，虚拟工程测试已经成为土木工程项目的重要组成部分。

1. 应用方案

结构性能评估：在结构设计阶段，可以利用虚拟测试技术对建筑或桥梁的结构性能进行评估，包括其在地震、风荷载或其他外部作用力下的响应。

施工模拟：在施工前，通过虚拟模拟可以预测和计划施工过程，识别潜在问题，从而提高施工效率和安全性。

材料性能测试：通过仿真技术，可以评估不同建筑材料在特定环境和条件下的性能，从而优化材料选择和使用。

地下工程模拟：对于地下工程，如隧道或地下室，虚拟测试可以帮助评估地下水、土壤压力等因素对工程的影响。

维护与管理：对于已建成的工程，虚拟技术可以用于模拟结构老化过程，预测潜在风险，制定维护和修复计划。

2. 在我国的应用

设计验证：在大型工程项目，如高铁、大桥或高楼的设计阶段，虚拟测试已被广泛应用，以验证设计的可行性和安全性。

教育与培训：我国的许多高等教育机构和研究机构已经采用虚拟工程测试作为教学和培训工具，帮助学生和工程师更好地理解复杂的工程问题。

优化决策：通过模拟不同的设计和施工方案，工程师可以更好地评估各种方案的优劣，从而做出更明智的决策。

随着计算能力的增强和仿真技术的发展，虚拟工程测试在中国土木工程领域的应用将继续扩大。这不仅可以提高工程质量和效率，还可以为工程师提供一个低成本、低风险的环境，用于测试和验证新的设计和施工方法。

5.3.3　中国工程教育与研究中仿真技术的角色

仿真技术在中国的工程教育和研究中扮演着越来越重要的角色。随着技术的进步和对高质量研究需求的增加，仿真已经成为教学、研究和工业应用的核心部分。

1. 高校

课程与实验室：我国许多高校已经在土木工程、机械工程、电气工程等领域引入了基于仿真的课程和实验。这使得学生能够在真实的环境中模拟并解决实际问题，加深理解和提高技能。

毕业设计与研究项目：仿真技术为学生提供了一个平台，可以进行更深入的研究和开发，而不需要实际的硬件或场地。

国际合作与交流：许多高校与国外大学合作，进行基于仿真的研究和项目，促进了技术和知识的交流。

2. 研究机构

项目研发：仿真技术使研究机构能够进行先进的研究，如结构健康监测、新材料开发等，而无须大量的实验和测试。

合作与资助：许多研究机构与工业界合作，共同开发基于仿真的解决方案，并从企业和政府部门获得资助。

3. 企业

产品研发与优化：企业利用仿真技术进行新产品的设计、测试和优化，从而缩短研发周期并提高产品质量。

培训与认证：企业为员工提供基于仿真的培训，帮助他们掌握新技术和方法，提高工作效率。

与学术界的合作：企业与高校和研究机构合作，共同进行研究和开发，促进技术创新和知识传递。

4. 合作方案

产学研合作模式：企业、高校和研究机构之间建立合作关系，进行联合研究和开发，共享资源和知识。

实习与实践基地：企业为学生提供基于仿真的实习机会，帮助他们应用所学知识并获得实际经验。

专业培训与研讨会：组织基于仿真的培训课程和研讨会，促进技术交流和知识更新。

仿真技术在中国的工程教育和研究中扮演了关键角色，它不仅促进了技术创新和应用，还加强了产学研之间的合作和交流。

第6章　现代土木工程的设计与分析工具

6.1　CAD 软件在土木工程中的应用

CAD（计算机辅助设计）软件在土木工程领域中的应用，已经从简单的绘图工具发展成为复杂的设计和分析工具。这种转变使土木工程师能够更加高效、准确和经济地进行工程设计、规划和实施。

6.1.1　AutoCAD Civil 3D 在我国土木工程设计中的主要功能与应用

AutoCAD Civil 3D（以下简称 Civil 3D）是 Autodesk 公司推出的一款针对土木工程设计领域的专业软件。在我国，由于建筑和基础设施建设的迅速发展，Civil 3D 已经成为多数土木工程师和设计师首选的工具。以下是其在中国土木工程设计中的主要功能和应用。

地形和地基建模：Civil 3D 能够进行复杂的地形建模，从而使工程师更好地理解现场条件和制定设计方案。

路线设计：Civil 3D 提供了一套完整的交通工程设计工具，包括道路、桥梁和隧道等基础设施的设计。

水文和水资源工程：Civil 3D 可以进行雨水径流、污水处理和河流水文分析，从而支持洪水控制、水资源规划和设计。

土工和基础设计：Civil 3D 提供了土工设计功能，如地基处理、支撑墙设计和边坡稳定性分析。

3D 可视化和模拟：Civil 3D 允许工程师创建三维模型，从而更直观地展示设计方案、进行施工模拟和与客户或团队沟通。

与其他 BIM 软件集成：Civil 3D 与 Autodesk 的其他 BIM 软件集成，如 Revit 和 Navisworks，从而支持多学科协同设计和施工。

标准和规范：Civil 3D 支持多种国际和国内的设计标准和规范，包括我国的国家标准和地方标准。

在我国，Civil 3D 已经被广泛应用于各种土木工程项目，包括交通、水利、市政和房地产等。它不仅提高了设计质量和效率，还使工程师能够更好地应对复杂的设计挑战和满足日益严格的规范要求。

6.1.2　Revit Structure 及其在我国建筑结构设计中的实践

1. Revit Structure 简介

Revit Structure 是 Autodesk 公司为结构工程师设计的 BIM 软件。它集成了传统的 CAD 功能与 BIM 功能，使工程师能够在一个统一的平台上进行结构分析、设计和文档编制。

2. Revit Structure 在我国的实践与应用

多学科协同工作：随着建筑行业的复杂性增加，建筑师、结构工程师、机电工程师之间的协同工作变得越来越重要。利用 Revit Structure，结构工程师可以与其他专业的工程师和设计师在同一个模型中协同工作，有效减少设计冲突和错误。

三维建模与可视化：工程师可以使用 Revit Structure 创建详细的三维结构模型，这不仅有助于设计过程，还使得与客户和项目团队的沟通更为直观。

与分析软件的集成：Revit Structure 可以与各种结构分析软件集成，如 Robot Structural Analysis、ETABS 等，使工程师能够在同一个平台上进行设计和分析。

施工图纸与报告自动生成：基于 BIM 模型，Revit Structure 能够自动生成详细的施工图纸、材料清单和计算报告，大大提高了工程师的工作效率。

满足我国的设计规范：随着 BIM 在我国的普及，Revit Structure 也增加了对我国建筑和结构设计规范的支持，使其更符合国内工程师的需求。

教育与培训：我国的许多高等教育机构和培训中心已经将 Revit Structure 纳入课程，为学生和专业人员提供 BIM 技能培训。

在大型项目中的应用：在我国，Revit Structure 已被广泛应用于各种大型项目，如高层建筑、桥梁、地铁站等，其中包括一些国际知名的标志性建筑。

Revit Structure 已经成为我国土木工程界的重要工具，它不仅改变了设计和施工的方式，还推动了行业的数字化转型。

6.1.3 基于我国土木工程需求的 CAD 软件选择与培训

1. CAD 软件的选择

项目需求分析：在选择 CAD 软件时，首先要分析项目的特点和需求。例如，大型基础设施项目可能更适合使用专业的土木工程 CAD 软件，而小型住宅项目则可能更适合使用常规的建筑设计软件。

软件功能：选择 CAD 软件时，要确保它具有所需的特定功能，如土木工程设计、三维建模、BIM 功能等。

与其他软件的兼容性：由于土木工程项目往往涉及多个团队和多种软件，因此选定的 CAD 软件需要能够与其他工程软件无缝集成。

价格与授权：根据项目的预算和规模，选择合适的软件授权模式，如单机版、网络版或云版本。

软件在我国的普及程度：选择在我国有较高市场份额和用户基础的 CAD 软件，有助于资料查询、技术支持和招聘有经验的设计师。

考虑长期维护和升级：选择那些经常更新并且有强大技术支持的软件。

2. 我国土木工程领域常用的 CAD 软件

AutoCAD Civil 3D：适用于土木工程设计，尤其是道路、桥梁和水资源工程。

Revit Structure：用于建筑和结构设计的 BIM 软件。

Bentley MicroStation：广泛用于基础设施项目设计。

PKPM：中国土木工程领域广泛使用的一款综合性设计软件。

3. 培训

正规培训课程：很多软件供应商针对初学者和进阶用户都提供正规的培训课程。

线上教程与资源：利用 YouTube、Bilibili 等平台，查找相关软件的教程和实战案例。

实践操作：参与实际项目，通过实践加深对软件的理解和熟练度。

加入专业社群：加入相关的微信群、QQ 群或论坛，与同行交流经验，解决遇到的问题。

持续学习：软件会随着技术进步而更新，因此需要定期参加培训或自我学习，掌握最新的功能和技巧。

6.2　土木工程的仿真与分析软件

6.2.1　ETABS 在我国土木结构分析中的角色与优势

1. ETABS 概述

ETABS（Extended Three-dimensional Analysis of Building Systems）是一款集成的软件，专门为建筑系统设计和分析而开发。它提供了一个完整的工具集，用于处理各种建筑结构的设计和分析。

2. ETABS 在我国的角色

主流的建筑结构分析软件：在我国的建筑工程界，尤其是对于高层建筑和超高层建筑，ETABS 是众多工程师首选的结构分析和设计软件。

学术与职业教育：许多工程学院和培训机构将 ETABS 纳入教学大纲，培训学生和工程师在实际项目中使用。

支持国内设计规范：ETABS 支持我国的建筑设计规范，使其在我国市场更受欢迎。

3. ETABS 的优势

综合性能强：ETABS 不仅提供结构分析功能，还提供结构设计、楼板、剪力墙和框架等多种元件的综合设计功能。

用户界面友好：图形用户界面直观、操作方便，工程师可以方便地定义复杂的结构、加载条件和分析类型。

高效的模型创建和修改：ETABS 提供了许多工具和功能，可以快速创建和修改复杂的结构模型。

高级分析功能：除了传统的线性静态分析，ETABS 还支持动态、非线性、推倒分析等高级功能，适用于复杂的工程分析需求。

与其他软件的集成：ETABS 能够与其他设计和绘图软件（如 AutoCAD、Revit 等）进行无缝集成，提高工作效率。

全球社群支持：ETABS 有庞大的用户社群和丰富的在线资源，帮助用户解决问题和分享经验。

ETABS 因其强大的功能、用户友好的界面以及与中国设计规范的整合，已经成为中国土木结构工程师的首选工具之一。

6.2.2　SAP2000 的特色功能及其在国内大型工程项目中的应用

1. SAP2000 概述

SAP2000 是由 Computers and Structures，Inc.（CSI）开发的一款普遍受到认可的结构分析和设计软件。它被设计为一款通用的、用于各种结构系统的软件，可以处理从简单静态 2D 框架分析到复杂的非线性三维动态分析。

2. SAP2000 的特色功能

直观的用户界面：SAP2000 为用户提供了一个图形化的模型创建和结果可视化界面，使得定义结构模型、加载和边界条件变得简单易行。

模板系统：用户可以通过预定义的模板快速创建各种类型的结构系统。

多种元件类型：支持梁、板、壳、固体等多种元件类型，能够模拟复杂的结构行为。

高级分析功能：提供线性和非线性静态分析、时间历程动态分析、推倒分析、模态分析、响应谱分析等多种分析类型。

与其他软件的集成：能够与多种 CAD 软件和其他专业分析软件进行数据交换。

支持国际设计规范：包括我国的相关设计规范。

3. SAP2000 在国内大型工程项目中的应用

桥梁工程：SAP2000 经常用于桥梁结构的设计和分析，包括悬索桥、斜拉桥和连续梁桥等。

高层建筑：对于超高层建筑，SAP2000 可以处理结构的复杂动态响应，如风载和地震作用。

大型体育场馆：其高级分析功能适用于复杂的体育场馆结构，如拱形或悬臂屋面结构。

特殊结构：如水塔、电视塔、大型广告牌等。

地下结构和基础工程：如深基坑、隧道、地铁站等。

工业建筑和设备基础：如厂房、烟囱、塔架、设备基础等。

SAP2000 是一款功能强大、适用于多种结构类型和工程需求的软件。在我国，许多大型和标志性的土木工程项目已经采用了 SAP2000 作为主要的结构分析和设计工具。

6.2.3 针对我国土木工程问题的仿真软件选择与优化

我国的土木工程项目涵盖了从古老的历史建筑到现代化的超高层大厦，再到各种基础设施如桥梁、隧道和水坝。这样的广泛性要求土木工程仿真软件既要具有普适性，又要能够针对特定问题进行优化。以下是一些建议和策略，旨在帮助在我国选择和优化土木工程仿真软件。

1. 选择策略

考虑本地化因素：选择那些已经考虑了我国的设计规范、地理、地质和气候条件的软件。

软件的灵活性和扩展性：软件应该允许用户定义自己的材料、结构单元和加载条件，以便进行特定的分析和设计。

多物理场交互：由于许多土木工程问题涉及结构、土壤、流体等的相互作用，选择那些能够处理这些复杂交互的软件将是有益的。

软件的性能和效率：对于大型项目，仿真软件应能够进行高性能计算和并行处理。

与其他工具的集成：软件应能够与 CAD 工具、BIM 平台以及其他土木工程工具无缝集成。

培训和支持：对于任何工具来说，有一个强大的本地支持网络和培训资源非常关键。应选择那些在我国有良好培训和技术支持的软件公司。

2. 优化策略

模块化：为常见的工程问题和类型创建模板，以减少重复劳动并确保一致性。

自动化：为常见的分析和设计任务建立自动化流程，如地震加载、风载生成等。

云计算：考虑使用云计算资源进行大型或复杂的仿真，以节省时间和硬件资源。

考虑长期的发展和投资：选择那些持续进行研发、更新和改进的软件公司，确保工具始终处于行业的前沿。

选择针对我国土木工程问题的仿真软件需要综合考虑多种因素。随着技术的不断发展，软件工具也在不断进化，为工程师提供了更为强大和灵活的解决方案。在选择软件时，建议与各大软件供应商进行深入的交流和试用，以确定最适合项目需求的工具。

6.3 地理信息系统（GIS）

6.3.1 GIS 的基本概念、主要组件及在土木工程中的价值

1. GIS 的基本概念

地理信息系统（GIS）是一个设计用于捕获、存储、处理、分析、管理和展示所有类型的地理数据的计算机系统。它允许用户通过地图来观看、理解、查询和分析数据，从而揭示数据

之间的关系、模式和趋势。

2. GIS的主要组件

硬件：包括用于运行GIS软件和数据的计算机及其他设备。

软件：从简单的地图查看工具到复杂的分析工具都包括在内。

数据：可能是地图数据、人口数据、遥感图像、比较数据等。

人员：GIS的用户和运营人员，他们负责数据输入、管理、分析和解释。

方法：用于收集和分析数据的策略或流程。

3. GIS在土木工程中的价值

规划与设计：GIS为工程师提供了一个工具，用于评估不同的设计方案，考虑其对周围环境、土壤、水源、交通等的影响。

基础设施管理：GIS允许工程师和城市规划者追踪和管理公共基础设施，如道路、桥梁、下水道、供水系统等。

环境影响评估：工程师可以使用GIS来评估新建筑或基础设施项目对周围环境的影响。

灾害响应与管理：在灾害如洪水、地震或台风后，GIS可以帮助评估损害范围、导航救援人员并帮助指导优化恢复。

地质与土壤分析：对于土木工程来说，了解地质条件是至关重要的。GIS允许工程师集成和分析各种地质数据。

资源分配与优化：GIS帮助决策者确定如何最有效地分配资源，例如确定最佳的建筑位置或最优化的交通路线。

历史数据分析：GIS为工程师提供了工具来分析和解释与地点相关的历史数据，这可以帮助预测和规划未来的需求。

可视化：GIS为土木工程师提供了一个强大的可视化工具，使他们能够更好地向公众、利益相关者和决策者展示和解释工程项目。

GIS在土木工程中的应用非常广泛，它为工程师提供了一个强大的工具来捕获、分析和解释与地点相关的信息，从而为各种土木工程项目提供决策支持。

6.3.2 利用地理数据进行工程规划与设计的方法

利用地理数据进行土木工程的规划和设计是一个综合性的过程，它结合了GIS技术与土木工程的实际需求。以下是一些使用地理数据进行工程规划与设计的常用方法。

1. 地形与地貌分析

使用数字高程模型（DEM）进行地形分析，从而确定工程位置的最佳高度、坡度和地形特征。

分析水流路径、流域和排水模式以确定基础设施如桥梁和道路的最佳位置。

2. 地质与土壤研究

使用地质图和土壤类型数据来确定建筑或其他结构的最佳地基。

评估土地滑坡、地震或洪水的风险。

3. 环境与生态评估

利用遥感和生态数据评估受影响区域的生态敏感性，以规避重要生态区或制定必要的环境保护措施。

评估土地利用类型和其对建筑或工程项目的潜在影响。

4. 交通与物流分析

使用交通流数据和路网信息进行交通模式分析。

确定工程位置以最大化交通流动性和最小化拥堵。

5. 资源分析与利用

识别地下水、矿产或其他资源的位置和数量。

确定基础设施位置以最大化资源利用和提高效率。

6. 灾害风险评估

结合地震、台风、洪水等历史数据，评估特定地区的灾害风险。

制定应对策略和减灾措施。

7. 空间决策支持系统（SDSS）

结合多种地理数据和分析工具，为决策者提供一个综合的系统，用于评估各种工程方案和选择最佳解决方案。

8. 可视化与公众参与

利用 GIS 的可视化工具展示工程规划和设计方案，为公众、决策者和其他利益相关者提供清晰的项目概述。

收集公众的反馈并将其整合到设计和规划过程中。

通过上述方法，GIS 和地理数据为土木工程的规划和设计提供了重要的信息和工具，从而确保工程项目的可行性、安全性和效益。

6.3.3 我国特有的地理信息资源及其在土木工程中的应用

我国作为世界上国土面积第三、人口最多的国家，其地貌、气候和文化多样性也为地理信息提供了丰富的资源。这些特有的地理信息资源在土木工程中的应用十分广泛，如下所述。

1. 地质资源与灾害数据

中国地质勘查局和中国地震局提供了大量的地质和地震数据，这些数据对于土木工程设计、地震风险评估和建筑施工都至关重要。

土木工程师可以利用这些数据进行地震工程设计、地基处理和抗震策略的规划。

2. 国家测绘总局数据

提供国家级别的地理、测绘和遥感数据，这些数据在城市规划、交通基础设施建设和环境评估中有广泛应用。

3. 历史与文化遗产数据

中国有众多的世界文化遗产和历史遗迹，这些地点的特定数据在土木工程中可以确保历史与文化遗产的保护和合理开发。

4. 农业与土地利用数据

中国农业农村部提供了农业土地利用和农村发展的数据，这些信息在农村基础设施建设和土地资源管理中具有重要价值。

5. 气候与气象数据

由于我国的气候多样性，中国气象局的数据为各种土木工程项目提供了关键的气候和气象信息，如风载、雨量、雪负荷等，这对于结构设计和施工策略至关重要。

6. 水资源数据

中国水利部提供了河流、湖泊、水库和地下水的数据。这些数据对于大坝、桥梁、排水系统和其他水利工程项目的设计和管理非常重要。

7. 交通与物流数据

中国交通运输部提供的数据可以用来支持道路、铁路和港口的规划、设计和施工。

8. 城市规划与土地利用数据

不同的城市和地区提供了关于土地利用、建筑规范和城市发展的详细数据，对于土木工程师在进行工程设计和施工时进行合规性检查和策略规划具有指导价值。

通过利用这些特有的地理信息资源，土木工程师可以更好地理解工程环境，做出更合理和可行的设计决策，从而确保工程的安全、经济和可持续性。

第7章　建筑信息模型（BIM）与土木工程创新

7.1　BIM 的基础概念与应用

7.1.1　BIM 的定义、历史与重要性

1. 定义

BIM，即建筑信息模型（Building Information Modeling），是一种基于数字技术的建筑设计、施工和运营管理方法。不同于传统的 CAD 设计，BIM 为工程的各个阶段提供一个集成的 3D 模型，这个模型不仅包括几何信息，还涵盖了时间、成本、资料、能源效率和其他相关信息。

2. 历史

20 世纪 80 年代初期：BIM 的概念开始萌芽，初期的系统更注重建筑的几何描述。

20 世纪 90 年代：随着计算机技术的发展，出现了第一批商用 BIM 软件，如 Revit 和 Archicad。

2000—2009 年：BIM 开始广泛应用于大型工程项目，并受到各大建筑公司和政府机构的推广。

2010 年至今：BIM 不仅被广泛应用于设计和施工阶段，还延伸到了建筑的运营和维护，成为整个建筑生命周期管理的关键技术。

3. 重要性

效率提升：BIM 能够在设计初期就识别出可能的结构、系统或功能冲突，大大减少了施工中的返工和浪费。

准确的预算和时间表：BIM 提供了更准确的量测和成本估计，帮助项目方确保预算和时间表的准确性。

协同合作：BIM 鼓励多个参与方（如建筑师、工程师、承包商和业主）在同一个模型上协同工作，提高了团队之间的沟通和协作。

持续维护：BIM 不仅用于设计和施工，它还为建筑的运营和维护阶段提供了宝贵的数据，如设备位置、维护记录和性能数据。

可持续性：通过 BIM，工程师和建筑师可以更好地分析建筑的能源效率和环境影响，从而做出更加可持续的设计决策。

BIM 为土木工程和建筑行业带来了革命性的变化，它将信息技术与建筑设计、施工和运营紧密结合，为行业带来了更高的效率、更低的成本和更好的建筑质量。

7.1.2　BIM 的主要组成部分与功能

1. 主要组成部分

3D 模型：这是 BIM 的核心，为建筑物或工程提供一个三维数字表示。与传统的 2D 图纸

不同，3D 模型不仅包含了建筑的几何信息，还涵盖了与其关联的各种属性信息。

信息数据库：每个构件或元素在 3D 模型中都与一个数据集关联，该数据集包含了关于该元素的所有信息，如材料、尺寸、成本、供应商等。

时间（4D）：在 BIM 中，可以将时间与 3D 模型结合，从而模拟建筑的施工进度。这有助于更好地理解和管理施工时间表。

成本（5D）：BIM 允许将成本数据直接与模型关联，为项目估价提供更加精确的预算信息。

持续维护（6D）：BIM 模型还包括与建筑的运营和维护相关的信息，如设备的维护记录、保修期等。

可持续性（7D）：BIM 模型还可以包括与建筑的环境影响和能源效率相关的数据，如建筑的碳足迹、能源消耗等。

2. 功能

设计可视化：BIM 提供了一个高度真实的 3D 视图，帮助设计师、业主和其他参与方更好地理解设计意图。

协同工作：多个参与方可以在同一个 BIM 模型上协同工作，确保信息的实时更新和共享。

碰撞检测：BIM 软件可以自动检测设计中的冲突或碰撞，如管道与梁之间的冲突，从而在施工前解决这些问题。

施工模拟：通过与时间数据的结合，BIM 可以模拟施工的整个过程，帮助管理团队更好地控制时间表。

成本估算：通过与成本数据的结合，BIM 可以为项目提供实时的成本估算，确保项目不超预算。

设施管理：BIM 为设施管理提供了一个完整的建筑数据库，有助于更好地管理和维护建筑。

能源分析：BIM 可以与能源模拟软件结合，分析建筑的能源效率和环境影响。

7.1.3 BIM 在我国土木工程中的实践与应用案例

随着我国城市化的快速发展和建筑行业的现代化，BIM 技术在我国得到了广泛的应用。以下是一些 BIM 在我国土木工程中的实践与应用案例。

北京大兴国际机场：作为世界上最大的单体机场终端，北京大兴国际机场的设计和建设利用了 BIM。这不仅帮助设计师和工程师更高效地协同工作，而且还提供了精确的施工模拟，确保了项目的顺利进行。

上海中心大厦：作为世界上第三高的摩天大楼，上海中心大厦的设计和建设也广泛应用了 BIM。通过 BIM，工程团队可以轻松管理这座超高层建筑的复杂结构和设施。

广州塔：这座标志性的观景塔在设计和建设过程中利用 BIM 处理了其独特的旋转形状和复杂的结构设计。

地铁和高铁项目：在我国的许多城市，地铁和高铁项目也采用了 BIM，尤其是在隧道和站点的设计与施工中。这有助于确保这些大型基础设施项目的安全、效率和质量。

住宅和商业开发项目：随着 BIM 在中国的推广，许多住宅和商业开发项目也开始采用这一技术，从而提高设计的准确性、减少施工中的错误和避免资源浪费。

绿色建筑和可持续设计：在我国，越来越多的建筑项目注重可持续性和环境保护。通过 BIM，建筑师和工程师可以更容易地进行能源模拟和分析，从而设计出更加节能和环保的建筑。

这些案例只是 BIM 在我国土木工程中应用的冰山一角。随着技术的进一步发展和行业标准的完善，预计 BIM 在我国的应用会更加广泛和深入。

7.2 使用 BIM 提高工程效率和准确性

7.2.1 BIM 在项目计划与设计阶段的应用

BIM（建筑信息模型）不仅是一个三维模型，它还整合了各种信息，如时间（4D）、成本（5D）、持续性（6D）和维护信息（7D）。在项目计划与设计阶段，BIM 的应用带来以下益处。

设计协同：BIM 提供一个集中的平台，使所有相关的设计团队成员能够实时查看和编辑模型。这确保了设计的一致性和减少了冲突。

设计可视化：三维模型使所有干系人都能直观地了解设计意图，不再依赖于二维图纸。这有助于客户、承包商和设计团队之间的沟通。

模拟与分析：BIM 软件提供各种模拟工具，如阳光分析、能源消耗预测等，帮助设计团队在设计阶段就做出明智、合理的决策。

冲突检测：在设计过程中，可以使用 BIM 工具检测各个系统之间的冲突，如结构与管道系统的冲突，从而在施工之前解决这些问题。

成本估算：与传统方法相比，BIM 提供了更快速、更准确的成本估算，因为它可以直接从模型中提取材料和工程量。

持续性分析：BIM 支持对建筑的环境影响进行分析，帮助团队在设计阶段实现绿色建筑的目标。

项目时间线（4D）：BIM 不仅可以创建空间模型，还可以整合时间信息，帮助团队可视化整个项目的时间线和重要里程碑。

通过在项目计划和设计阶段使用 BIM，可以确保更高的准确性、更快的决策速度和更好的项目结果。

7.2.2 利用 BIM 进行施工与管理：节省成本与时间

BIM 的核心优势在于它提供了一个多维度的、信息丰富的模型，该模型可以在项目的整个生命周期中应用。在施工和管理阶段，利用 BIM 带来了一系列的益处，这些益处大大节省了成本和时间。

精确的材料管理：BIM 模型可以为施工团队提供精确的材料数量和规格，从而减少浪费和提高采购效率。

冲突与干扰检测：BIM 工具可以在施工开始前识别和解决设计中的潜在冲突，从而避免现场问题和额外的成本。

4D 时间模拟：BIM 可以模拟施工进度，使管理团队能够预见和应对可能的延误，确保项目按计划进行。

5D 成本估算与管理：BIM 模型可实时更新，提供实时的成本估算，从而帮助项目管理团队在预算内完成工程。

施工过程可视化：BIM 提供了与现实相匹配的三维模型，帮助团队理解施工过程和策略，确保所有参与者都明白执行计划。

安全性分析：可以使用 BIM 分析潜在的安全隐患，提前进行风险评估，并制定适当的安全措施。

施工日志和文档：BIM 平台可以整合和存储与项目相关的所有文档，从设计草图到最终的手工图纸，确保所有信息都可以轻松检索和访问。

质量控制：BIM 可以与现场扫描和测量技术结合，实时比较实际施工与模型中的设计，确保施工质量。

后期维护和管理：完成的 BIM 模型可以用作设施管理工具，为维护、检修和设备更换提供宝贵的信息。

利用 BIM 在施工和管理阶段可以大大提高效率、降低成本、减少错误和延误，并确保项目的高质量完成。将所有这些因素相结合，BIM 可以在施工和管理阶段为项目提供明显的时间和成本优势。

7.2.3　中国特色的 BIM 应用实践与效果评估

近年来，我国土木工程界对 BIM 的采纳和应用呈现出快速增长的趋势，其中的许多项目因其独特的应用和实践而在国际上引起了广泛关注。以下是 BIM 在我国的一些特色应用和效果评估。

1. 应用实践

大型基础设施项目：我国的基础设施建设速度在全球范围内都是独一无二的。例如，我国的高铁网络迅速扩张，在此过程中，BIM 为路线选择、桥梁设计、隧道施工等提供了有价值的数据支持。BIM 在这些项目中的应用不仅提高了建设效率，还确保了工程质量和安全。

超高层建筑：例如上海中心大厦、广州塔等都采用了 BIM 进行设计和施工。BIM 帮助工程师在早期阶段就识别潜在的结构问题，使得这些建筑能够在经济、环境和社会效益方面都达到最优。

古迹修复与保护：对于我国丰富的历史文化遗产，BIM 提供了一个独特的工具，使工程师和考古学家能够在不损伤原始结构的情况下进行精确的修复和维护工作。

绿色建筑设计：随着我国对可持续建筑的日益重视，BIM 在绿色建筑设计和评估中的作用也日益增加。它可以对建筑的能源效率、室内环境质量和其他可持续性因素进行精确的模拟。

2. 效果评估

时间与成本节省：通过应用 BIM，许多项目已经在设计和施工阶段实现了显著的时间和成本节省。冲突检测、材料的精确计算和施工模拟都大大减少了浪费和延误。

提高工程质量：BIM 确保了更高的精确性，从而降低了施工中的错误和遗漏，提高了工程的整体质量。

增强的跨部门协作：BIM 为不同的工程团队提供了一个统一的平台，促进了跨部门的沟通和协作。

持续的设施管理：许多项目在建成后仍然使用 BIM 进行设施管理，从而实现了持续的效益。

BIM 在我国的应用不仅遵循了全球的最佳实践，而且还加入了独特的本土化元素，使其更加符合我国的特定环境和需求。其效果评估也证明，BIM 为我国土木工程带来了显著的实际益处。

7.3　BIM 与土木工程创新的关系

随着 BIM 技术的发展，其在土木工程领域带来的影响不仅仅是传统工作流程的数字化或自动化，更重要的是它为设计、施工和管理过程带来了前所未有的创新方法和思路。

7.3.1　BIM 带来的土木工程设计与施工的创新方法

集成式设计：BIM 提供了一个集成的平台，使得结构、机电、土木和其他工程领域的专家能够同时参与到设计过程中，这促进了跨学科的协作，从而产生更加综合和高效的设计方案。

可视化决策支持：借助 BIM，工程师可以对设计方案进行 3D 可视化，这使得决策者能够更加直观地理解设计意图和预期效果，从而作出更加明智的决策。

实时模拟与分析：BIM 允许工程师在设计过程中进行实时的结构、环境和能效模拟，这可以在早期就识别出潜在的问题并及时进行优化。

数字化施工：BIM 不仅可以生成施工图纸，还可以为施工现场提供详细的施工指导、材料清单和施工进度计划，这大大提高了施工的准确性和效率。

智能材料与构件管理：BIM 中的每一个构件都可以关联其相关的材料、规格、供应商信息等，这为材料采购、库存管理和成本控制提供了强大的支持。

前期冲突检测：在设计阶段，BIM 能够自动检测各个系统之间的空间冲突，从而避免了施工中的重工和延误。

增强现实与虚拟现实：借助 BIM，工程师和决策者可以使用增强现实和虚拟现实技术对设计方案进行沉浸式的体验，这不仅有助于设计评审，还可以用于施工人员的培训和与客户的沟通。

BIM 为土木工程带来了一系列创新的设计和施工方法，这些方法不仅提高了项目的效率和质量，而且为工程团队提供了更多的创意空间和协作机会。

7.3.2 BIM 在推动我国土木工程教育与研究中的角色

BIM 作为 21 世纪建筑工业革命的标志性技术，在我国的土木工程教育与研究领域已经发挥着日益重要的作用。以下是 BIM 如何推动我国土木工程教育与研究的几个主要方面。

教育改革与课程创新：随着 BIM 在工程项目中的广泛应用，我国的土木工程教育也开始进行课程改革，将 BIM 技术教学纳入标准课程体系，使学生能够在学校阶段就掌握这一先进技术。

提高教学效果：利用 BIM 工具，教师可以为学生展示复杂的土木工程模型，使学生更加直观地理解结构、机械和电气系统的设计与运作原理。此外，通过 BIM，学生可以进行实时模拟和分析，增强实践操作能力。

促进研究与实践的结合：BIM 不仅用于教学，还在研究领域发挥着重要作用。研究者可以使用 BIM 进行结构模拟、材料测试和施工方法的验证，确保研究成果更好地服务于实践。

跨学科合作：BIM 的综合性促进了土木工程、建筑、机电、环境科学等多个学科的交叉合作，为研究提供了更加丰富的视角和深度。

培养未来人才：随着 BIM 在工程行业的普及，对掌握 BIM 技能的工程师的需求也日益增长。我国的高校和研究机构通过 BIM 教育培训了大量、高质量的土木工程人才，为国内外的工程项目输送了大批技术精英。

研究项目与国际合作：BIM 在全球范围内都得到了广泛的应用，我国的学术和研究机构通过 BIM 与国外同行进行合作和交流，分享最新的研究成果和技术进展。

支持政策和研究资金：随着对 BIM 价值的认识，我国政府和相关部门为 BIM 相关研究提供了大量的支持和资金，这进一步推动了 BIM 在土木工程教育与研究领域的发展。

BIM 在我国土木工程教育与研究领域中扮演着重要角色，它不仅促进了教育与实践、学术与工业的深度融合，还为我国的土木工程人才培养和技术创新提供了强有力的支持。

7.3.3 面向未来：BIM 与下一代土木工程技术的整合与发展

BIM 技术已经深刻改变了土木工程领域的许多方面，但这只是开始。随着技术的进步和新技术的出现，BIM 将在土木工程的未来发展中继续发挥关键作用。以下是 BIM 与下一代土木工程技术整合与发展的一些方向。

与物联网（IoT）的融合：结构和建筑物可以装备有传感器，这些传感器可以实时监测建筑的状态和性能，如负载、裂缝、温度等。这些数据可以直接输入到 BIM 模型中，实现实时的建筑管理和维护。

与人工智能（AI）和机器学习（ML）的结合：借助 AI 和 ML，BIM 可以自动优化设计、预测潜在的结构问题、自动进行能效分析等。

数字孪生技术：数字孪生是虚拟世界的物理实体的数字表示。结合 BIM，可以创建结构的实时数字副本，为维护、操作和管理提供有力的支持。

虚拟现实与增强现实：通过与 VR 和 AR 技术的融合，BIM 可以为设计师、施工队伍和业主提供更加直观的模型展示和交互方式。

绿色建筑与可持续性：BIM 可以更加精确地分析材料的使用、能源效率和建筑的整体环境影响，从而促进更加绿色、可持续的建筑设计和施工。

与 3D 打印技术的整合：BIM 模型可以直接用于 3D 打印建筑构件，从而提高施工速度，减少材料浪费，同时允许更加复杂和个性化的设计实现。

自动化施工与机器人技术：BIM 可以与施工机器人、无人机等技术整合，实现自动化施工，提高工程效率和安全性。

全生命周期管理：BIM 不仅仅局限于设计和施工阶段，还可以延伸到建筑的运营、维护和拆除阶段，为建筑的整个生命周期提供支持。

全球协同设计与施工：云技术的发展使得全球范围内的团队可以实时地共享和协作 BIM 模型，使得跨地域的大型工程项目成为可能。

BIM 技术的未来发展前景广阔，它将与许多前沿技术紧密结合，进一步推动土木工程领域的创新和进步。

第 8 章　现代土木工程技术的融合

8.1　绿色建筑与可持续性：在设计中融入环境友好的理念

8.1.1　绿色建筑的基本概念与目标

绿色建筑也称可持续建筑或生态建筑，指的是在设计、施工和运营过程中考虑环境影响并采取方法减少其对环境和人类健康的负面影响的建筑。

1. 基本概念

能效：绿色建筑强调提高能效，减少能源消耗。这通常通过高效的隔热材料、高效的暖通空调系统和可再生能源（如太阳能和风能）技术来实现。

持续材料使用：优先使用可再生、本地和低环境影响的建筑材料。

室内环境质量：确保建筑内部环境健康、舒适，减少污染源，如有毒涂料和黏合剂，提供良好的通风。

土地使用和景观：在设计中考虑雨水管理、本地植被和生物多样性。

水效率：采用水效率高的设备和雨水收集系统，减少水的使用和污染。

2. 目标

减少环境影响：从减少碳足迹到减少对自然资源的依赖，绿色建筑旨在减少对地球的压力。

经济效益：虽然初期投资可能更高，但绿色建筑在长时间内能够带来能源和水资源的节省，从而降低运营成本。

提高人们的健康和舒适度：创建一个健康、无毒和自然连接的环境，有助于提高居住和工作的人们的健康和幸福感。

鼓励创新和新技术：绿色建筑常常是新技术和创新方法的“试验田”，为未来的建筑趋势提供了范例。

提高建筑的市场价值：随着可持续性日益受到重视，绿色建筑的市场需求和价值也在增长。

绿色建筑不仅仅是一个设计理念，它还代表了一种对人类与自然和谐共生的追求，通过技术和设计手段，能够为我们和后代创造一个更加绿色、健康和可持续的生活环境。

8.1.2　我国绿色建筑实践与评价体系

随着经济的持续增长和城市化的推进，绿色建筑和可持续发展的重要性进一步提高。我国的绿色建筑实践已经取得了显著的进展，并已建立了完整的评价体系。

1. 实践

政府引导：政府出台了一系列的政策、法规和标准来鼓励和规范绿色建筑的发展，包括土地、财政和税收政策的优惠措施。

项目实践：越来越多的商业、住宅和公共建筑项目都开始采纳绿色建筑理念，例如上海的上港国际邮轮城、北京的奥林匹克森林公园等。

技术研发：在建筑材料、建筑技术和可再生能源等方面，都有大量的研发和创新，以适应绿色建筑的需求。

2. 评价体系

绿色建筑评价标准（GB/T 50378—2019）：中国的官方绿色建筑评价体系，被称为“三星”系统，与美国的 LEED 和英国的 BREEAM 有些相似，分为设计阶段和运营阶段，从节能、环保、健康和管理四个方面进行评估。

标签制度：根据绿色建筑评价标准，建筑物可以获得从一星到三星的评级，与此同时，还可以获得“绿色建筑设计标识”和“绿色建筑运营标识”。

绿色建筑材料评价标准：为了推动绿色材料的应用，我国还出台了绿色建筑材料评价标准，为建筑材料的生产、使用和回收提供了指导。

这一评价体系的建立，不仅为建筑业提供了明确的方向，也为消费者提供了选择绿色住房和办公空间的参考。

我国在绿色建筑领域已经取得了不小的进展，并为此付出了巨大的努力。但考虑到我国巨大的建筑市场和相应的环境挑战，未来仍需持续深化和拓展绿色建筑的实践。

8.1.3　创新技术在推进绿色建筑发展的应用方案

随着科技的进步，许多创新技术已经在绿色建筑领域得到应用。以下是几种关键技术和应用方案，它们正在推进绿色建筑的发展。

太阳能技术：采用太阳能光伏板和太阳能热水器来为建筑供电和供暖，减少对传统能源的依赖。

绿色屋顶与立体花园：在建筑的屋顶和立面上种植植被，可以提供天然的隔热和保温效果，减少建筑的能耗，同时提升城市的绿化率。

智能建筑系统：采用各种传感器和控制系统自动调整室内的光照、温度和湿度，从而实现能效最大化。

再生水技术：收集雨水和再生废水，用于冲洗、景观灌溉和冷却系统，大大节省了水资源。

高性能建筑材料：如相变材料、真空绝热材料和自清洁玻璃等，既提高了建筑的舒适度，又减少了能源消耗。

3D 打印建筑：利用 3D 打印技术，可以精确地制造所需的建筑构件，减少材料浪费。

模块化和预制建筑：预先在工厂中制造部分或全部的建筑构件，然后在施工现场进行组装，这样可以提高施工效率，减少能源和材料浪费。

自然通风与被动式设计：利用建筑形状和取向，以及窗户和通风孔的设计，实现自然通风和照明，减少空调和照明的能耗。

环境评估与生命周期分析：在建筑设计和施工过程中，使用软件和模型评估建筑对环境的影响，从而做出更加环保的决策。

绿色建筑认证：引导和鼓励建筑商和开发商采用绿色建筑技术和方法，例如 LEED、BREEAM 和我国的“三星”系统。

通过这些创新技术和应用方案，绿色建筑不仅能实现对环境的友好，还能为业主、使用者和社会带来经济和社会效益。未来，随着技术的不断进步和社会意识的提高，绿色建筑将会成为建筑业的主流趋势。

8.2 智能建筑技术：自动化、传感器与控制系统的应用

8.2.1 智能建筑的定义与主要功能

1. 定义

智能建筑又称“智慧建筑”或“智能化建筑”，是指通过集成高度自动化的系统、设备、结构和技术，从而实现建筑的各种功能的优化、效率的提高、能源的节约和住户舒适度的提高。其核心理念是通过技术手段，将建筑从传统的被动存在转变为能够感知、思考、响应和学习的有机体。

2. 主要功能

能源管理：智能建筑通过各种传感器来监测能源使用情况，并利用自动化控制系统实时地调整和优化能源使用，从而实现能源的高效利用和节约。

安全与安防：集成的安全系统能够监控建筑内外的安全状况，包括火警、入侵、泄漏等，并能够自动作出响应，如启动喷水系统、关闭阀门或报警。

舒适度管理：智能建筑可以实时监测和调整室内的温度、湿度、光照等环境因素，确保住户的舒适度。

自动化控制：通过集成的控制系统，住户可以远程或自动地控制建筑的各种设备和系统，如照明、空调、窗帘、音响等。

健康与生活质量：智能建筑能够监测室内的空气质量、有害气体、尘埃等，并自动调整通风、过滤或净化系统，从而保障住户的健康。

维护与管理：通过对设备和系统的实时监测，智能建筑可以提前预测和识别潜在的故障或问题，并自动通知维修人员。

节约成本：虽然智能建筑的初始投资可能较高，但通过优化能源使用、减少故障和提高效率，可以在长期内实现运营成本的节约。

数据分析与优化：智能建筑产生的大量数据可以用于分析和优化建筑的运营，从而实现更高的效率和更好的住户体验。

随着技术的不断进步和成本的降低，智能建筑技术和应用将会更加普及，为人们提供更加安全、舒适和高效的生活和工作环境。

8.2.2 自动化技术在土木工程中的实际应用及其效果

1. 实际应用

1）机器人与无人机

无人机在土木工程中广泛用于地形测量、施工进度监测、安全检查和高空作业，提供了快速、高效的数据采集方法。

机器人则可以在特定环境中执行特定的施工任务，例如隧道挖掘、混凝土浇筑和焊接。

2）3D 打印技术

通过 3D 打印技术，现场可以按需制造部分结构组件，这大大提高了工程的效率并减少了浪费。

3）自动化运输与物流

自动化的运输车辆和系统在施工现场可实现材料的快速运输，确保连续的施工进度。

4）智能传感器与监测

传感器不断地监测结构的状态，例如混凝土固化、裂缝的形成、土壤的移动等。这些数据可以实时传送至控制系统，从而实现对施工过程的持续监视和优化。

5）预测性维护

通过收集和分析大量数据，可以预测何时需要维护或更换部件，避免突发事件的出现。

2. 自动化技术应用的效果

提高效率：自动化技术大大加快了施工速度，降低了延期的风险，从而降低了项目成本。

减少人为错误：自动化技术减少了人为干预，这意味着更少的人为错误和更高的施工质量。

提高安全性：通过机器人和无人机等技术，可以避免人员进入高风险区域，大大提高了工地安全性。

可持续性：自动化技术通常更加精确，从而减少了材料浪费和环境污染。

数据驱动的决策：持续的数据流提供了宝贵的洞察窗口，使工程师能够做出更明智的决策。

客户满意度：项目的快速完成和高质量施工提升了客户的满意度。

自动化技术在土木工程中的应用为行业带来了革命性的变化，实现了高效、安全和质量的统一。

8.2.3　传感器、控制系统在土木工程中的应用及创新解决方案

1. 传感器在土木工程中的应用

结构健康监测：安装在桥梁、高楼、隧道等关键结构上的传感器可以持续监测其健康状态。例如，测量裂缝的发展、振动、腐蚀或其他潜在的问题。

环境监测：土木工程中的传感器可以测量温度、湿度、风速等因素，以确保结构在各种环境条件下的稳定性。

土壤与水质检测：传感器可以帮助检测土壤的移动、地下水的波动或水质的改变，提供地下结构的关键信息。

交通流量与安全性：传感器可用于监测道路上的交通流量，提供实时数据以优化交通管理。

2. 控制系统在土木工程中的应用

智能交通系统：结合传感器数据和先进的控制策略，能够有效地调整交通信号，减少拥堵，并提高道路安全性。

自动化建筑管理：通过自动化系统，可以实时控制建筑内的温度、湿度、照明等，以确保最佳的室内环境和能效。

水资源管理：控制系统可以帮助在不同的气象条件下有效管理水库、大坝和其他水资源设施。

3. 创新解决方案

物联网（IoT）在土木工程中的应用：将传感器、控制系统和云计算相结合，可以为土木工程师提供实时的、大规模的数据，从而实现更好的项目管理和维护。

人工智能与机器学习：基于大量的传感器数据，AI 可以预测潜在的结构问题，自动调整控制策略，并提供优化建议。

数字孪生技术：通过创建一个数字模型来模拟实际的土木工程结构，工程师可以测试不同的控制策略和预测未来的结构变化。

自适应控制系统：基于传感器数据，这些系统可以自动调整以应对变化的环境条件和结构需求。

传感器和控制系统为土木工程带来了前所未有的机会。这些技术不仅提高了工程的效率和质量，而且为工程师提供了强大的工具，以应对复杂的工程挑战并实现真正的创新解决方案。

8.3　数据驱动的土木工程决策：利用数据与AI优化工程设计与管理

8.3.1　土木工程中的数据来源与分析方法

1. 数据来源

传感器数据：传感器安装在结构物上，可以提供关于结构健康、交通流量、环境条件等的数据。

工程机械与设备：现代工程机械和设备都集成了数据记录功能，它们可以提供关于使用情况、效率和故障的信息。

地理信息系统（GIS）：提供有关地形、土壤类型、水文地质等数据。

人工收集：如现场测量、实验室试验、工人的日常报告等。

历史数据与文献：旧项目的数据、研究文献和数据库可以提供宝贵的参考信息。

社交媒体与公众输入：现代土木项目可能还会利用社交媒体和公众输入来获取关于项目影响或公众意见的数据。

2. 分析方法

统计分析：对数据进行描述性和推理性统计，识别模式和趋势。

机器学习：算法可以从数据中“学习”并做出预测或决策。

时间序列分析：对于时间相关的数据，如传感器数据，进行时间序列分析以识别周期性模式或趋势。

模拟与仿真：使用数据来建立模型，并模拟可能的未来情况或解决方案。

优化方法：利用算法找到最佳的设计或操作策略，如遗传算法或线性规划。

可视化：将复杂的数据转化为图形或图像，以更直观地对其进行理解和解释。

数据在土木工程决策中的角色正在迅速增长。利用正确的来源和分析方法，工程师可以从数据中获得深入的见解，这有助于优化设计、预测未来的问题并提高项目的整体效率和质量。

8.3.2　AI与机器学习在土木工程决策中的角色

在当今的土木工程领域，人工智能（AI）和机器学习（ML）正在逐渐成为核心技术，它们为工程师提供了前所未有的决策工具。以下列举了AI和ML在土木工程决策中的几个主要角色。

1. 结构健康监测

传感器部署在结构物上，可以实时收集数据。机器学习算法可以分析这些数据，检测到任何微小的异常，并预测结构可能面临的损坏或故障，从而及时进行修复。

2. 土木工程设计优化

AI和ML算法可以在设计阶段进行数千次迭代，选择出最优的设计方案，确保成本效益、耐久性和可持续性。

3. 施工计划和资源优化

通过分析历史数据和当前项目信息，AI可以预测资源需求，优化施工计划，减少浪费，提高效率。

4. 风险评估与管理

ML 模型能够分析工程项目的大量数据，预测项目的潜在风险，并为工程师提供如何降低这些风险的建议。

5. 自动化与机器人技术

AI 驱动的机器人和无人机可以进行危险或困难的任务，如检查高空结构或在极端环境下进行工作。

6. 能源管理与效率

在建筑和设施管理中，AI 可以分析能源使用数据，自动调整系统以提高能源效率，并降低碳排放。

7. 交通和基础设施规划

通过分析交通流量、人口增长和其他相关数据，AI 可以帮助城市规划者设计出更有效的交通网络和基础设施。

8. 项目预算和成本预测

通过分析过去的项目数据，AI 可以更准确地预测项目的预算和成本，从而避免超预算的情况。

AI 和 ML 正在改变土木工程的面貌，为工程师提供了强大的决策工具，从而提高效率、降低成本，并确保项目的安全性和可持续性。未来，随着技术的进一步发展，它们在土木工程决策中的作用将变得更加关键。

8.3.3 基于数据的创新土木工程项目实践与效果评估

随着技术的进步和数据的普及，基于数据的土木工程方法不断创新。这些创新方法对工程项目的规划、设计、执行和管理都带来了重大改进。以下是基于数据的一些创新实践以及其效果评估。

1. 预测性维护

实践：使用传感器收集结构和设备的数据，以预测其性能和潜在的维护需求。

效果评估：这种方法减少了紧急维修的需要，降低了维护成本，提高了设备的使用寿命。

2. 虚拟建造模拟

实践：在施工前，利用数据模型进行虚拟建造，以识别可能的问题和碰撞。

效果评估：减少了现场变更的需求，提高了施工效率，缩短了工程时间。

3. 生命周期成本分析

实践：收集数据以分析项目从设计、建造到运营和维护的整体成本。

效果评估：使得决策者可以做出长期、可持续和成本效益的决策。

4. 实时施工监控

实践：使用无人机、传感器和摄像头实时监控施工现场。

效果评估：提高了工程的安全性，减少了事故，确保了施工的按时进行。

5. 环境影响评估

实践：利用数据分析工具评估工程项目对环境的潜在影响。

效果评估：使项目的执行符合环境法规，减少了对环境的负面影响，提高了公众的接受度。

6. 人流和交通流动模拟

实践：在设计公共空间或交通工程时，模拟人流和交通流动。

效果评估：改善了公共空间的设计，提高了交通的流畅性和安全性。

7. 能源效率评估

实践：收集建筑的能源使用数据，以评估和改进其效率。

效果评估：降低了运营成本，减少了碳排放，满足了可持续建筑的标准要求。

随着大数据和高级分析工具的发展，土木工程项目变得更加智能、更加高效。这些基于数据的实践不仅提高了工程项目的质量，还为满足社会、经济和环境的需求提供了有效的方法。

第 3 部分

现代土木工程的创新领域与趋势

第9章　绿色与可持续土木建筑

9.1　绿色建筑材料的选择与应用

9.1.1　绿色建筑材料概述

在应对全球气候变化和环境问题的背景下，绿色建筑材料越来越受到关注。这些材料在生产、使用和处理的整个生命周期中都具有较低的环境影响。

1. 定义

绿色建筑材料是指那些在生产、安装、使用和处置过程中产生的环境影响最小的材料。它们通常具有以下特点。

从可再生或持续的资源中获得。

在生产过程中产生较少的污染和碳排放。

高效地利用能源和资源。

具有较长的使用寿命，并在使用结束后可回收或生物降解。

2. 类型

再生混凝土：使用回收的混凝土碎片作为原料，减少了对新原料的需求。

绿色砖块：不需要烧制的土块，节省能源并减少碳排放。

回收金属：如回收的钢和铝，减少了对新原料的开采和加工。

生物基材料：例如麻、稻草、竹和木，它们可以作为可再生和可生物降解的建筑材料。

低挥发性有机化合物（VOC）涂料：减少室内空气污染，降低对健康的潜在危害。

3. 优势

环境保护：这些材料减少了资源的消耗、废物的产生和碳的排放。

经济效益：在长远来看，它们可能会降低能源消耗和维护成本。

健康和安全：低毒或无毒性材料可以提高室内空气质量并减少健康风险。

4. 应用领域

绿色建筑材料不仅适用于新建建筑，还可用于既有建筑的翻新和改造，包括住宅、商业项目和公共设施。

5. 发展趋势

随着技术的进步和对可持续性的日益关注，环境友好材料的种类和应用将继续增加。未来可能会出现更多具有自我修复、自我清洁和能量转化功能的绿色建筑材料。

9.1.2　现代绿色建筑材料技术与发展

随着科技的进步和对可持续性的不断追求，绿色建筑材料的技术和应用正在经历快速发展。以下是对现代绿色建筑材料技术与发展的探讨。

1. 技术创新

纳米技术：纳米技术的应用可以提高材料的强度和耐久性，同时降低其环境影响。例如，纳米黏土可以用于提高混凝土的性能。

3D 打印：3D 打印技术可用于制造具有特定结构和性能的材料，如 3D 打印混凝土或 3D 打印砖块。

2. 新型绿色材料

生物材料：如菌菇“砖”，利用菌根菌丝的生长并与其他有机物质结合形成坚硬的结构。

转化废物为建筑材料：如利用塑料废物生产建筑板材或使用玻璃瓶废物制作瓷砖。

自修复材料：能自我修复裂缝的混凝土或涂层，可延长材料的使用寿命并减少维护需求。

3. 能源效率和绿色建筑材料

相变材料（PCM）：能在特定温度下吸收和释放大量能量，用于墙体或屋顶，提高建筑的热舒适性。

光伏建筑一体化（BIPV）：将太阳能光伏面板与建筑的外部结构（如屋顶、墙壁或窗户）相结合，为建筑提供清洁能源。

4. 绿色建筑材料的认证和评估

为了保证绿色建筑材料的可持续性，很多国家和组织都制定了相关的评估和认证标准。这些标准能够帮助制造商、建筑师和建筑业主做出更加环保的选择。

5. 我国的绿色建筑材料发展

随着我国对可持续发展和环境保护的越来越多的关注，国内的绿色建筑材料市场也在迅速发展。我国政府推出了一系列的政策和措施来支持绿色建筑材料的研发和应用。

现代的绿色建筑材料技术和发展展示了一个更为可持续、高效和环保的建筑未来。这些技术和材料不仅有助于降低建筑对环境的影响，还提高了建筑的性能和舒适性。

9.1.3 我国绿色建筑材料的研发与应用进展

随着经济的迅速发展和对环境保护意识的逐步增强，我国在绿色建筑材料的研发和应用方面取得了显著的进展。以下是我国在这方面的主要成果和进展。

1. 政策支持

我国政府明确了绿色建筑和绿色建筑材料的发展策略，发布了一系列支持政策，如《绿色建筑行动计划》《关于推进绿色建筑和建材产业发展的指导意见》等，为绿色建筑材料的研发和应用提供了政策保障。

2. 技术研发

废弃物再利用：例如，将工业废渣如高炉渣、粉煤灰等转化为新型低碳、低能耗的水泥和混凝土。

生物基建筑材料：利用竹子、稻草等生物材料进行建筑材料的研发，如环保壁板、生物复合材料等。

3. 绿色建筑标杆

随着绿色建筑材料的应用，一大批绿色建筑在我国各地涌现，如上海的绿地中心、北京的国家大剧院等，这些建筑采用了大量的绿色建筑材料，并在能源效率、水资源管理等方面取得了突出的成果。

4. 绿色建筑材料产业链

我国已经形成了从原材料供应、生产到应用的完整的绿色建筑材料产业链，吸引了一大批企业投入绿色建筑材料的研发和生产，如华润水泥、恒大绿色建筑研究院等。

5. 国际合作

我国与许多国家和国际组织在绿色建筑材料的研发和应用方面开展了深入的合作，吸引了一大批国外的绿色建筑材料技术和产品进入我国市场。

我国在绿色建筑材料的研发和应用方面已取得了显著的进展，不仅推动了建筑行业的绿色转型，还为全球的绿色建筑发展提供了宝贵的经验和示范。在未来，随着技术的不断进步和市场的持续扩大，我国的绿色建筑材料产业将迎来更为广阔的发展空间。

9.2　节能与资源高效利用的设计策略

9.2.1　节能设计的基本概念与主要技术

1. 基本概念

节能设计是指在建筑设计中采用一系列手段和方法，使得建筑物在使用过程中能够最大限度地减少能源消耗，同时确保室内环境的舒适性。其目标是在满足建筑功能和使用要求的前提下，实现节约能源、降低运行成本并减少对环境的影响。

2. 主要技术

被动式设计

日照设计：通过建筑的方向、窗户设计、遮阳措施等方式，合理利用日光，以减少照明和空调的能耗。

保温隔热设计：选用高效保温材料，减少建筑的热损失或热增益，从而减少空调和供暖的能源消耗。

自然通风设计：通过合理的建筑布局和开窗方式，提高建筑的自然通风效果，减少机械通风的需要。

高效节能设备应用：采用高效节能的供暖、空调、照明等设备，提高设备的工作效率，降低能耗。

建筑自动化与智能控制：采用先进的建筑自动化系统，对建筑的照明、空调、供暖等设备进行智能控制，实现按需供应，进一步减少能耗。

绿色建材与技术应用：采用绿色、环保、节能的建筑材料，如太阳能集热板、绿色屋顶、绿色墙体等，以减少能耗并提高建筑的绿色环保性能。

建筑节水设计：通过合理的水源选择、水循环利用、雨水收集等方式，实现建筑的节水目标。

节能设计不仅有助于降低建筑的运行成本、提高能源利用效率，还可以提高建筑的舒适度和生态效益，是现代建筑设计的重要方向。随着科技的进步和人们环保意识的增强，节能设计的理念和技术将得到进一步的发展和完善。

9.2.2　资源循环与再利用技术在土木工程中的应用

资源循环和再利用是现代土木工程中的一个重要方向，旨在确保资源的最大化利用、减少浪费并减少对环境的影响。以下是资源循环与再利用技术在土木工程中的主要应用。

1. 建筑拆除废弃物再利用

混凝土破碎：拆除的混凝土结构可以被破碎并再次用作骨料，用于生产新的混凝土或道路基础。

钢铁再利用：旧的钢构件可以回收并重新熔炼，用于生产新的钢产品。

2. 雨水收集与再利用

设计雨水收集系统，将收集到的雨水用于冲洗、灌溉，甚至家庭用途。

3. 灰水回收与再利用

将家庭或建筑中的洗手、洗澡等非污水（灰水）进行处理后用于冲厕、园林灌溉等。

4. 绿色屋顶与墙体

利用屋顶和墙体种植植物，既美化环境，也有助于隔热、减少雨水径流并提供生态生活空间。

5. 地热能技术

利用地下恒定的温度，为建筑提供冷热源，达到节能效果。

6. 材料循环利用

在新建项目中优先使用回收材料，例如再生骨料、回收塑料、再生橡胶等。

7. 废料和侧产物的利用

利用工业废料，如粉煤灰、钢渣、高炉渣等作为建筑材料的补充或替代品。

8. 自然材料的应用

鼓励使用可再生、可降解的自然材料，如竹、麻、草等，这些材料在生命周期结束后可以回归自然，减少对环境的负担。

9. 智能回收系统

在大型建筑或住宅区内部署智能回收箱，便于对不同类型的废弃物进行分类收集和后续的再利用。

随着科技的进步和社会对可持续性的不断追求，资源循环与再利用技术在土木工程中的应用越来越广泛。这些技术不仅为土木工程带来了经济效益，更对环境保护和资源保存产生了深远的积极影响。

9.2.3 针对我国气候与地理特点的节能设计方案

我国地域广阔，从寒冷的北方到炎热的南方，从干燥的西部到湿润的东部，每个地区都有其独特的气候和地理特点。以下是根据这些特点提出的节能设计方案。

1. 东北地区（严寒）

增加保温材料：为外墙、屋顶和地面增加足够厚度的保温材料，减少室内热量的损失。

双层或三层玻璃：减少窗户的热损失，同时利用中空隔断作为附加的绝热层。

利用太阳能：将建筑物朝向和设计优化，使其在冬季可以最大限度地吸收太阳热量。

2. 南方地区（湿润与炎热）

绿色屋顶和立面：减少建筑物的热增益，同时提供额外的隔热层。

自然通风设计：鼓励空气流动，帮助建筑物自然冷却。

高反射率材料：选择反射阳光的外部材料，以减少热增益。

3. 西部地区（干燥）

雨水收集系统：由于这些地区的降水量较少，因此需要设计有效的雨水收集和存储系统。

日间通风与夜晚冷却：通过日夜的温差，实现建筑物的自然冷却。

绿洲式设计：在建筑物的中心或庭院种植植被，创建湿润的微气候。

4. 东部和沿海地区（多风和湿润）

防风设计：对于沿海或多风的地区，设计需要考虑风的方向和强度。

防潮设计：选用能够抵抗潮湿的建筑材料，并确保良好的通风，防止霉菌的滋生。

屋顶防水设计：由于这些地区的降雨量较大，屋顶需要有足够的坡度，并使用防水材料。

针对我国的多样化气候和地理特点，节能设计方案应该具有针对性和可行性。这样不仅可以满足建筑物的功能需求，还能确保其节能和环保，为未来的可持续发展做出贡献。

9.3　城市农业与绿色屋顶的实现

9.3.1　城市农业的定义、意义与技术

1. 定义

城市农业指的是在城市和城市周边地区进行的农业活动。这包括食品、草料、木材和非食品农产品的生产、加工、销售，以及饲养牲畜。

2. 意义

食品安全和短链供应：城市农业提供了一种短链供应方式，使得城市居民能够更容易地获得新鲜、有机和健康的食品。

减少碳足迹：通过减少食品的运输距离，可以显著地降低与食品生产和分销相关的碳排放。

生态平衡：城市农业有助于提高城市的绿色覆盖率，增加生物多样性，并提供对环境友好的生态系统服务，如排水和减少城市热岛效应。

社区参与和教育：城市农业为居民提供了了解食品来源和参与食品生产的机会，这有助于建立社区的联系并提高公众对可持续农业的认识。

3. 技术

水培与土壤培育：这两种方法都适用于城市环境。水培不依赖土壤，而是使用营养液供给植物必要的营养；土壤培育则使用高质量的土壤混合物，特别是在空间有限的情况下。

垂直农业：由于城市空间的限制，垂直农业在建筑物的多个楼层上进行食品生产，已成为一种有效的方法。

绿色屋顶与绿墙：这些技术不仅为城市提供了额外的农业空间，还为建筑提供了额外的绝热层，从而节省能源。

智能农业技术：使用传感器、自动化和 AI 技术进行农业管理，以最大化产量并减少资源浪费。

9.3.2　绿色屋顶的设计、施工与维护

1. 设计

负荷评估：在设计绿色屋顶之前，必须评估现有建筑的承重能力。这是为了确保建筑能够支撑额外的土壤、植物、水分等的重量。

排水设计：必须确保屋顶有适当的排水系统，以避免积水和滞水，这可以通过使用透水性强的屋顶介质和设立排水点来实现。

选择植物：需要选择适应屋顶环境、能够抵御风、雨、日照的植物。很多地方会选择本地耐旱植物或多肉植物。

防水层：在土壤和植物下方设置防水层，以防止泄漏。

绝热性：考虑绿色屋顶的绝热性，有助于节能和提高舒适度。

2. 施工

屋顶预处理：清理屋顶并进行必要的维修，以确保其完好无损。

防水与隔离：在屋顶上铺设防水膜，并添加保护层，如绝热层或防根膜。

安装排水系统：根据设计铺设排水板或使用轻质透水性材料。

土壤与植物：在排水层之上添加特制的屋顶土壤，然后栽种选择的植物。

3. 维护

定期检查：检查屋顶的排水系统，确保没有堵塞。同时查看植物的生长情况，确保其健康。

灌溉：根据植物的需求和当地的气候条件，定期给予水分。某些设计为节水的屋顶可能不需要频繁灌溉。

施肥：根据土壤和植物的需求定期施肥。

除草和修剪：移除不需要的植物，定期修剪以确保植物的健康生长。

绿色屋顶不仅为城市环境提供了绿色空间，还有助于提高建筑物的能效、减少雨水径流和提高生物多样性。但其设计、施工和维护需要专业知识和细致的关注，以确保其长期的效益和安全性。

9.3.3 我国的城市农业实践与绿色屋顶实践及其效果评估

1. 城市农业实践

垂直农场：在我国的许多大城市，如上海、北京和深圳，已经出现了垂直农场的实践。这些垂直农场利用楼层空间进行农业种植，大大减少了土地使用，并有助于提供新鲜、有机的食物给市民。

社区花园：在一些社区或居民区，居民共同参与并管理的社区花园已成为一种流行趋势。这不仅提供了绿色空间，还增强了社区的凝聚力。

水培与空气培：为了克服土地短缺的问题，水培和空气培技术在城市农业中得到了广泛应用。

2. 绿色屋顶实践

商业项目：众多的大型商业项目，如购物中心、办公楼等，已开始采用绿色屋顶技术，这不仅增强了建筑的美观性，还有助于提高建筑的能效。

住宅区：在某些新建住宅项目中，绿色屋顶已成为标配，为居民提供了休闲和放松的空间。

公共设施：包括学校、医院和政府机关在内的公共设施也开始采用绿色屋顶技术，这有助于推广和普及这一概念。

3. 效果评估

环境效益：绿色屋顶和城市农业在降低温室气体排放、减少雨水径流、提供生物多样性和改善城市热岛效应方面都取得了明显效果。

经济效益：绿色屋顶可以延长屋顶的使用寿命，降低建筑物的能耗，并提高物业的价值。城市农业为居民提供了新鲜、有机的食物，减少了对农村食品的依赖。

社会效益：绿色屋顶和城市农业增强了社区的凝聚力，为居民提供了交往和互助的机会。

我国在城市农业和绿色屋顶方面已取得了显著的进展，并已在环境、经济和社会三个方面取得了积极的效益。但随着这些实践的进一步推广，还需要进一步的研究和技术创新，以确保其可持续性和效益的最大化。

9.4 大学生创新实践方案

9.4.1 节水型绿色屋顶系统

设计一个节水型的绿色屋顶系统，不仅可以有效地吸收雨水、防止城市洪水，而且可以将收集到的雨水用于屋顶植被的灌溉，有助于降低城市的热岛效应并达到节水效果。

1. 实施步骤

1）研究与调查

调查已有的绿色屋顶系统，了解其优缺点。

研究雨水收集、过滤和储存技术。

2）设计

考虑到当地的气候和环境，选择合适的植被。

设计雨水收集渠道和储存系统，确保雨水能够流向指定地点。

设计一个过滤系统，去除雨水中的杂质，使其达到灌溉的标准。

3）建造与测试

在校园或社区内选择一个合适的地点建造原型系统。

测试雨水收集、储存和灌溉系统的有效性和可靠性。

4）评估与改进

收集数据，评估系统的节水效果和绿色屋顶对环境的益处。

根据测试结果进行必要的改进。

5）推广

编写项目报告，包括设计、建造和测试的详细过程，以及所取得的成果。

通过学术会议、研讨会和公众活动推广项目成果，吸引更多的关注和支持。

2. 预期效果

减少雨水径流，降低城市洪水的风险。

为屋顶植被提供稳定的水源，提高植被的生长和生存率。

降低城市的热岛效应，提供一个宜人的休闲空间。

提高居民对节水和绿色建筑的认识和接受度。

此方案不仅有助于解决城市的环境问题，而且提供了一个实践和创新的机会，培养大学生的创新能力和团队合作精神。

9.4.2　再生混凝土技术

利用回收的混凝土碎片生产新的混凝土，是土木工程领域中的一项环境友好的创新技术。这种技术不仅可以减少建筑废料的产生，还能节省资源并降低混凝土生产的环境影响。

1. 实施步骤

1）研究与调查

收集和分析现有的再生混凝土生产技术。

调查废弃混凝土的来源、性质和处理方法。

2）设计

设计一个合适的混凝土破碎和分级系统。

选择合适的添加剂和掺合料，以提高再生混凝土的强度和耐久性。

为不同的应用场合选择合适的混合比例。

3）生产与测试

在实验室条件下制备再生混凝土样品。

测试样品的强度、耐久性和其他相关性能。

4）评估与改进

根据测试结果，评估再生混凝土的性能和可行性。

调整混合比例或添加剂种类，优化再生混凝土的性能。

5）推广

编写项目报告，介绍再生混凝土技术的研究和发展情况。

在学术会议和研讨会上分享研究成果，提高行业的认知度和接受度。

2. 预期效果

减少废弃混凝土的处置问题，节约资源。

生产出的再生混凝土具有与传统混凝土相当或更好的性能。

降低混凝土生产的环境影响，促进可持续建筑的发展。

通过研究再生混凝土技术，大学生不仅可以了解和掌握这一前沿技术，还可以培养自己的创新思维和研究能力，为未来的职业生涯打下坚实的基础。

9.4.3 太阳能驱动的通风系统

1. 背景

利用太阳能为建筑提供通风是一种可持续、经济高效的解决方案。太阳能驱动的通风系统利用太阳能电池板转化来的电能来驱动通风设备，有助于降低建筑的能源消耗，特别是在高温季节。

2. 设计原理

太阳能收集器：利用太阳能电池板收集阳光，并转化为电能。

储能系统：使用蓄电池存储来自太阳能电池板的电能，确保在无阳光时仍能维持通风系统运行。

通风设备：可以是风扇、通风口或其他通风装置，根据建筑的需要来设计。

自动控制系统：根据室内外温度、湿度和空气质量自动调节通风量。

3. 实施步骤

需求分析：调查目标建筑的通风需求，了解建筑的位置、结构、朝向等因素。

系统设计：根据需求选择合适的太阳能电池板、蓄电池和通风设备。

安装：选择适合的位置安装太阳能电池板，确保在大部分时间内能够接收到充足的阳光。同时，安装蓄电池和通风设备。

系统测试：测试系统的通风效果、稳定性和能效。

维护与监测：定期检查和维护系统，确保其长期稳定运行。

4. 优势

节能环保：大大减少了依赖传统能源的空调的使用，降低了碳足迹。

降低成本：虽然初期投资较大，但长期来看，太阳能是免费的，能够为建筑节省大量的电费。

提高室内舒适度：通过持续的通风，可以有效地调节室内温湿度，为居住者或使用者提供一个更舒适的环境。

太阳能驱动的通风系统是未来建筑的一大发展趋势。它不仅能带来经济效益，还能为环境做出贡献。对于我国这样一个拥有众多阳光充足的地区的国家来说，该系统有着广泛的应用前景。

9.4.4 模块化可移动建筑

1. 背景

随着人们对灵活、经济、高效的居住空间的需求增加，模块化可移动建筑受到了越来越多的关注。特别是在面对自然灾害或大型活动时，需要快速部署临时住所或设施，这种建筑方式具有显著的优势。

2. 设计原理

标准化模块：所有的部分均按照统一的尺寸和标准生产，确保各个模块之间可以轻松拼接。

轻材料：使用轻质、高强度的建筑材料，如复合材料、轻质钢等，确保建筑的稳定性并简化运输。

快速组装：通过简单的扣件、卡榫等结构，无须专业的施工技能即可快速组装。

多功能：模块可以根据需要设计成不同的功能区，如卧室、厨房、浴室等。

3. 实施步骤

设计与原型：根据目标用户的需求，设计出模块的基本尺寸和功能，并创建原型。

材料选择与测试：选择合适的轻质材料，并进行强度、耐用性等测试。

生产与标准化：大规模生产模块化部分，并确保每个部分的标准化和互通性。

应用实践：在实际场景中，如灾区或大型活动，部署这些模块化建筑并收集用户反馈。

持续优化：根据实际应用的反馈，不断优化设计和功能。

4. 优势

灵活性高：可以根据需要快速增加或减少模块。

经济效益：由于标准化生产和大规模应用，成本较低。

快速响应：特别适合紧急需要，如灾后重建或大型活动的临时住宿。

模块化可移动建筑是现代建筑的一个重要方向，它满足了人们对灵活、经济、高效居住空间的需求。对于我国这样一个经常面临自然灾害和拥有众多大型活动的国家来说，这种建筑方式有着巨大的应用潜力。同时，这也是一个非常适合大学生进行创新和实践的项目，可以让他们在实践中学到很多建筑和设计的知识。

9.4.5　生态保温墙

1. 背景

随着全球气候变化和环境污染日益严重，生态环保的建筑方式受到了广泛关注。生态保温墙不仅具有保温隔热的功能，而且结合了绿色植被，为城市带来了一片绿洲，提供了更加健康、可持续的居住环境。

2. 设计原理

双层结构：外墙和内墙之间留有一定的空间，用于种植植物。

自然保温：利用植物的保温和隔热特性，减少建筑物的能耗。

透气性：保证墙体内部有良好的透气性，确保植物的生长。

水源设计：为植物提供水分，如雨水收集和滴灌系统。

3. 实施步骤

选择植物：根据不同的气候和环境，选择适合的植物种类，如多肉植物、藤本植物等。

材料选择与测试：选择适合的墙体材料，并进行保温、透气、结构强度等测试。

设计与原型：设计墙体的结构和水源系统，并创建原型。

应用实践：在实际建筑中应用生态保温墙，并收集居住者的反馈。

持续优化：根据实际应用的反馈，不断优化设计和功能。

4. 优势

节能环保：利用植物的保温和隔热功能，减少能耗。

美观大方：生态保温墙为建筑带来了绿色，增加了美观度。

提高空气质量：植物可以吸收二氧化碳，释放氧气，提高室内空气质量。

生态保温墙是一个兼顾环保、节能和美观的创新建筑方法。随着人们对健康、舒适和可持续居住环境的追求，这种墙体设计有着广阔的发展前景。对于大学生来说，这是一个极具创意和实践价值的研究方向，可以让他们在研究过程中获得宝贵的知识和经验。

9.4.6 垂直花园结构优化

1. 背景

随着城市化进程的加速，绿色空间变得越来越珍贵。垂直花园作为一种新型的绿色建筑形式，不仅提供了宝贵的绿色空间，还具有节能、隔热和减少噪声的功能。然而，在高楼大厦上实施垂直花园仍然面临许多挑战，如结构支撑、植物生长环境、灌溉和维护等。

2. 设计目标

结构支撑优化：设计更加稳固和轻便的支撑结构，适应高楼大厦的特点。

植物生长环境优化：提供更好的土壤、光照和空气流通条件，确保植物健康生长。

灌溉系统优化：利用雨水收集、滴灌等技术，节约水资源并确保植物得到充足的水分。

维护方便：设计方便维护和替换的结构和系统，降低维护成本。

3. 实施步骤

调查研究：研究现有垂直花园的结构和问题。

选择合适的植物种类：根据高楼的特点，选择能够适应不同光照、温度和湿度条件的植物。

设计支撑结构：考虑到结构的稳固性、轻便性和可维护性，选择合适的材料和形式。

设计灌溉系统：利用现代技术，如雨水收集、滴灌等，确保植物得到充足的水分同时降低水资源消耗。

应用实践：在实际建筑中实施，并收集使用者和维护者的反馈。

持续优化：根据反馈，不断优化设计和系统。

4. 优势

绿色空间：垂直花园为城市的高楼大厦提供了宝贵的绿色空间。

节能隔热：垂直花园具有良好的隔热和隔音效果，能降低建筑的能耗。

美观大方：垂直花园为建筑增添了独特的美感和特色。

垂直花园结构优化是现代绿色建筑的重要研究方向。对于大学生来说，这是一个融合了结构工程、生态学、水利工程和艺术的跨学科研究领域，具有很高的创新性和实用性。

9.4.7 自净化路面材料

1. 背景

城市化进程中，车辆尾气、工业排放和其他来源的污染物往往在路面上形成沉积。当雨水冲刷时，这些污染物会进入城市的排水系统，导致水体污染。因此，开发一种能够利用雨水进行自净化的路面材料变得尤为重要。

2. 设计目标

高效自净化：能有效分解路面上的有机污染物和重金属。

持久耐用：在经受车辆碾压和各种气候条件下，材料仍保持稳定的自净化功能。

环境友好：材料在生产、使用和处置过程中均具有较低的环境影响。

经济效益：虽然初期投资可能较高，但从长远来看，由于减少了水体处理和健康问题，总体成本效益显著。

3. 实施步骤

前期研究：深入了解现有的自净化技术，如光催化技术、生物降解技术等。

选择与开发：选择最适合路面应用的自净化技术，并进行相关的材料开发。

实验室测试：对新型材料的自净化效果、物理性能和耐久性进行实验室测试。

现场试验：在实际道路上进行小范围的现场试验，评估其在真实环境中的性能。

大规模应用：根据试验结果，进行产品优化并推广应用。

4. 优势

环境保护：显著减少城市污染物流入水体，保护城市水资源。

长期效益：节约了水处理成本，减轻了公共卫生负担。

技术前沿：代表了材料科学、环境工程和土木工程的交叉融合，具有很高的技术含量。

自净化路面材料是现代城市可持续发展的重要技术之一。对于大学生来说，这是一个结合了材料科学、化学工程和环境工程的创新领域，不仅具有技术挑战性，还具有显著的社会和经济效益。

9.4.8　无影大楼设计

1. 背景

随着城市的高速发展，高楼大厦遍布各地。这导致了一个常见的问题：建筑物产生的大面积阴影对附近的住宅和公共空间造成了遮挡，影响居民的生活质量。为解决这一问题，无影大楼设计应运而生。

2. 设计目标

光线管理：使建筑物在特定时间不产生影子或最小化阴影面积。

环境适应性：能够考虑到当地的纬度、太阳轨迹和气候条件。

功能性与美观：在满足无影要求的同时，保持建筑的功能性和美观。

3. 实施步骤

光线模拟：利用计算机模拟软件，模拟建筑物在不同季节和时间的太阳光线投射情况。

建筑形态设计：根据模拟结果，调整建筑的形态、结构和表面材料，以实现无影效果。

模型验证：建立小型模型或数字模型，进行现场测试，验证设计的有效性。

结构优化：确保在实现无影效果的同时，建筑结构安全稳固。

建造与评估：完成建筑后，进行实际评估，看是否达到预期效果。

4. 优势

提高生活质量：为城市中的住宅和公共空间提供更多的日照，增加阳光和活力。

环境友好：可以避免由于建筑物阴影造成的影响地面植被生长问题。

创新点：结合了建筑学、物理学和环境科学，是一种创新的设计理念。

无影大楼设计是建筑领域的一项前沿技术，它强调与环境的和谐共生。对于大学生来说，这个领域提供了一个跨学科的研究平台，不仅有助于培养他们的创新思维，还可以促进社会的可持续发展。

9.4.9　声学优化的公共空间

1. 背景

随着城市化进程的加速，噪声污染成为许多城市居民的一个日常问题。公共空间如购物中心、火车站、机场等地方人流量大，噪声问题更为严重。一个良好的声学设计能够减少噪声的传播，提高人们在这些地方的舒适度。

2. 设计目标

噪声控制：降低公共空间内的噪声水平。

声学效果提升：提供良好的音响效果，使人们的交流更加清晰。

美观与功能性：在满足声学要求的同时，设计要有吸引力，并符合公共空间的功能性需求。

3. 实施步骤

噪声评估：首先评估公共空间的噪声源，确定需要解决的主要问题。

材料选择：选择具有良好声学性能的建筑和装修材料，如吸音板、隔音窗、声学地毯等。

设计调整：根据声学模拟的结果，调整空间的布局和设计，例如增加吸音壁、调整空间的形状等。

现场测试：完成设计后，进行现场声学测试，以验证设计效果。

持续优化：基于实际使用情况和反馈，进行必要的设计调整和优化。

4. 优势

提高舒适度：减少噪声，使公共空间更加宁静和舒适。

健康与幸福：降低长时间暴露于噪声中可能带来的健康问题，提高人们的生活质量。

经济效益：一个声学优化的公共空间可能吸引更多的访客，从而带来更好的经济效益。

声学优化的公共空间设计是一个跨学科的领域，涉及建筑学、声学、材料科学等多个学科。这为大学生提供了一个广阔的研究领域，可以进行多方面的探索和创新。通过合理的设计，我们不仅可以为社会创造更舒适的公共空间，还可以为保护人们的听力和健康做出贡献。

9.4.10 地下绿色交通系统

1. 背景

城市交通拥堵是当前许多大型城市面临的主要问题之一，不仅增加了出行时间，还导致了严重的空气污染。在此背景下，设计一个绿色的地下交通系统不仅有助于解决交通问题，还能够有效地保护环境。

2. 设计目标

高效与绿色：提供快速、高效的交通方式，同时确保其对环境影响最小。

安全性：确保乘客和工作人员的安全。

多功能性：除了交通功能，还应考虑其他功能，如商业、休闲等。

3. 实施步骤

需求评估：确定城市的交通需求，选择最适合的交通方式（如地铁、地下电车等）。

规划与设计：根据需求制定整体规划，确定线路、站点位置、系统容量等。

环境评估：对预期的环境影响进行评估，确保设计是环保的。

建设与试运行：在完成设计后，进行建设并进行试运行，确保系统运行稳定。

持续优化：根据实际运行情况和用户反馈，进行必要的调整和优化。

4. 优势

解决交通拥堵：通过引导部分交通流量到地下，有效地缓解了地面交通压力。

环境保护：地下交通系统产生的噪声和排放较少，有助于保护城市环境。

增加公共空间：地面交通减少后，可以为行人和绿化提供更多的空间。

地下绿色交通系统是一个前沿的交通解决方案，对于大型城市尤其有益。对于大学生来说，这是一个跨学科的研究领域，包括交通工程、环境科学、城市规划等，为他们提供了一个广阔的研究和创新平台。通过创新的设计和技术应用，我们不仅可以为城市带来更高效的交通方式，还可以为改善城市环境和提高居民生活质量做出贡献。

第10章　数字化土木工程

数字化技术已经深入渗透到了土木工程的各个环节，从项目管理、设计、施工到维护。其中，建筑信息模型（BIM）作为数字化技术的代表，已经成为土木工程领域的标准工具。

10.1　建筑信息模型（BIM）在项目管理中的应用

10.1.1　BIM的核心概念与特点

1. 核心概念

BIM 是一种数字化表示建筑项目的过程，涵盖了建筑物从概念设计到拆除的整个生命周期。BIM 不仅仅是一个 3D 模型，它还包含了与项目相关的所有信息，如材料属性、成本、时间表等。

2. 特点

三维可视化：BIM 允许利益相关者在项目开始前就能够看到完成的建筑物的外观，从而更好地进行决策。

实时更新：任何对模型的修改都会立即反映在整个项目上，确保所有利益相关者都能获得最新的信息。

协同工作：不同的团队可以同时在同一个 BIM 模型上工作，提高了协同效率。

整合数据：BIM 模型可以集成各种信息，包括设计、施工、成本和时间表，使得项目管理更加高效。

生命周期管理：BIM 不仅仅是设计和施工阶段的工具，它还可以用于建筑物的运营和维护，从而提高建筑物的整体价值。

减少错误和变更：通过 BIM，可以在施工前发现并解决潜在的问题，从而减少现场的错误和变更。

BIM 的核心价值在于其集成、协同和可视化的特点，它为土木工程带来了革命性的改变，使得项目管理更加高效、准确和协同。

10.1.2　使用BIM进行高效率的项目计划与管理

使用 BIM 进行项目计划和管理可以大大提高工作效率和准确性。以下是使用 BIM 进行项目计划和管理的方法和步骤。

1. 项目启动与目标设定

在项目开始时，使用 BIM 定义项目的目标、要求和预期输出。

利用 BIM 的可视化功能为所有利益相关者提供清晰的项目概念和目标，确保团队的统一理解。

2. 设计协同

利用 BIM 平台，各专业团队可以实时共享和更新信息。

可以即时发现和解决设计冲突，如管道和结构之间的碰撞，从而避免现场的返工。

3. 时间表与成本估算

利用 BIM 的 4D（时间）和 5D（成本）功能，为项目制定详细的时间表和成本预算。

实时更新模型，确保项目按计划进行，及时调整时间和成本预测。

4. 资源规划

通过 BIM 模型，可以精确计算所需的材料数量，从而优化采购过程。

利用 BIM 进行施工模拟，合理安排施工机械和人员。

5. 风险管理

利用 BIM 进行施工模拟，发现并预测可能的风险，如安全隐患。

根据模拟结果，制定相应的风险应对策略。

6. 施工管理与协同

利用 BIM 的实时更新功能，确保现场施工与设计完全一致。

对施工进度进行实时监控，与 BIM 模型进行对比，确保项目按计划进行。

7. 变更管理

当项目需要变更时，首先在 BIM 模型中进行模拟，评估变更的影响。

快速更新模型，确保所有团队都能获得最新的设计信息。

8. 后期运维与管理

利用 BIM 模型中的信息，为建筑物的运营和维护提供数据支持。

实现设施管理的数字化和智能化。

BIM 不仅仅是一个设计工具，它为整个项目的计划、管理和运营提供了强大的支持。利益相关者可以实时获取项目的最新信息，确保项目的高效、准确和协同进行。

10.1.3 BIM 在土木工程不同阶段的应用方案

BIM 为土木工程各阶段提供了一种集成的方法，确保信息流畅、减少错误并提高效率。以下是 BIM 在土木工程各个阶段的应用方案。

1. 初步设计和规划阶段

利用 BIM 进行地形和现有条件的建模。

进行太阳方位研究和环境影响分析。

利用 3D 可视化功能与利益相关者进行交流，以收集反馈。

2. 设计和详细设计阶段

进行精确的建模，包括结构、机电和其他系统。

利用模型进行碰撞检测，以在施工前解决问题。

利用 BIM 软件进行能效分析和其他持续性分析。

3. 施工准备阶段

从 BIM 模型中提取数据，并连接到成本数据库进行预算和成本估算。

制定详细的施工时间表，与 3D 模型结合使用，以进行 4D 建模。

利用模型进行施工方法研究，优化施工过程。

4. 施工阶段

利用 BIM 模型进行现场布局。

与现场管理软件集成，跟踪进度和产品。

对施工中的变更进行模型更新，并与团队同步。

5. 维护和运营阶段

BIM 作为设备和设施管理工具。

利用模型进行能源管理和效率分析。

在模型中存储维护记录和保修信息，确保设施的长期效能。

随着技术的不断进步，BIM 在土木工程的每个阶段都有越来越多的应用，帮助工程师、承包商和所有利益相关者更加高效、准确地完成项目。

10.2　3D 打印与土木结构的快速制造

10.2.1　3D 打印的基础知识与应用领域

3D 打印，也被称为增材制造，是一种制造技术，通过逐层添加材料来创建三维物体。与传统的制造方法不同，3D 打印不是通过去除材料（如切割或钻孔）来构建物体，而是通过逐层添加材料来制造。

1. 基础知识

打印过程：通常，3D 打印从数字模型开始，这些模型在专用软件中创建或通过 3D 扫描获得。然后，这些模型被切片成数千个薄层，打印机会按照这些层的指示逐层打印。

材料：3D 打印可以使用各种材料，包括塑料、金属、陶瓷、混凝土等。选择的材料取决于打印的目的和机器的类型。

技术：有多种 3D 打印技术，如熔融沉积建模（FDM）、选择性激光烧结（SLS）和立体光刻（SLA）。每种技术都有其特点和应用领域。

2. 应用领域

原型设计：3D 打印最初用于快速原型设计，允许设计师快速创建和测试新产品的物理模型。

医疗：3D 打印用于制造定制的医疗器械，如义肢、牙齿和助听器。

汽车与航空：这些行业使用 3D 打印来制造复杂的零件，这些零件通过传统方法制造可能很难或成本很高。

时尚与艺术：从珠宝到服装，3D 打印为艺术家和设计师提供了一种创新的方式来表达他们的视觉。

土木工程与建筑：3D 打印正在被用于制造结构零件，甚至整个建筑物。例如，已经有了 3D 打印的桥梁和房屋。

教育：学校使用 3D 打印教育学生，帮助他们将理论知识转化为实践应用。

在土木工程领域，3D 打印的应用仍然处于起步阶段，但其潜力巨大，预计未来将有越来越多的实践应用。

10.2.2　结合 3D 打印技术实现土木结构的快速、精确制造

3D 打印技术在土木工程领域的应用主要集中在结构部件的制造、模型制作以及特定的建筑元素制造上。以下是结合 3D 打印技术实现土木结构的快速、精确制造的方法。

设计与建模：首先应使用 CAD 或其他专门的建筑设计软件为所需的结构创建详细的 3D 模型。这一步非常关键，因为打印的准确性和质量取决于模型的质量。

选择合适的材料：根据土木结构的需求选择合适的打印材料。例如，选择混凝土为主材料的 3D 打印混凝土、选择钢铁等金属材料的 3D 打印金属。

切片与打印设置：在发送到 3D 打印机进行打印之前，3D 模型需要被分解成数千个薄层。同时，需要设定打印参数，如层高、填充密度、支撑结构等，以确保最佳的打印效果和结构稳

固性。

打印过程：使用专门为土木工程应用定制的大型 3D 打印机进行打印。这些打印机通常配备了大型喷嘴，可以喷射混凝土或其他建筑材料。

后处理：一旦结构部分被打印完成，可能需要一些后处理，如打磨、加固或上色，以达到所需的结构特性和外观要求。

组装与结构整合：如果结构由多个独立的部分组成，这些部分可以通过传统的建筑技术（如螺栓或焊接）进行连接和整合。

质量检验：使用无损检测技术，如超声波检测，对打印的结构进行质量评估，确保其满足工程标准和要求。

应用场景扩展：除了常规的建筑结构，3D 打印还可用于制造特定的装饰元素、艺术品、家具等，这为建筑设计带来了无限的创意空间。

结合 3D 打印技术，土木工程不仅可以实现快速和精确的制造，还可以帮助工程师和设计师尝试和实验前所未有的设计和结构，为土木工程带来更多的创新和变革。

10.2.3 土木工程中 3D 打印的实际方案分析

3D 打印技术正在土木工程领域中迅速应用，尤其是在建筑结构、基础设施和相关应用方面。以下是几个具体的、在土木工程中应用 3D 打印技术的实际方案。

1. 3D 打印混凝土房屋

背景：传统的混凝土施工需要建造模板、浇筑、固化和拆模等多个步骤，而 3D 打印技术可以直接按设计打印出所需结构，大大提高效率。

实施方法：使用大型 3D 打印机，利用混凝土作为打印材料，按照预先设计的 3D 模型进行打印。通过逐层堆叠，直到建筑完成。

案例：多个国家已经有成功的 3D 打印房屋案例，这些房屋不仅建造速度快，而且成本低，还具有良好的结构稳定性。

2. 3D 打印桥梁

背景：在一些小型或临时性工程项目中，3D 打印桥梁可能是一种有效、经济和快速的建造方法。

实施方法：使用钢筋混凝土或金属材料，通过 3D 打印技术打印桥梁的各个部分，然后在现场组装。

案例：荷兰的 Gemert 是世界上第一个使用 3D 打印技术建造的循环桥，展示了这种技术的潜力。

3. 3D 打印道路与人行道

背景：公路和人行道维护是一个持续的过程，而 3D 打印提供了一种快速修复破损区域的方法。

实施方法：使用特制的 3D 打印机和材料，例如塑料或混凝土，直接在受损区域进行打印和修复。

案例：某些城市已经尝试使用 3D 打印技术修复道路的坑洼和裂缝，提供更为高效的道路维修方法。

4. 3D 打印防护墙与噪声屏障

背景：为了减少交通噪声和保护居民，常常需要建设噪声屏障。3D 打印技术使得这些屏障更为经济和高效。

实施方法：设计具有噪声吸收特性的结构和形状，然后使用 3D 打印进行制造。

案例：在某些高速公路旁，已经使用 3D 打印技术制造的噪声屏障，既美观又实用。

这些实际方案都说明了 3D 打印技术在土木工程中的巨大潜力和实用性，预示着未来的建筑行业可能会发生重大变革。

10.3　使用无人机（UAV）进行土木工程检测与监控

10.3.1　无人机技术的基本知识及其在土木工程中的优势

1. 基本知识

无人机（Unmanned Aerial Vehicle，UAV），通常被称为“无人飞行器”或“无人机”，是一个无须机上驾驶员的飞行器。无人机可以远程控制或自动驾驶，经常搭载摄像机或传感器以执行各种任务。

2. 在土木工程中的优势

高效性与经济性：无人机可以快速覆盖大面积的土木工程项目，提供实时或高分辨率的图像。相对于传统的地面或人工空中巡查，无人机可以更高效、经济地完成工作。

安全性：某些土木工程环境可能存在危险，例如高建筑或桥梁的检查。使用无人机进行检测可以避免人员直接进入这些危险区域，从而提高安全性。

高质量数据收集：无人机搭载的现代摄像头和传感器可以提供高分辨率的图像和视频，这对于土木工程的结构评估和监控至关重要。

实时监控与快速响应：无人机可以为项目经理或相关团队提供实时的工地情况，使得他们可以迅速作出决策或响应突发情况。

多角度观察：传统的巡查方法可能只能从一个角度或高度查看结构，而无人机可以从各种角度和高度捕捉图像，为工程师和决策者提供全面的视角。

灵活性：无人机可以在各种环境和天气条件下工作，包括狭窄、高空或其他困难地点。

环境评估：无人机可以帮助评估土木工程项目对周围环境的影响，例如监测工地的尘埃、噪声和污染水平。

10.3.2　利用无人机进行工程现场的实时监控与数据收集

无人机已经成为土木工程领域中一种重要的技术工具，它们为现场实时监控和数据收集提供了无与伦比的优势。以下是利用无人机进行工程现场实时监控和数据收集的具体步骤和方法。

1. 选择合适的无人机和传感器

根据工程的具体需求和规模，选择适当的无人机型号。例如，大型项目可能需要较大的无人机，而小型或短期项目则可以选择较小的、易于操纵的型号。

根据数据需求选择适当的传感器，如高清摄像机、红外摄像机、多光谱摄像机或激光雷达（LiDAR）。

2. 规划飞行路线

使用地理信息系统（GIS）或专门的飞行规划软件来规划无人机的飞行路线，确保覆盖整个工程区域。

考虑地形、障碍物和其他安全因素。

3. 进行飞行操作

在飞行前进行全面的设备检查，确保电池电量充足、GPS 信号强并确保所有传感器正常工作。

在安全的操作区域进行飞行，并始终保持与无人机的视线联系。

根据需要调整飞行高度和速度，确保收集到所需的数据。

4. 实时数据传输与监控

利用先进的遥感技术和无线通信，将无人机收集到的数据实时传输到控制站或移动设备。

通过实时视频流，项目经理和团队可以对工程进展、安全问题或其他关键情况进行实时监控。

5. 数据处理和分析

将收集到的图像和数据导入专门的软件进行处理。例如，使用点云数据进行三维建模或进行地形分析。

根据需要对图像进行后期处理，如图像拼接、校准或增强。

6. 结果应用

利用处理后的数据进行工程进度跟踪、资源分配、安全评估等。

在项目完工后，无人机收集的数据还可以用于生成最终报告或进行质量评估。

7. 安全与合规性

始终遵循当地的航空法规和标准。

为操作员提供适当的培训，确保他们了解安全和操作准则。

通过上述方法，无人机不仅可以提高土木工程现场的数据收集效率，还可以为工程团队提供实时的、高质量的信息，帮助他们做出更好的决策。

10.3.3 土木工程中无人机技术的实践方案分析

以下列出了一些在土木工程中已经实施的、以无人机技术为核心的实践方案。

1. 桥梁检测与评估

背景：桥梁是关键的交通基础设施，需要定期进行检查和维护。

实践方案：使用配备高清摄像头和红外摄像机的无人机进行桥梁检查。红外摄像机可以检测结构中的微小裂缝或损伤，而高清摄像头则可以为工程师提供详细的视觉信息。

效果：与传统的人工检查相比，该方案更加高效、安全，并能在短时间内提供更详细的数据。

2. 施工现场监控

背景：对施工现场的监控有助于跟踪进度、分配资源和确保安全。

实践方案：使用无人机进行日常的现场巡查，收集实时数据和图像。

效果：项目经理可以通过实时的空中视角更好地了解现场情况，确保项目按计划进行。

3. 山地或偏远地区的勘察

背景：山地或偏远地区的土木工程勘察通常很具挑战性。

实践方案：利用无人机进行这些地区的勘察，收集地形、地貌和其他相关数据。

效果：相比传统的人工勘察，该方案更快、更经济，并可以收集到更详尽的数据。

4. 滑坡和其他自然灾害的监测

背景：在地质不稳定的地区，滑坡和其他自然灾害是一个持续的关注点。

实践方案：使用无人机定期监测这些地区，监测任何可能的土地移动或其他异常。

效果：可以提前预测和响应灾害，保护生命和财产。

5. 测绘与地形图生成

背景：为工程项目制订计划和设计，需要准确的地形数据和地貌数据。

实践方案：使用激光雷达（LiDAR）和高清摄像头装备的无人机进行测绘工作，生成高精度的 3D 地形图。

效果：与传统的地面测绘相比，该方案提供了更快速、更详细的结果。

这些实践方案仅仅是土木工程中无人机技术广泛应用的一部分，随着技术的进步，无人机在土木工程中的应用还会继续扩展。

10.4　大学生创新实践方案

10.4.1　3D 打印实现的微型桥梁设计竞赛

1. 背景

随着 3D 打印技术的发展，从产品设计到建筑行业，人们开始探索这种技术应用的各种可能性。特别是在土木工程领域，3D 打印为大学生提供了一个无与伦比的实验和设计平台，允许他们从事创新性的设计和研究。

2. 实践方案描述

目标：邀请大学生设计并打印一座微型桥梁，要求既有创意又要满足一定的承重标准。

规模与材料：桥梁长度不超过 30 cm，宽度不超过 10 cm，限定使用特定的 3D 打印材料，如 PLA 或 ABS。

3. 评审标准

设计创意与美观度。

桥梁的实际承重能力。

材料使用效率。

结构的稳定性与刚性。

4. 实践步骤

设计阶段：大学生使用专业设计软件（如 AutoCAD、SolidWorks 或其他 3D 设计工具）完成桥梁设计。

打印与制造：利用学校的 3D 打印设备，或与当地的 3D 打印服务提供商合作，完成桥梁模型的打印。

测试阶段：在特定的环境中测试桥梁的承重能力，记录其破裂或变形的最大负荷。

评审与反馈：专家和教师评审每一个设计，根据上述的评审标准为每个参赛队伍打分。

奖励与认证：对最佳设计、最强承重能力和最具创意的设计颁发奖励，所有参与的学生都可以获得一个特定的实践认证，以证明他们在土木工程和 3D 打印方面的经验和技能。

5. 效果与意义

这个实践方案不仅可以刺激学生的创意和创新思维，还能提供一个真实的平台，让他们在实际的工程环境中应用 3D 打印技术。同时，这种竞赛也可以加强学生的团队合作能力，培养他们的项目管理和实践技能。

10.4.2　BIM 技术辅助下的社区规划设计比赛

1. 背景

BIM 技术现在已经广泛应用于建筑和土木工程行业，为设计、施工和维护提供了高效、精确的解决方案。利用 BIM 技术，大学生可以对建筑和社区规划进行深入的研究和实践。

2. 实践方案描述

目标：大学生团队利用 BIM 技术，对一个指定区域进行社区规划与设计，强调可持续性、生态友好和社区的综合功能。

规模与条件：设计的社区面积为5～10公顷，包括住宅、公共空间、绿化区和基础设施。

3. 评审标准

采用BIM技术的深度和广度。

社区设计的可持续性和生态友好性。

对社区居民的生活品质的提升。

创新性和实用性的平衡。

4. 实践步骤

研究与调查：团队首先对指定区域进行实地调查，了解地形、气候、生态和社区需求。

设计初稿：团队利用BIM软件，如Revit或ArchiCAD，创建项目的初步模型。

模型完善：在初稿的基础上，进一步完善模型的细节，包括建筑结构、设施布局、绿化设计等。

模拟与评估：利用BIM软件对社区的能源效率、流通性、安全性等进行模拟与评估。

提交与展示：将完成的BIM模型和设计方案提交给评审团，同时进行项目展示。

5. 效果与意义

此实践方案可以激发学生利用现代技术进行社区规划与设计的兴趣，提高他们对于可持续发展和社区建设的认识。同时，学生可以通过真实的项目学习并应用BIM技术，增强实践能力和职业竞争力。

10.4.3 无人机辅助的工程现场管理模拟实践

1. 背景

随着科技的发展，无人机（UAV）已经成为土木工程行业中的重要工具，特别是在工程现场的管理和监控方面。它们可以提供实时的高清图像和视频，帮助工程师和项目经理快速掌握工地的实际情况。

2. 实践方案描述

目标：大学生团队利用无人机技术，对一个工程模拟现场进行实时管理和监控，主要解决现场的安全、进度和资源配置问题。

模拟环境：建立一个小型的工程模拟现场，包括施工设备、材料、人员和建筑结构。

3. 评审标准

无人机的操作技能和飞行安全性。

利用无人机收集到的数据对工程管理的贡献。

现场问题的识别和解决效率。

创新性的管理策略。

4. 实践步骤

培训与操作：学生首先接受无人机的基础操作和安全培训。

任务分配：每个团队根据自己的职责，计划和执行无人机的飞行任务。

数据收集：无人机飞行过程中，通过摄像头收集现场的实时图像和视频。

数据分析：学生团队利用收集到的数据，对工程现场的安全、进度和资源配置进行分析，并提出优化建议。

问题处理：团队需要根据分析结果，制定并执行相应的管理策略，确保工程的顺利进行。

总结与报告：完成模拟实践后，每个团队需要提交一份关于无人机在工程管理中应用的总结报告。

5. 效果与意义

此实践方案可以让学生真实体验无人机在土木工程中的应用，提高他们的操作技能和现场管理能力。通过模拟实践，学生可以更深入地理解工程项目的复杂性，以及现代技术对工程管理的重要性。同时，也有助于培养学生的团队协作和创新思维。

10.4.4　智能建筑设计与模拟演示大赛

1. 背景

随着科技的进步，智能建筑逐渐成为当代城市的标志性结构，它们不仅有助于提高建筑物的能效和舒适性，还能为居住和工作于其中的人们带来先进的科技体验。对于土木工程和建筑设计领域的大学生来说，理解并掌握智能建筑的设计理念和技术应用将为他们的未来职业生涯铺设坚实的基石。

2. 实践方案描述

目标：鼓励大学生团队设计并模拟出一个具有创新性、可持续性和高度智能化的建筑方案。

3. 比赛要求

建筑设计需融合现代科技，如自动化技术、传感器、AI 等。

强调建筑的可持续性和环保性。

考虑到用户的舒适性和建筑的实用性。

提供 3D 模型和相应的模拟演示。

4. 评审标准

设计的创新性和实用性。

智能技术的融合程度。

建筑的可持续性和环保性。

3D 模型和模拟演示的质量与逼真度。

团队的合作与呈现能力。

5. 实践步骤

团队组建：学生可以根据兴趣和专业背景组建团队。

设计与研究：团队进行研究，确定设计的主题和方向，确保其创新性和实用性。

技术融合：团队选择合适的智能技术并将其与建筑设计进行有机结合。

模型与演示：利用 3D 建模软件创建建筑模型，并制作相应的模拟演示。

评审与反馈：经过初步的评审后，团队可以根据反馈进行调整和完善。

决赛展示：所有团队将在决赛中展示他们的设计和模拟演示，由评审团选出最佳设计。

6. 效果与意义

此实践方案不仅能够激发学生的创新精神和团队协作能力，还能帮助他们真正理解和掌握智能建筑设计的前沿理念和技术应用，为他们未来在土木工程和建筑设计领域的职业生涯打下坚实的基础。

10.4.5　地震模拟下的建筑结构稳定性挑战赛

1. 背景

地震是自然灾害中最具破坏性的自然灾害之一。对于土木工程和建筑设计专业的大学生来说，掌握建筑结构的抗震设计是至关重要的。通过模拟地震，学生可以直观地了解其对建筑结构的影响，并探索如何提高建筑物的抗震性能。

2. 实践方案描述

目标：激励大学生团队设计并测试一种可以抵御模拟地震的建筑结构。

3. 比赛要求

设计的结构应当具有实际应用的可能性。

应考虑使用不同的建筑材料和设计策略以增强抗震性能。

模拟地震的条件和标准应事先明确。

4. 评审标准

结构在模拟地震中的稳定性。

创新性和实用性的设计。

材料的选择和应用。

结构的整体美观性和功能性。

5. 实践步骤

团队组建：学生可以根据兴趣和专业背景组建团队。

设计与模拟：团队进行设计，确定结构形式和使用材料。

模拟测试：使用地震模拟机进行测试，记录数据。

评估与改进：根据模拟测试的结果进行评估，并对设计进行必要的改进。

决赛展示：所有团队在决赛中展示他们的设计和模拟测试结果。

奖励与认证：为最佳设计、最佳稳定性、最佳材料应用等类别设立奖项。

6. 效果与意义

此实践方案将帮助学生直观地了解地震对建筑结构的影响，并探索如何优化建筑设计以提高其抗震性能。这不仅能够加强学生的实际操作能力和团队合作精神，还能为他们未来在建筑设计领域的职业生涯提供有力的支持和帮助。

10.4.6 BIM 软件应用创新设计竞赛

1. 背景

BIM 是土木工程和建筑设计中的革命性技术，它为工程项目的所有阶段提供了三维、实时和动态的建筑模型。对于土木工程和建筑学专业的学生来说，掌握 BIM 技术与软件应用是现代职业要求。通过创新设计竞赛，学生可以尝试开发新的 BIM 应用或优化现有流程，从而提高工程效率和准确性。

2. 实践方案描述

目标：鼓励大学生团队使用 BIM 软件进行创新设计，以解决土木工程或建筑设计中的实际问题。

3. 比赛要求

参赛作品必须是原创的 BIM 应用或方法。

应考虑到实际工程项目中可能遇到的挑战和需求。

提供完整的解决方案说明和操作指南。

4. 评审标准

创新性和实用性。

BIM 解决方案的效率和准确性。

用户友好性和界面设计。

可持续性和可扩展性。

5. 实践步骤

团队组建：学生可以根据兴趣和专业背景组建团队。

方案开发：团队使用 BIM 软件进行创新设计，并进行实际测试。

演示与评审：团队在决赛中展示他们的 BIM 解决方案，并接受评审团的评价。

6. 效果与意义

通过此实践方案，学生可以深入了解 BIM 技术在土木工程和建筑设计中的应用，挖掘其潜在的创新空间，并提高自己的专业能力。这不仅有助于培养学生的创新思维和实践能力，还能为他们的职业发展打下坚实的基础。

10.4.7　绿色与可持续建筑材料研发竞赛

1. 背景

随着环境保护的重要性日益凸显，绿色与可持续建筑材料在土木工程中的应用受到了广泛关注。这种材料不仅能够减少对环境的负面影响，还可以实现资源的循环利用，为未来的建筑提供了新的方向。对于土木工程和建筑学专业的学生来说，研究和开发这些新材料是一个巨大的挑战，同时也是一个展现自己专业能力的好机会。

2. 实践方案描述

目标：鼓励大学生团队研究和开发新的、环保的建筑材料，以满足未来建筑的需求。

3. 比赛要求

参赛作品必须是原创的、具有绿色和可持续特点的建筑材料。

应考虑到材料的生产、应用和回收阶段的环境影响。

提供材料的技术参数和应用案例。

4. 评审标准

材料的环保性和可持续性。

技术参数的完整性和准确性。

应用案例的实用性和创新性。

5. 实践步骤

团队组建：学生可以根据兴趣和专业背景组建团队。

材料研发：团队进行实验室研究，开发新的建筑材料。

演示与评审：团队在决赛中展示他们的研究成果，并接受评审团的评价。

6. 效果与意义

通过此实践方案，学生可以深入了解绿色和可持续建筑材料的研发过程，提高自己的专业能力和创新思维。这不仅有助于培养学生的科研能力，还能为他们的职业发展提供更多的机会。同时，这也可能为建筑行业提供新的、环保的建筑材料，推动绿色建筑的发展。

10.4.8　无人机在城市规划中的创意应用大赛

1. 背景

随着无人机技术的发展，其在各种应用领域中的潜力逐渐显现。在土木工程与城市规划中，无人机可以提供从空中捕捉的高清图像，从而提供更全面的城市视角。这为城市规划带来了前所未有的机会。

2. 实践方案描述

目标：鼓励大学生探索无人机在城市规划中的创意应用，利用其提供的独特视角，为城市规划带来更多的可能性。

3. 比赛要求

参赛作品应展示无人机如何助力城市规划，如城市景观评估、交通流量分析、环境污染监测等。

创意必须是原创的，并注重无人机的安全、正规使用。

通过实地拍摄或模拟方式呈现无人机的应用效果。

4. 评审标准

无人机的创意应用度和实用性。

安全性和操作的专业性。

呈现的视觉效果和分析的准确性。

5. 实践步骤

团队组建：学生可以根据兴趣和专业背景组建团队。

项目设计：团队确定无人机在城市规划中的具体应用点。

现场拍摄与模拟：进行实地飞行拍摄或创建模拟环境来展示应用效果。

演示与评审：在决赛中展示无人机的应用成果，并接受评审团的评价。

6. 效果与意义

此实践方案可以帮助学生深入了解无人机的潜力，提高其在实际项目中的应用能力。通过这种方式，学生不仅能增强自己的专业技能，还能为未来的城市规划带来创新的视角和方法。同时，这也可以推广无人机在土木工程和城市规划中的应用，为整个行业带来更多的发展机会。

10.4.9 数字化技术在古建筑保护中的模拟项目

1. 背景

古建筑是文化和历史的承载者，但随着时间的推移，很多古建筑都面临着衰败和消失的危险。数字化技术，尤其是 3D 扫描、数字建模和虚拟现实（VR），为古建筑的保护提供了新的可能性。

2. 实践方案描述

目标：使大学生了解并掌握数字化技术在古建筑保护中的应用，通过模拟项目实践，培养学生的实际操作能力和创新思维。

3. 项目要求

选择一个真实的古建筑或遗址作为项目背景。

使用 3D 扫描技术对古建筑进行全面扫描。

基于扫描数据，创建古建筑的数字模型。

利用 VR 技术，为用户提供一个互动式的古建筑虚拟参观体验。

4. 评审标准

数字模型的准确性和细节表现。

VR 体验的交互性和真实感。

对古建筑的文化和历史背景的解读和呈现。

5. 实践步骤

团队组建：鼓励学生跨专业组队，如建筑、历史和计算机科学专业的学生合作。

现场调研：到选择的古建筑现场进行实地考察和资料收集。

数字化扫描：使用 3D 扫描设备，全面扫描古建筑。

数据处理与建模：处理扫描数据，利用专业软件创建古建筑的数字模型。

VR 体验开发：设计虚拟现实（VR）的互动流程，为用户创建沉浸式的参观体验。

6. 效果与意义

此实践方案不仅能够帮助学生理解并掌握数字化技术在古建筑保护中的重要作用，还可以培养学生的跨学科合作能力和创新思维。通过这样的模拟项目，学生可以将理论知识与实际操作相结合，为未来的古建筑保护工作做好充分的准备。

10.4.10　交通网络优化与模拟挑战赛

1. 背景

随着城市化的快速发展，很多城市都面临着交通拥堵的问题。优化交通网络、提高道路利用率和实现智慧交通已经成为了城市规划和土木工程领域的重要研究方向。

2. 实践方案描述

目标：通过模拟挑战赛，使大学生了解交通网络优化的理论与实践，培养学生的模型建立和解决实际问题的能力。

3. 项目要求

基于真实的城市交通数据，分析交通流量、路网结构等关键信息。

设计优化策略，如改变路线、增设或减少交通节点、调整信号灯时序等，以提高交通流畅性。

使用交通模拟软件，验证优化策略的效果。

4. 评审标准

优化策略的创新性和实用性。

交通模拟的真实性和准确性。

优化后的交通流畅性提升幅度。

5. 实践步骤

团队组建：建议学生跨专业组队，如交通工程、城市规划和计算机科学专业的学生合作。

数据收集与分析：从公开资料或与合作方获取真实的城市交通数据，进行深入分析。

策略设计：基于分析结果，提出针对性的交通网络优化策略。

模拟验证：利用交通模拟软件，模拟优化策略在实际环境中的效果。

6. 效果与意义

此实践方案可以帮助学生深入理解交通网络优化的重要性和实际操作流程。通过模拟挑战赛，学生可以将所学的交通理论知识应用于真实场景，培养实践能力和创新思维。此外，这样的项目还可以为城市交通规划部门提供有价值的参考建议，促进城市的交通发展。

第11章　适应性与灵活性设计

11.1　考虑气候变化的基础设施设计

11.1.1　气候数据与建筑设计

1. 背景

随着全球气候变暖，极端天气事件的发生频率和强度都在增加。这给城市基础设施和建筑带来了巨大的挑战，需要我们重新考虑如何进行设计以适应这些变化。

2. 内容概述

1）气候数据的重要性

气候数据为建筑和基础设施设计提供了关键的参考依据。对于不同的地区，应结合历史气候数据和未来气候模型预测进行分析，为设计提供指导。

2）气候数据来源

气象部门、气候国际组织、科研机构等都为公众和专家提供了大量的气候数据和预测。通过这些数据，设计师可以更好地理解当地的气候特点和预测未来可能的趋势。

3）气候数据在建筑设计中的应用

建筑定位与布局：根据气候数据，可以确定建筑的最佳定位和布局，使其能够充分利用自然光和通风，同时减少因极端天气带来的潜在损害。

建筑材料选择：不同的气候条件要求使用不同的建筑材料。例如，在高温多雨的地区，建筑材料需要具有良好的防潮性能和高的反射率。

能源系统设计：气候数据可以帮助确定建筑的取暖、制冷和通风需求，从而选择合适的能源系统。

4）气候适应性设计的示例

在飓风频繁的地区，建筑应采用防风设计、加固结构和飓风安全窗户。

在洪涝易发的地区，建筑应该采取提高基座、设置防洪墙等措施。

在高温地区，建筑应该考虑使用绿色屋顶、绿色立面和太阳能遮阳系统。

考虑气候变化的建筑和基础设施设计不仅可以保护人们的生命和财产安全，还可以帮助城市更有效地利用资源，实现可持续发展。通过结合气候数据和先进的设计方法，我们可以为未来的挑战做好充分准备。

11.1.2　高温与建筑的热舒适性

1. 背景

随着全球变暖和城市热岛效应的加剧，高温已成为许多城市的常态。在这种环境下，如何确保建筑物的热舒适性，不仅涉及居住者的健康和生活质量，还与能源消耗和环境保护密切相关。

2. 内容概述

1）热舒适性的定义

热舒适性是指人体在特定环境条件下，对温度、湿度、空气流动等感觉到的舒适度。通常，人们在不需要额外能源输入（如加热或制冷）的情况下感到舒适的环境被视为具有良好的热舒适性。

2）高温对建筑的影响

高温可能导致室内温度升高，增加空调负担，增加能源消耗。

高温加剧了建筑材料的老化，缩短其使用寿命。

对于没有适当隔热措施的建筑，高温可能会导致室内过热，影响人们的健康和生活质量。

3）如何提高建筑的热舒适性

隔热材料：选择高效的隔热材料，可以有效阻挡外部高温对建筑内部的影响。

绿化：绿色屋顶和立面绿化可以为建筑提供天然的遮阳和隔热效果。

自然通风：通过建筑设计优化空气流动，减少对机械通风的依赖，提高热舒适性。

遮阳设计：利用遮阳板、百叶窗等设计，减少日光直射，降低室内温度。

4）热舒适性评估工具

有多种软件和方法可以评估建筑的热舒适性，如 ENVI-met、DesignBuilder 等，它们可以模拟建筑的热环境，并提供优化建议。

考虑到未来高温问题可能的持续与加剧，建筑设计应更加重视热舒适性。通过综合运用各种方法和材料，不仅可以为居住者创造一个更加舒适的环境，还可以降低能源消耗，促进可持续发展。

11.1.3　强降水与城市排水系统的设计

1. 背景

全球气候变化带来的极端天气事件日益频繁，其中，强降水事件对城市基础设施和居民的生活带来了巨大的挑战。城市排水系统的设计成为了城市规划和土木工程领域的重要议题。

2. 内容概述

1）强降水对城市的挑战

城市内涝：暴雨导致的积水迅速积聚，超出了排水系统的处理能力。

基础设施破坏：如道路被冲毁、桥梁结构被破坏等。

污染扩散：洪水可能会冲刷污染物，影响水源。

2）传统排水系统的局限性

设计流量通常基于历史降雨数据，可能无法应对当前的极端天气。

线性排放，缺乏多功能利用和生态效益。

3）现代化城市排水系统设计原则

源头管理：通过增加绿地、雨水花园、渗透性路面等措施，增加雨水在源头的渗透和滞留。

多功能设计：如雨水收集和利用，湿地公园等既有景观效益又能处理雨水。

灵活性和适应性：根据不同地区的特点，采用模块化设计，方便未来根据需要进行扩建或调整。

生态和可持续性：结合生态工程手段，如创建人工湿地，既能够处理雨水又有生态效益。

4）数字化技术在城市排水系统设计中的应用

通过GIS和其他模拟工具，对城市地形、土壤和现有基础设施进行详细分析，预测不同降雨量下的城市排水效果。

利用物联网和传感器技术实时监测和管理城市排水系统，及时响应强降水事件。

考虑到气候变化带来的强降水事件日益增加，现代化的城市排水系统设计应当具备高度的适应性和灵活性。结合数字化技术、生态工程手段和多功能设计，既可以有效减少城市内涝和其他灾害，又能为城市居民提供更好的生活环境。

11.2 “活”结构：能够响应环境变化的建筑与基础设施

随着技术的进步和对环境友好建筑的需求增加，建筑师和工程师开始探索如何让建筑和基础设施更加“智能”，能够自动响应并适应环境变化，从而提高能源效率、舒适度和持续性。

11.2.1 动态立面技术在建筑中的应用

1. 定义

动态立面技术指的是一种能够根据外部环境条件（如光照、温度、风速等）自动调节的建筑外墙技术，以达到更好的热舒适性和光照条件。

2. 内容概述

1）需要动态立面的原因

传统的固定立面可能导致过度的阳光直射、室内过热或过冷等问题。

动态立面可以实时响应环境变化，调节室内外温差、光照等条件，提高能效和室内舒适度。

2）常见的动态立面技术

可调节的遮阳系统：如百叶窗、遮阳篷等，可以自动调节角度以控制阳光的直射。

光敏材料：例如液晶玻璃，它可以根据外部光线强度调节其透明度。

形状记忆合金：可以改变其形态以调节阳光进入的量或方向。

3）动态立面的控制与管理

利用传感器收集外部环境数据，如光照强度、温度、风速等。

通过中央控制系统，实时分析数据并调整动态立面的状态。

利用人工智能技术预测未来的环境变化，提前进行立面调整。

4）动态立面的优势与挑战

优势：提高建筑的能效、减少空调和照明的使用、提高室内舒适度、增加建筑的美观性。

挑战：初始投资成本高、需要复杂的控制系统、日常维护成本可能增加。

随着建筑技术的进步和对绿色建筑的追求，动态立面技术在现代建筑中的应用越来越普遍。正确的设计和管理可以确保它为建筑带来长期的效益。

11.2.2 自适应基础结构系统

1. 背景

在面对不断变化的环境和使用需求时，建筑和基础设施需要有能力进行自我调整，以使其效率和持久性最大化。自适应基础结构系统为此提供了一个解决方案，使结构能够响应并适应各种外部和内部刺激。

2. 内容概述

1）自适应基础结构的定义

自适应基础结构系统是指那些能够在没有人为干预的情况下，根据外部环境变化自动调整自身状态的结构系统。

2）如何实现自适应性

传感器：部署于结构中的传感器可以检测结构的变形、振动、应力等参数。

执行器：根据传感器提供的数据，执行器可以进行实时调整，例如改变结构的刚度或形状。

控制系统：这是一个中央处理单元，负责分析从传感器传来的数据，并指导执行器进行相应的动作。

3）应用案例

地震响应：在地震发生时，自适应结构可以调整其刚度，从而减少结构损伤。

风载响应：在大风中，某些高层建筑可能会遭受强风力的影响，自适应结构可以减轻风的冲击，降低摇摆。

日常使用变化：例如，一个多功能大厅可能需要根据不同活动（如音乐会、演讲或展览）调整其声学属性或光线条件。

4）自适应基础结构的优势与挑战

优势：提高结构的安全性、延长结构的使用寿命、节省能源和维护成本。

挑战：初始投资高、技术复杂、需要持续监控和维护。

自适应基础结构系统提供了一种有效的方法，使建筑和基础设施能够应对不断变化的外部环境和使用需求。尽管还存在一些技术和经济上的挑战，但随着技术的进步和对持续性和效率的追求，自适应基础结构系统在未来的建筑中可能会更加普遍。

11.2.3　智能控制与环境响应技术的结合

1. 背景

随着科技的进步，智能控制系统已经成为建筑和基础设施领域的热点。结合环境响应技术，我们可以实现更为智能化、高效且节能的建筑结构，满足现代社会对于可持续性和环境适应性的需求。

2. 内容概述

1）智能控制与环境响应技术的定义

智能控制：通过实时分析数据并自动执行指令来优化结构性能的系统。

环境响应技术：基于环境条件（如温度、湿度、光照等）改变建筑或结构性能的技术。

2）技术融合的优势

结合智能控制与环境响应技术，建筑不仅可以自我调节，还可以预测未来的环境变化并提前作出反应。

3）应用案例

自适应遮阳：根据太阳位置、室内外温差和用户偏好自动调整窗帘或遮阳板。

智能通风系统：依据室内外的温度和湿度差异，自动打开或关闭窗户和通风口。

能量管理：结合太阳能电池板或其他可再生能源，智能控制能源的收集、存储和使用。

4）技术挑战与未来方向

数据安全与隐私：大量的数据收集可能涉及用户隐私问题，同时，智能系统也可能面临网络攻击的威胁。

维护与更新：智能系统需要定期的维护和软件更新，以保持其优化性能。

成本与效益：初始投资可能较高，但长期看来，节省的能源和维护成本可能会为投资者带来回报。

进一步的集成：未来的智能建筑可能会将更多的传感器和控制系统集成在一起，形成一个完整的智能生态系统。

智能控制与环境响应技术的结合为建筑和基础设施带来了前所未有的可能性，使其能够更加智能化地响应环境变化，并为用户提供更加舒适和高效的生活环境。随着技术的不断进步，我们可以期待未来的建筑将更加人性化、环保和智能。

11.3 为未来做准备：设计可轻松升级或改造的工程

11.3.1 可拆卸与模块化的建筑设计理念

1. 背景

随着社会的发展和技术的进步，建筑需求和技术标准也在不断变化。为了适应这些变化，我们需要一种灵活性更强、更具可持续性的建筑方法，即可拆卸与模块化的建筑设计。

2. 内容概述

1）定义

可拆卸建筑：这种建筑设计允许其部分或全部结构在未来被拆解、重建或移动，从而满足不同的需求或适应新的技术。

模块化建筑：建筑是由预制的模块组成，这些模块可以在其他地方制造，然后运到建筑工地组装。

2）优势

灵活性：根据需求变化轻松地重新配置或扩展建筑。

经济性：降低长期的改建和维护成本。

可持续性：通过重复使用和重新配置模块，减少资源浪费和环境影响。

快速建设：由于模块在工厂中被预先制造好，因此现场组装更快。

3）应用案例

临时住宅：例如灾后重建或大型活动中的临时住所。

办公空间：随着企业规模的变化，可以轻松调整办公室的大小和配置。

医疗设施：如临时的隔离病房或移动医疗单位。

4）设计原则

预留空间：在设计时预留出可能的扩展或改造空间。

统一接口：确保模块之间的接口统一，以便未来可以更换或添加新模块。

强调可持续性：选择可再生和可回收的材料，减少环境影响。

注意安全性：确保模块连接稳固，防止因更改或重组而引发的安全问题。

可拆卸与模块化的建筑设计理念为我们提供了一个创新的解决方案，使建筑能够更加灵活地适应未来的需求和挑战。这种方法不仅具有经济效益，而且有利于资源的有效利用，是可持续发展的重要工具。

11.3.2　设计思路：今日的新建筑，明日的遗产

1. 背景

在不断发展的城市中，新建筑如雨后春笋般涌现。但是，真正经得起时间考验、成为历史遗产的建筑却并不多见。为此，我们应该在设计之初就将建筑看作未来的遗产，将其打造得更具有历史价值和文化价值。

2. 内容概述

1）价值导向的设计

历史意义：即使是新建筑，也应考虑其与当地的历史和文化的关联，将其融入设计中。

艺术性：追求独特的艺术风格和创意，使建筑本身成为一件艺术品。

创新性：采用新技术和材料，使建筑在技术和功能上都具有前瞻性。

2）持久性

选择高质量、耐久的材料，确保建筑可以长时间使用而不失其功能和美观。

考虑天气和环境因素，如耐风、耐震和耐腐蚀等。

3）可持续性与环境友好性

采用绿色和可再生材料。

设计建筑的节能和环境友好性，如雨水收集、太阳能利用等。

4）公共与私人空间的融合

创建可以供公众享用的公共空间，如庭院、广场和公园。

使私人空间与公共空间相互渗透，增强建筑的公共性。

5）社区参与

在设计和建设过程中，鼓励社区居民进行参与，确保建筑满足当地居民的需求和期望。

通过社区活动和文化项目，使建筑与社区更紧密地联系在一起。

今天的建筑可能就是明天的历史遗产。因此，我们在设计时不仅要考虑当前的功能需求，还要预见未来的价值和意义。只有这样，我们才能创造出真正能够经受住时间考验、为后代留下宝贵遗产的建筑。

11.3.3　从传统到现代：保留建筑灵魂的同时进行技术升级

1. 背景

在不少城市中，传统的建筑与现代的技术都被认为是其文化与社会的代表。为了实现技术与传统的完美融合，我们在需要进行技术升级的同时，确保建筑的传统灵魂得以保留。

2. 内容概述

1）文化与历史价值的评估

在升级工程开始之前，首先对建筑的历史背景、艺术价值和文化意义进行全面评估。根据评估结果，确定哪些部分需要保留、哪些部分可以进行技术升级。

2）技术融入传统

采用现代的技术手段，如 BIM 技术、3D 打印技术等，进行建筑的改造和升级。确保新技术与传统风格和工艺相互融合，既提高建筑的功能性，又不损害其文化和艺术价值。

3）绿色与可持续的技术升级

通过技术升级提高建筑的能效和环境友好性。在不改变原有建筑风格的基础上，增加节能和环保设备，如太阳能电池板、雨水收集系统等。

4）社区与居民参与

鼓励社区居民参与技术升级的决策过程，确保升级方案满足他们的需求和期望。通过开放日、文化活动等方式，让社区居民了解和参与到技术升级的过程中。

5）维护与保养

对于升级后的建筑，需要制订维护和保养计划，确保其长期的使用性和耐久性。

定期对建筑进行检查，确保新技术与旧结构之间的完美结合。

技术升级并不意味着对传统的否定，相反，它可以为传统建筑注入新的生命力，使其既具有现代的功能性，又能够保留其传统的灵魂。我们应该在升级的过程中，找到技术与传统之间的平衡，创造出真正的现代古典建筑。

11.4 大学生创新实践方案

11.4.1 气候适应型学生宿舍设计比赛

1. 背景

随着全球气候变化的日益加剧，高校校园也面临着温度上升、降水变化等问题。为了提高大学生的气候适应性意识，鼓励他们积极参与应对气候变化的实践，可以组织一场气候适应型学生宿舍的设计比赛。

2. 内容概述

1）参赛要求

设计的宿舍必须考虑到未来可能的气候变化因素，如升高的温度、变化的降水模式等。

宿舍应具备良好的隔热性能、通风性能以及雨水收集和利用系统。

鼓励使用绿色、可再生和环保的建筑材料。

2）比赛流程

第一阶段：提交设计方案。参赛者需提交详细的设计图纸、3D 模型和技术说明。

第二阶段：公开展示。将所有提交的设计方案公开展示，邀请学生、教职工和专家进行评审。

第三阶段：决赛。对选出的优秀作品进行现场答辩，由专家评委进行评分。

3）评价标准

气候适应性：如何考虑气候变化因素，提高宿舍的舒适性和耐久性。

创新性：在设计中采用的新技术、新材料或新思路。

可行性：设计方案的可实施性、经济性和可维护性。

美观性：宿舍的外观设计、室内布局和装饰风格。

此类比赛不仅可以提高大学生的气候适应性意识，还可以鼓励他们积极参与实践，为应对气候变化做出贡献。同时，学校也可以从中获得实用、创新的宿舍设计方案，为建设绿色、气候适应性的校园做出贡献。

11.4.2 灵活性商业空间设计挑战赛

1. 背景

随着城市化和商业模式的快速变革，灵活性成为商业空间设计的关键词。灵活的商业空间不仅能够迅速适应市场变化，还能够满足不同用户的多样化需求。为了鼓励大学生探索新型的商业空间设计理念，可以组织一场灵活性商业空间设计挑战赛。

2. 内容概述

1）参赛要求

设计的商业空间需要考虑未来的市场变化和用户需求，具有高度的可调整性和可移动性。

提倡使用模块化设计，方便快速组装和拆卸。

考虑绿色和可持续性因素，如使用环保材料、绿色能源等。

2）比赛流程

第一阶段：提交设计方案。参赛者需提交详细的设计图纸、3D 模型和技术说明。

第二阶段：公开展示。将所有提交的设计方案公开展示，邀请学生、教职工和专家进行评审。

第三阶段：决赛。对选出的优秀作品进行现场答辩，由专家评委进行评分。

3）评价标准

灵活性：设计的商业空间如何迅速适应市场变化和用户需求。

创新性：在设计中采用的新技术、新材料或新思路。

可行性：设计方案的可实施性、经济性和可维护性。

美观性：商业空间的外观设计、室内布局和装饰风格。

通过此类比赛，大学生可以学习到商业空间设计的前沿理念和技术，增强自己的创新能力和实践能力。同时，社会各界也可以从中获得新型、灵活的商业空间设计方案，推动商业空间设计领域的发展和创新。

11.4.3 可重组家居设计与原型展示

1. 背景

随着都市生活节奏的加速和居住空间的收缩，对于家居的需求也在发生变化。人们更加追求能够轻松改变、自由组合的家居产品，以适应不同的生活场景和需求。对于大学生，这不仅是一个创新的设计挑战，更是将创新理念付诸实践的机会。

2. 实践方案

1）调研与需求分析

对现有的家居市场进行深入的调研，了解现有产品的优缺点。

通过问卷调查、访谈等方式，收集用户对于可重组家居的需求和意见。

2）设计与原型制作

结合调研结果，设计出可重组、模块化的家居产品，强调其实用性、多功能性和美观性。

利用 3D 打印技术、木工工具等，制作出实际的产品原型。

3）实践测试与反馈

在学校或社区中设置展示点，邀请学生和居民亲自体验并使用这些家居产品原型，并收集他们的使用反馈和建议，对产品进行进一步的完善和调整。

4）推广与合作

组织校内外的展示会或研讨会，展示这些原型，并邀请家居行业的企业参与。

探索与企业的合作模式，如授权生产、合作研发等。

此项实践方案不仅可以培养大学生的创新设计和实践能力，还能够为家居设计行业带来新的设计理念和解决方案。在推进绿色、环保的大背景下，可重组家居的设计与实践无疑是一次对未来家居发展趋势的探索和尝试。

11.4.4 传统与现代结合的公共空间再造项目

1. 背景

随着城市发展，众多传统的公共空间在现代化进程中逐渐失去了活力或被遗弃。但这些空间往往承载了城市的文化记忆和历史价值。如何在尊重其历史性的基础上赋予其新的功能和活力，成为了一个重要的议题。

2. 实践方案

1）文化与历史调研

深入研究选定公共空间的历史背景、原有功能以及在社区中的角色。

调查社区居民对于这个空间的认知、记忆和需求。

2）设计思考与方案提出

在充分理解传统元素的基础上，引入现代设计元素和功能，使其满足现代社会的需求。

设计方案需要强调历史与现代的融合，既能够保留空间的传统魅力，又能满足现代功能需求。

3）社区参与与反馈

组织社区居民参与设计方案的讨论，收集他们的意见和建议。

进行小范围的试点项目，如临时装置、文化活动等，观察社区居民的反应和参与程度。

4）项目实施与完善

根据社区反馈调整设计方案，开始正式的改造工作。

在改造过程中，鼓励社区居民参与，形成共建共享的氛围。

5）推广与传播

组织开放日、工作坊、展览等活动，邀请更多的人来参观和体验。

通过媒体和网络进行项目的宣传和推广，鼓励更多的城市或社区开展类似的再造项目。

传统与现代结合的公共空间再造项目，不仅能够激活遗弃的公共空间，更能够加强社区的凝聚力和文化认同感。这种再造方式不仅尊重历史，更注重未来，使得公共空间在传承与创新中焕发新生。

11.4.5 活动性城市广场改造方案征集

1. 背景

随着城市的快速发展，传统的城市广场在功能上逐渐单一化，缺乏足够的活动性和人文气息。如何在满足城市功能的同时，为广大市民提供一个具有活力和吸引力的休闲、文化、娱乐和交往空间，成为当前城市设计的重要课题。

2. 实践方案

1）市场调研与需求分析

调查市民对于当前广场的使用习惯、满意度和需求。

分析市民在日常生活中对于公共空间的期望和趋势。

2）多功能区域设计

设计不同的功能区域，如表演区、休闲区、儿童游乐区、艺术展览区等，以满足不同人群的需求。

引入移动性设计，如可移动的座椅、舞台、展台等，增加广场的灵活性和多变性。

3）绿色与生态要素融合

在广场中增加绿化，如草坪、花坛、水景等，为市民提供休息和放松的空间。

利用雨水收集和再利用技术，增加广场的生态友好性。

4）技术与智能化结合

在广场中设置智能导航、无线充电、智能照明等现代技术，提高广场的便利性和吸引力。

利用大数据和人工智能技术，对广场的使用情况进行实时监控和分析，为广场的运营和管理提供支持。

5）文化与艺术注入

定期组织文化和艺术活动，如音乐会、舞蹈表演、画展等，为市民提供丰富的文化体验。

利用公共艺术，如雕塑、壁画等，增加广场的艺术性和文化性。

活动性城市广场不仅是城市的功能空间，更是城市的文化和社交中心。通过多功能设计、绿色生态、智能技术和文化艺术的融合，可以为市民提供一个既实用又具有活力的休闲和交往空间，增强城市的吸引力和人文气息。

11.4.6　智能自适应路灯设计

1. 背景

随着技术的进步，如何提高城市照明的效率和智能化水平成为了一个迫切的问题。传统的路灯系统不仅消耗大量的电力，而且往往不符合实际的照明需求。智能自适应路灯系统通过感应技术、数据分析和无线通信，能够根据实际情况自动调节亮度，从而节省能源、降低碳排放，并提供更为合理和舒适的照明环境。

2. 实践方案

1）环境感应技术的应用

通过安装在路灯上的感应器，如红外传感器、光敏传感器等，实时监测周围环境的光照和行人车辆的流量。

根据实时数据自动调节路灯的亮度。例如，在没有行人或车辆经过的情况下，路灯可以自动调低亮度，从而节省能源。

2）数据收集与分析

通过无线通信技术，将路灯的使用数据传输到中央控制系统。

利用数据分析技术，对路灯的使用模式进行统计和预测，为路灯的维护和管理提供决策支持。

3）远程控制与管理

通过移动应用或网页平台，管理员可以远程控制路灯的开关、亮度等参数。

在应急情况下，如突发事件或工程施工，管理员可以远程调整路灯的工作模式，以满足特殊的照明需求。

4）绿色与可持续设计

考虑利用太阳能电池板为路灯提供部分或全部的电力，降低碳足迹。

选择长寿命、低能耗的 LED 灯具，降低维护成本和环境影响。

5）用户体验与社区参与

邀请市民参与智能路灯的设计和试点过程，收集他们的反馈和建议。

在公共场所如公园、学校等地安装智能路灯试点，让市民亲身体验和评价。

智能自适应路灯设计不仅可以实现照明的智能化和节能化，而且可以提供更为舒适和合理的照明环境。通过结合先进的技术和用户体验，我们可以为城市创造一个更为绿色、智慧和人文的照明系统。

11.4.7 反映气候变化的绿色屋顶设计

1. 背景

随着全球气候变化的加剧，城市面临着日益严重的热岛效应、排水压力和空气质量问题。绿色屋顶作为一种生态建筑技术，能够提供良好的隔热和保湿效果，增加城市绿化面积，减少雨水径流，并提高空气质量。

2. 实践方案

1）多层次的植被设计

结合当地的气候和生态条件，选择适宜的植被种类，如苔藓、草本植物、灌木和小型乔木。

采用多层次的植被设计，实现不同的生态功能，如隔热、保湿、滞留雨水、提供生境等。

2）智能灌溉与排水系统

根据植被的需水量和土壤的保水性，设计合理的灌溉系统，实现水资源的高效利用。

设计先进的排水系统，减少雨水径流，增加地下水补给，降低城市排水压力。

3）空气净化与微气候调节

选择具有空气净化功能的植被种类，如吸附 PM2.5 的植物。

利用绿色屋顶调节微气候，降低室内温度，减少空调使用，降低碳排放。

4）生物多样性与生态廊道

在绿色屋顶上创建多种生境，如花坛、水池、石堆等，吸引各种动植物，增加生物多样性。

将绿色屋顶与周边的公园、绿地、河流等生态廊道相连，形成生态网络，促进生物种群的迁移和交流。

5）社区参与与教育

邀请社区居民参与绿色屋顶的设计、建设和管理过程，培养他们的生态意识和责任感。

利用绿色屋顶作为生态教育基地，开展各种教育和宣传活动，提高公众的环保意识。

反应气候变化的绿色屋顶设计不仅可以减轻城市的热岛效应、排水压力和空气污染，而且可以增加生物多样性、改善城市景观和提高居民的生活质量。通过结合先进的技术、生态原则和社区参与，我们可以为城市创造一个更为绿色、健康和宜居的屋顶环境。

11.4.8 动态响应的智能窗户设计与实验

1. 背景

智能窗户的设计和技术不断进化，旨在提供更好的热和光的控制能力，从而实现节能和提高室内舒适度。动态响应的智能窗户能够根据外部环境和室内需求自动调整透光率和隔热性能。

2. 实践方案

1）材料选择与性能测试

选择能够根据外部环境变化（如温度、光照）改变颜色或透明度的特种材料，如电致变色材料、热致变色材料等。

在实验室条件下，对所选材料的透光率、隔热性能、响应速度等进行测试和评估。

2）智能控制系统的设计

设计一个传感器网络，用于实时监测外部环境和室内条件。

基于所收集的数据，使用算法自动调整窗户的状态，达到最佳的热和光控制效果。

3）用户界面与交互

设计一个用户友好的界面，允许居民手动调整窗户的状态或设置偏好。

通过移动应用程序、语音控制或其他现代技术实现与用户的交互。

4）能效评估与优化

在模拟环境中，评估智能窗户对建筑能效的影响。

基于评估结果对设计进行优化，以进一步提高节能效果。

5）原型设计与实际应用测试

根据实验室测试和模拟评估的结果，设计和制造智能窗户的原型。

在实际的建筑环境中，对原型进行测试，评估其在真实条件下的性能和可靠性。

动态响应的智能窗户能够为居民提供一个既节能又舒适的室内环境。通过结合高性能的材料、先进的控制技术和用户友好的界面，我们可以为建筑创造一个更为智能、绿色和人性化的窗户系统。对于大学生来说，这是一个充满挑战和创新的研究方向，既可以培养他们的实践能力，又可以促进他们的团队合作和跨学科交流。

11.4.9　城市公园再利用与适应性规划

1. 背景

随着城市化进程的加速，很多城市的公园或绿地由于年代久远、规划不合理或管理不善，逐渐失去了其活力和吸引力。与此同时，现代城市面临的气候变化、人口增长和空间有限的问题也对城市绿地提出了新的挑战和要求。因此，对这些公园进行再利用和适应性规划显得尤为重要。

2. 实践方案

1）现状分析与需求调研

对现有公园的物理结构、生态系统和使用情况进行详细的分析和评估。

通过社区调查、访谈和问卷调查，了解当地居民对公园的需求和期望。

2）适应性设计理念

基于气候变化对公园的潜在影响，考虑在设计中加入雨水收集、绿色屋顶和透水铺装等技术。

为了满足不同年龄和能力居民的需求，增加包括但不限于残障人士通道、亲子活动区和老年人休闲区。

3）生态与文化结合

在设计中融入当地的生态和文化元素，如采用当地的植被、艺术品和历史标记。

提供生态教育活动和文化活动，促进居民对公园的认同感和参与度。

4）多功能空间规划

设计灵活的、可多用途的空间，可以用于集市、音乐会、瑜伽课程等不同的活动。

在设计中考虑到公园在不同季节、不同时间的使用情况，确保公园始终充满活力。

5）公众参与与反馈

在设计和实施过程中，鼓励公众参与，收集他们的意见和建议。

设计完成后，定期进行满意度调查和维护，确保公园长期保持良好的状态。

城市公园再利用与适应性规划不仅能为居民提供一个高质量的休闲空间，还能对城市的生态、文化和社区凝聚力产生积极的影响。对于大学生来说，参与这样的挑战可以锻炼他们的综合能力、创新思维和团队协作，为他们未来的职业生涯打下坚实的基础。

11.4.10 未来学校：适应不断变化需求的教育空间设计

1. 背景

随着技术的社会变革和快速发展，教育模式和需求也在不断地变化。从线上学习到终身学习的理念已成共识，学校作为一个传统的教育空间需要更好地适应需求。传统的教室布局、固定的教学方式和有限的技术支持已经不能满足现代教育的多样化需求。

2. 实践方案

1）灵活性与模块化

设计可移动的墙壁和家具，允许教室根据课程需求进行重组。

使用模块化的建筑技术，方便未来对学校进行扩建或改建。

2）技术整合

将最新的教育技术整合到教室中，如交互式白板、VR/AR 设备和在线学习平台。

为学生和老师提供持续的技术培训，确保他们能够充分利用这些资源。

3）开放空间与互动学习

除了传统的教室，还可以设计更加开放和多功能的学习空间，如阅读角、工作坊和创意实验室。

鼓励学生在这些空间中进行团队合作、项目学习和自主探索。

4）绿色与可持续性

采用绿色建筑技术和材料，确保学校的建设和运营对环境影响最小。

在校园中设立绿色屋顶、雨水收集系统和太阳能电池板，使学校具有生态友好的学习环境。

5）社区与外部连接

将学校设计为一个开放的空间，鼓励社区居民参与学校的各种活动。

建立与当地企业、研究机构和文化组织的合作关系，为学生提供更多的实践和学习机会。

6）心理与健康关怀

在学校中设置心理咨询室、冥想室和绿色休闲区，关心学生的心理健康。

鼓励学生进行体育活动和户外探索，确保他们的身体健康和心理平衡。

未来学校不仅是一个知识传授的地方，更是一个多功能、开放和创新的社区中心。为了满足现代教育的多样化需求，学校空间的设计应该更加灵活化、技术化和人性化。大学生参与这样的设计挑战，可以锻炼他们的创新思维、跨学科合作和实际操作能力，为他们的职业生涯奠定坚实的基础。

第12章　智能与自动化土木工程

12.1　自动化施工技术及其影响

自动化施工技术的出现，对传统的土木工程施工方法产生了深远的影响，它不仅提高了施工效率，还极大地减少了施工过程中的人为错误。

12.1.1　机器人施工与3D打印建筑

1. 机器人施工

1）定义

使用特定程序和指令控制的机器人进行土木工程施工活动。

2）优点

提高施工速度。
减少重复和单调的劳动。
提高施工精度，减少浪费。
在恶劣环境下工作，保证工人安全。

3）应用

机器人用于钢筋绑扎、墙体砌筑、混凝土浇筑等。

2. 3D打印建筑

1）定义

使用3D打印技术，按照数字模型逐层堆积材料，制造出实际的建筑结构或部件。

2）优点

快速制造复杂的形状和设计。
减少材料浪费，因为它只使用所需的材料。
可以使用各种材料，包括混凝土、塑料和金属。
能够在偏远地区或特定的环境下快速搭建建筑。

3）应用

已被用于制造房屋、桥梁、雕塑和其他结构。

这些技术为土木工程带来了许多前所未有的机会，但同时也带来了挑战，如技术更新、人员培训和法规制定等。但无论如何，随着技术的进步，自动化和智能化施工将成为土木工程的未来趋势。

12.1.2　自动化设备在基础施工中的应用

基础是建筑物的重要组成部分，为了确保建筑物的稳定性和安全性，基础施工必须精确、高效。随着技术的进步，自动化设备在基础施工中的应用越来越广泛，为施工提供了更高的效率和精度。

1. 自动化挖掘机

功能：进行地基挖掘、沟渠开挖等。

特点：通过 GPS 或其他导航系统实现精确挖掘，减少材料浪费和劳动力。

2. 自动化混凝土搅拌车

功能：为基础浇筑提供混凝土。

特点：自动化的计量和混合系统确保混凝土成分的精确比例，提高混凝土质量。

3. 混凝土泵车与自动喷浆机

功能：快速输送和浇筑混凝土或喷涂混凝土。

特点：自动化的控制系统可确保混凝土在正确的位置和正确的数量。

4. 自动化钢筋加工与绑扎机

功能：加工和绑定基础所需的钢筋。

特点：大大提高了钢筋的加工速度和绑扎质量，减少了人工劳动和误差。

5. 土壤压实机器人

功能：进行土壤压实，确保地基的稳定性。

特点：能够自动识别地面情况，根据需要调整压实力度和速度。

6. 自动化测量与检测系统

功能：对基础施工过程中的深度、均匀性、压实度等进行实时监控。

特点：确保施工过程中的每一步都达到预定的标准，提前发现并纠正错误。

这些自动化设备不仅提高了基础施工的效率和质量，还大大降低了劳动强度和安全隐患。但是，使用这些设备需要专业的培训和维护，以确保其正确和安全地运作。

12.1.3　自动化施工对劳动力和工程经济的影响

随着自动化技术在土木工程施工中的广泛应用，其对劳动力结构、工程成本和经济效益带来了显著影响。

1. 劳动力需求变化

减少了低技能劳动力需求：由于自动化设备可以替代许多传统的人工操作，对于一些重复性、劳动强度高的任务，如挖掘、搬运、混凝土浇筑等，对低技能劳动力的需求显著减少。

增加了高技能劳动力需求：操作、维护和修理自动化设备需要专业知识和技能。因此，对于能够掌握这些技能的工程师、技术人员和操作员的需求增加。

2. 工程经济效益

施工速度提高：自动化施工设备提高了施工效率，缩短了项目周期。

减少了误差与浪费：自动化设备能够精确执行任务，降低了材料和时间的浪费。

初期投资增加：自动化设备的采购成本相对较高，初期投资增加。

长期经济效益显著：尽管初期投资较大，但由于施工效率的提高、浪费的减少和施工质量的提升，长期来看，经济效益显著。

3. 职业培训与教育

为满足新的劳动力需求，职业培训和教育需要进行相应的调整，以培养更多具有自动化技术知识和技能的专业人才。

4. 工程安全性增强

自动化设备减少了人工操作的风险，如高空作业、重型机械操作等，从而提高了工程安全性。

5. 对工人的社会影响

对于一些因自动化而失业的工人，可能会产生社会和经济压力。需要提供相应的再培训机会，帮助他们转型到其他职业。

自动化施工技术为土木工程带来了许多正面影响，如提高效率、降低成本和提高安全性。但同时也带来了新的挑战，如劳动力结构的变化和对职业培训的新需求。

12.2 智能传感器与实时监控系统

12.2.1 土木工程中的物联网（IoT）技术

物联网（IoT）技术在土木工程中的应用已经日益增多，它提供了一种机制，通过在结构和基础设施中部署传感器，以实时监测和控制各种操作。以下概述了 IoT 技术在土木工程中的关键应用。

1. 实时结构健康监测

传感器部署于桥梁、建筑和其他关键结构中，用于监测其健康状态和性能。

通过实时数据分析，能够及时检测到潜在的结构问题或损伤，从而进行早期干预和维修。

2. 环境监测

土木工程项目可以部署传感器以监测温度、湿度、风速和其他环境参数。

对于涉及温度敏感材料（例如某些混凝土）的项目，这些数据可以提供关键信息，以确保施工过程中的最佳实践。

3. 交通流量和模式监测

在道路和桥梁上部署的传感器可以实时监测交通流量、速度和模式，为城市规划提供宝贵数据。

4. 资源和能源管理

在建筑和其他设施中部署的 IoT 设备可以帮助监控能源消耗，从而进行更有效的资源分配和能源管理。

5. 安全和安全性监控

在施工现场，可以使用 IoT 设备实时监控工人的位置和活动，以确保他们的安全。

传感器还可以检测有害的化学物质或气体，确保施工现场的健康和安全。

6. 自动化和远程控制

通过 IoT 技术，工程师和项目经理可以远程控制某些设备和机器，如无人机、机器人和其他自动化设备。

7. 数据集成与分析

IoT 技术提供了大量实时数据，这些数据可以集成到更大的数据分析和模型中，以优化设计、施工和维护活动。

12.2.2 结构健康监测与智能传感器网络

结构健康监测（Structural Health Monitoring，SHM）是指利用各种传感器和数据分析技术，对工程结构进行实时或定期的健康状况监测，从而预测其使用寿命、预防潜在损伤，并提供必要的维护与修复信息。随着技术的发展，尤其是物联网和智能传感器的兴起，结构健康监测变得越来越高效和智能。以下是结构健康监测与智能传感器网络的核心内容。

1. 传感器的种类与选择

按照不同的监测需求，选择不同类型的传感器，如应变计、加速度计、温度传感器、振动传感器、超声波传感器等。

这些传感器可以实时监测结构的物理参数，如变形、振动、裂缝等。

2. 智能传感器网络

传感器部署形成的网络能够实时收集、传输和处理数据，实现对结构整体状况的监测。

利用无线传感器网络（Wireless Sensor Networks，WSN）可以减少布线的复杂性和成本，并增强监测系统的灵活性。

3. 数据处理与分析

采用先进的数据分析算法，对收集到的数据进行实时或离线处理，以便及时检测出结构的异常变化。

利用机器学习和人工智能技术，可进一步提高数据处理的准确性和预测能力。

4. 损伤检测与定位

通过对传感器数据的分析，可以及时检测出结构中的潜在损伤，并准确定位损伤位置，为后续维护和修复提供决策依据。

5. 长期与实时监测

长期监测可以提供结构的生命周期内健康状况的全面信息，有助于了解结构的长期性能和寿命。

实时监测能够及时响应突发事件，如地震、风暴等，保障结构安全。

6. 决策支持与报警系统

结构健康监测系统通常配备有决策支持系统，可为工程师和维护团队提供必要的建议和方案。

当检测到结构的异常或潜在危险时，系统能够自动报警，确保人员安全和结构稳定。

12.2.3　数据收集、分析与实时响应策略

在现代土木工程中，通过智能传感器和物联网技术进行的数据收集和分析，能够为结构健康监测、安全评估和维护决策提供宝贵的信息。本节将讨论如何进行高效的数据收集、分析和实时响应。

1. 数据收集

多种传感器集成：使用不同类型的传感器，如应变计、加速度计、温度传感器等，从多个角度收集结构信息。

无线传感器网络：使用无线技术部署传感器，能够减少布线，降低成本，提高部署和维护的灵活性。

高频采样与选择性采样：根据监测需求，决定数据采样的频率。对于某些关键部位或关键时刻，可以增加采样频率。

2. 数据分析

数据预处理：对收集到的原始数据进行清洗，滤除噪声和异常值，确保数据的准确性。

特征提取：通过数学和统计方法，提取数据中的关键特征，如峰值、平均值、频率分布等。

模式识别与机器学习：利用机器学习算法，如决策树、支持向量机、神经网络等，对数据

进行分类和预测，从而识别结构健康与否和可能的损伤模式。

3. 实时响应策略

阈值设置与报警：根据结构的安全标准和历史数据，设定各种参数的安全阈值。当数据超过阈值时，自动触发报警系统，通知相关人员。

自适应控制：在某些智能系统中，如智能防震、智能调光等，可以根据传感器数据实时调整结构或设备的性能，以实现最佳的工作状态。

数据反馈与优化：根据实时监测的结果不断优化数据分析模型和响应策略，确保系统的长期有效性和可靠性。

12.3 AI与机器学习在土木工程决策中的应用

随着技术的进步，人工智能（AI）和机器学习在土木工程中的应用变得越来越广泛。这些技术为土木工程提供了先进的分析工具，有助于更好地理解和优化结构行为、施工方法和项目管理。

12.3.1 预测模型在土木工程项目管理中的应用

1. 成本与时间预测

通过分析历史数据，机器学习可以预测项目的成本和完成时间，帮助决策者做出更明智的投资决策。

这种预测可以考虑各种因素，如项目规模、地点、施工方法和材料价格的变化。

2. 风险评估

AI可以帮助项目经理识别和评估项目的潜在风险，如天气变化、供应链中断和工人罢工。

机器学习模型可以根据历史事件和现场数据预测风险发生的可能性，并为决策者提供降低风险的策略。

3. 资源分配与优化

AI能够自动分析工地上的资源使用情况，如材料、设备和劳动力，从而推荐最优的资源分配方案。

机器学习算法可以根据历史数据预测资源需求，帮助项目经理提前做出计划。

4. 工作进度监控

通过AI技术，如计算机视觉，可以自动监测工地上的施工进度，并与计划进行比较。

当监测到延迟或其他问题时，系统可以自动提醒相关人员，并提供相应的解决方案。

5. 质量控制

AI可以自动检测和识别施工缺陷，如裂缝、错位和表面不平整。

机器学习算法可以根据历史数据预测哪些部位最容易出现问题，从而帮助决策者采取预防措施。

12.3.2 自动化设计与优化的机器学习技术

随着机器学习技术的日益成熟，其在土木工程设计和优化中的应用也日益增多。这些技术不仅可以提高设计的效率，还可以确保项目的安全和可靠性。

1. 参数化设计优化

传统的设计方法通常基于人类经验和直觉，而机器学习可以在大量数据中寻找和利用模式，从而自动调整和优化设计参数，如结构尺寸、材料选择和施工方法。

2. 结构形态发现

通过深度学习和其他机器学习算法，设计师可以发掘新的和非常规的结构形态，这些形态可能在传统设计方法中很难发现。

3. 施工方法和材料选择

机器学习可以自动分析和选择最佳的施工方法和材料组合，以满足项目的特定要求和约束。

4. 持续学习与改进

通过持续收集和分析施工和运营数据，机器学习系统可以不断学习和改进，从而提供更加准确和高效的设计建议。

5. 预测与仿真

机器学习可以用于预测结构的性能和行为，如振动、疲劳和裂缝扩展。此外，它还可以用于仿真结构在特定环境条件下的响应，如地震、风和交通荷载。

6. 交互式设计辅助

机器学习可以为设计师提供实时反馈和建议，从而帮助他们更快速、更直观地做出决策。

7. 模式识别与异常检测

通过计算机视觉和其他机器学习技术，系统可以自动检测设计中的缺陷和不一致性，并提醒设计师。

12.3.3　AI 在土木工程安全与风险管理中的角色

随着 AI 技术在多个领域的快速发展，土木工程的安全和风险管理也受到了深刻的影响。AI 为工程项目带来了更高的预测准确性，提高了工作效率，并降低了各种风险。

1. 预测性安全分析

通过分析大量的施工数据和环境参数，AI 可以预测和识别潜在的安全隐患，从而帮助项目团队及时采取预防措施。

2. 自动化风险评估

AI 可以自动评估工程项目的各种风险因素，如地质条件、气候变化和施工方法，并为决策者提供量化的风险评估结果。

3. 实时监控与报警

利用物联网（IoT）设备和传感器收集的数据，AI 系统可以实时监控工程现场的环境和操作情况。一旦检测到异常或潜在风险，系统会立即发出警报。

4. 安全培训与模拟

AI 可以模拟各种施工场景和紧急情况，为工人提供真实的安全培训体验，这有助于提高工人的安全意识和应对能力。

5. 风险数据分析与优化

通过对过去的项目数据进行深入分析，AI 可以帮助团队识别和理解风险的根本原因，并为未来的项目提供改进建议。

6. 自动化事故报告

当事故发生时，AI 系统可以自动收集相关数据，生成事故报告，并提供可能的原因和改进建议。

7. 工作环境识别与人员定位

利用计算机视觉技术，AI 可以识别和追踪工人的位置和活动，确保他们在安全的工作区域内，并及时警告可能的危险。

8. 优化资源分配与调度

AI 可以分析项目的需求和资源，自动分配和调度资源，以减少风险并提高效率。

人工智能为土木工程的安全和风险管理提供了前所未有的机会。通过自动化分析、预测和响应，AI 不仅可以提高工程项目的安全性，还可以优化资源使用，从而提高整体项目的效率和经济效益。

12.4 大学生创新实践方案

12.4.1 AI 驱动的桥梁健康检测系统

1. 项目背景

对桥梁健康状况的持续和准确监控至关重要。传统的桥梁检测方法需要大量人工干预，而 AI 技术为自动化、高效和准确的桥梁健康监控提供了可能。

2. 目标

开发一个基于 AI 的桥梁健康检测系统，能够自动识别并预测桥梁的损伤或退化。

3. 核心内容

1）数据收集

使用传感器（如振动、应力、温度传感器）收集桥梁的实时数据。

利用无人机进行视觉检测，收集桥梁的图像数据。

2）数据处理与分析

对收集到的数据进行预处理，如去噪、标准化等。

使用深度学习算法分析图像数据，自动识别裂缝、腐蚀等损伤。

3）损伤识别与预测

基于历史和实时数据，利用机器学习模型预测桥梁的健康状况和潜在风险。

4）实时报警与响应

当系统检测到严重损伤或其他危险情况时，自动发送报警信号，并提供初步的分析结果和建议。

5）可视化界面

开发一个用户友好的界面，显示桥梁的实时健康状况、历史数据和预测结果。

6）实践与应用

学生团队可以选择一个真实的桥梁作为试验对象，安装传感器和无人机，收集数据，并训练 AI 模型。

团队可以与当地政府或交通部门合作，将此系统应用于实际的桥梁健康监控项目。

7）预期成果

一个能够实时、自动化地监控桥梁健康状况的 AI 系统。

提供关于桥梁健康状况的详细报告，以及基于数据的维修和维护建议。

AI 驱动的桥梁健康检测系统为桥梁健康监控带来了创新和效率。这不仅可以提高桥梁的使用寿命和安全性，还可以节省大量的人工检测成本。对于土木工程专业的大学生来说，这是一个极好的实践机会，可以帮助他们了解和掌握最新的技术，并为未来的职业生涯做好准备。

12.4.2　自动化建筑材料混合与应用方案

1. 项目背景

建筑材料，特别是混凝土、砂浆和沥青，这些材料的质量对于土木工程项目的成功至关重要。传统上，这些材料的混合和应用依赖大量的人工操作，这不仅效率低下，还容易造成混合比例和应用的不一致，从而影响结构的质量和寿命。

2. 目标

开发一套自动化建筑材料混合与应用系统，确保材料的一致性、质量和效率。

3. 核心内容

1）智能材料混合器

根据预设的比例，自动分配各种原材料。

实时监测材料的湿度、温度和其他关键参数，确保材料混合的一致性和质量。

2）自动化应用机器

例如，对于混凝土施工，机器可以自动铺设、压实和整平。

对于沥青施工，可以实现自动铺设、压实和加热。

3）实时质量控制

配备传感器，如光谱仪、紫外线传感器等，实时监测材料的质量。

根据反馈信息自动调整混合比例或应用方法。

4）数据分析与优化

收集实时数据，如混合时间、应用速度、材料消耗等。

利用数据分析和机器学习，优化混合和应用过程，提高效率和降低成本。

5）实践与应用

学生团队可以选择一个小型土木工程项目，例如人行道或小型停车场，作为试验场地。在此基础上，团队需要设计、建造并测试自动化混合和应用系统。

6）预期成果

一个完整的自动化建筑材料混合与应用系统原型。

提供关于系统效率、质量控制和经济性的报告。

自动化建筑材料混合与应用系统为土木工程带来了创新和效率。这将确保材料的质量和应用的一致性，从而提高结构的寿命和性能。对于土木工程专业的大学生来说，这是一个实践机会，可以帮助他们了解现代工程技术的发展趋势，并为未来的职业生涯做好准备。

12.4.3　城市交通流量预测与智能路网设计

1. 项目背景

随着城市人口的增长和机动车辆的增多，交通拥堵成为了许多大城市的日常问题。为了解决这一问题，仅仅增加道路容量已经不再是一个长远和可持续的方案。更加智能的交通管理和道路设计方法已成为趋势。

2. 目标

使用AI和数据分析技术预测城市的交通流量。

根据预测数据设计更加高效、流畅的智能路网。

3. 核心内容

1）数据收集与处理

利用各种传感器、摄像头和移动应用收集实时交通数据。

清洗数据，移除异常值，并进行必要的预处理。

2）交通流量预测

使用机器学习模型，如深度学习的时间序列预测，预测未来的交通流量。

考虑因素包括但不限于时间、天气、节假日、大型活动等。

3）智能路网设计

根据预测数据，动态调整信号灯的时序。

在流量较大的时段，为主要道路提供更多的绿灯时间。

设计和推荐最佳路线给驾驶员，以分散交通流量。

4）实时反馈与持续优化

收集实时的交通数据，并与预测值进行对比。

调整和优化机器学习模型，以提高预测准确性。

根据实际交通流量动态调整路网策略。

5）实践与应用

学生团队可以选择一个城市区域作为研究对象，如学校周边或市中心。

收集实时交通数据，建立预测模型，并设计智能路网策略。

实地测试所设计的策略，观察并记录效果。

6）预期成果

一个能够准确预测交通流量的机器学习模型。

一个基于预测数据的智能路网设计策略。

一个关于策略效果的实地测试报告。

通过结合 AI 和数据分析技术，城市交通流量预测与智能路网设计不仅可以有效地缓解交通拥堵，还可以为驾驶员提供更加流畅、舒适的驾驶体验。这种方法为未来的智能城市提供了新的设计和管理思路。对于土木工程及相关专业的学生，这是一个探索交叉领域技术应用的绝佳机会。

12.4.4 机器学习辅助的地基稳定性分析

1. 项目背景

地基稳定性是土木工程中的关键问题，尤其在复杂的地质环境和极端气候条件下。传统的地基稳定性分析通常需要大量的手工计算和经验判断，但机器学习提供了一种新的方法来优化这一过程，使其更加准确和高效。

2. 目标

使用机器学习模型预测地基的稳定性。

结合历史数据和地质参数，为工程师提供更加精确的地基稳定性评估。

3. 核心内容

1）数据收集与处理

收集历史地基工程项目数据，包括地质调查报告、地基稳定性测试结果等。

清洗数据，移除异常值，并进行特征工程。

2）机器学习模型建立

使用历史数据训练机器学习模型，如随机森林、支持向量机或深度学习网络。

评估模型的性能，如准确率、召回率等。

3）实时地基稳定性评估

输入新的地质参数和工程条件，使用模型预测地基的稳定性。

提供给工程师详细的预测结果和可能的风险因素。

4）持续优化与反馈

随着更多的数据被收集和分析，不断优化和调整机器学习模型。

根据实际工程结果收集反馈，调整模型和策略。

5）实践与应用

学生团队可以与工程公司或研究机构合作，收集真实的地基稳定性数据。

建立和训练机器学习模型，然后在实际项目中进行测试。

收集反馈，不断优化模型，提高预测准确性。

6）预期成果

一个能够准确预测地基稳定性的机器学习模型。

一个实际工程项目的地基稳定性评估报告。

一个关于模型性能和应用效果的综合分析。

机器学习为地基稳定性分析提供了新的工具和方法，能够帮助工程师更加准确、高效地评估地基的稳定性，降低风险，保障工程安全。对于土木工程专业的学生，这是一个探索前沿技术在传统工程领域应用的好机会。

12.4.5　自适应光照系统的智能建筑设计

1. 项目背景

随着建筑设计理念的进步，人们逐渐意识到自然光的重要性，以及它对人类健康、情绪和生产效率的影响。此外，光照系统也与能源效率紧密相关。自适应光照系统可以根据实际需要和环境条件自动调整室内照明，实现更高的能效和更好的光照体验。

2. 目标

设计一个可以根据室外光线、室内活动和用户需求自动调整的智能照明系统。

融合物联网、传感技术和 AI 算法，以实现系统的智能化控制。

3. 核心内容

1）数据收集与处理

利用光线传感器收集室外自然光的强度数据。

利用运动传感器检测室内人体活动，以决定光线需求。

2）智能照明控制算法

开发一个基于上述数据的算法，能够自动调整室内照明的亮度、颜色和方向。

考虑到人类的生物节律，算法还应调整光线色温，以模拟日出和日落。

3）物联网集成

将光线和运动传感器集成到一个物联网系统中，实现实时数据收集和分析。

该系统可以与智能家居系统相互协作，例如根据电视的开关状态自动调整照明。

4）用户界面和反馈

为用户提供一个友好的界面，允许他们根据自己的喜好手动调整照明设置。

使用机器学习分析用户的习惯，进一步优化照明控制算法。

5）实践与应用

学生团队可以选择一个实际的建筑环境，如教室、图书馆或宿舍，进行实验。

安装传感器和照明设备，部署智能照明控制系统。

收集数据，优化算法，提高系统的性能和用户满意度。

6）预期成果

一个自适应光照系统的原型和实际应用案例。

关于系统性能、能效和用户体验的综合评估报告。

基于机器学习的智能照明控制算法和代码。

自适应光照系统的智能建筑设计为提高建筑的能效和室内光环境提供了一种有效的解决方案。此项目结合了土木工程、电气工程和计算机科学的知识，为学生提供了一个跨学科的创新机会。

12.4.6 基于数据的建筑热效能优化策略

1. 项目背景

随着全球气候变化和能源危机，建筑的热效能成为了关键的研究领域。优化建筑的热效能不仅能够减少能源消耗，还可以提供更舒适的室内环境。通过数据驱动的方法，可以对建筑的热性能进行实时分析和优化。

2. 目标

利用数据分析，优化建筑的热效能。

结合传感技术，实时收集建筑内外的温度、湿度、风速等参数。

基于数据的分析，提出相应的建筑热效能优化策略。

3. 核心内容

1）数据收集

安装温度、湿度、风速等传感器于建筑内外。

利用物联网技术实时收集这些数据。

2）数据分析

利用数据分析工具，如 Python 或 R，对收集到的数据进行处理。

基于历史数据，预测未来的温度、湿度变化。

3）建筑热效能优化策略

根据数据分析结果，调整建筑的隔热材料、窗户、通风系统等。

利用自适应算法，根据实时数据自动调整空调、暖气等设备的运行策略。

4）效果评估

对比实施优化策略前后的能耗数据。

评估策略对建筑热效能的改善程度。

5）实践与应用

学生团队可以选择一个实际的建筑环境，如教室、办公楼或宿舍，进行实验。

安装必要的传感器和数据收集设备，收集建筑的热效能相关数据。

基于数据分析，提出并实施热效能优化策略。

对比策略实施前后的效果，进行评估。

6）预期成果

一套完整的建筑热效能数据收集、分析和优化的流程。

一份关于策略效果的评估报告，包括能耗减少量、室内环境改善情况等。

基于数据的建筑热效能优化策略，为建筑热效能的提升提供了一种科学、有效的方法。通过这个项目，学生可以学习到数据分析、建筑热效能理论和实践技能的结合，为未来的绿色建筑研究和实践做准备。

12.4.7 AI 辅助的水利工程设计与管理方案

1. 项目背景

水利工程是人类生存与发展的重要支撑，涉及供水、排水、灌溉、防洪等多个方面。随着 AI 技术的发展，其在水利工程的设计、管理及维护中的应用越来越广泛。

2. 目标

利用 AI 技术，提高水利工程的设计质量和管理效率。

通过机器学习，预测洪水、干旱等自然现象，为防范工作提供数据支持。

优化水资源的分配和使用，提高水资源利用效率。

3. 核心内容

1）数据收集与分析

安装传感器于水库、河流、渠道等关键部位，收集水位、流量、水质等数据。

利用 AI 进行数据预处理，筛选出关键指标。

2）洪水与干旱预测

通过机器学习算法，根据历史数据预测可能发生的洪水或干旱事件。

提前做好预警，为防范工作提供决策依据。

3）水资源管理与调配

根据 AI 分析的结果，合理调配水资源，确保各个区域的水需求得到满足。

优化水利设施的运行策略，如调整水库的蓄放水量、调节渠道的放水时刻等。

4）维护与管理

利用 AI 分析收集到的数据，预测水利设施可能出现的故障和毁损。

制订科学的维护计划，确保水利设施的稳定运行。

5）实践与应用

学生团队可以与某一水利工程部门合作，进行现场数据收集和分析。

基于 AI 技术，为该水利工程提供设计建议或管理策略。

对比实施 AI 方案前后的效果，如水资源利用率、故障率等。

6）预期成果

一套完整的 AI 辅助的水利工程设计与管理的流程和方案。

一份关于方案实施效果的评估报告，包括提高的效率、节约的成本、预防的风险等。

AI 技术为水利工程的设计与管理带来了革命性的变化。通过这个项目，学生不仅能学习到前沿的 AI 技术，还可以掌握水利工程的基本知识和实践技能，为未来的工作做好准备。

12.4.8 智能传感器在地震监测与预警系统中的应用

1. 项目背景

随着城市化进程的加速，地震带来的灾害性影响愈发显著。传统的地震监测方法有其局限性，而智能传感器技术提供了一种高效、实时的解决方案。

2. 目标

利用智能传感器进行实时的地震数据收集和分析。

基于收集的数据，实施地震预警，减少地震带来的损害。

3. 核心内容

1）智能传感器的部署与集成

在关键地区（如断层带、地震活跃区）部署智能传感器。

传感器收集的数据通过物联网（IoT）技术实时传输至数据中心。

2）数据处理与分析

利用 AI 技术处理和分析实时数据，筛选出关键指标。

通过机器学习算法，分析地震趋势和模式。

3）地震预警系统的建立

当传感器检测到异常地震活动时，系统自动分析其可能造成的影响。

根据预测结果，生成预警信息并及时发布。

4）系统的优化与升级

基于实际监测到的地震数据，不断优化机器学习模型。

随着技术的进步，对传感器和系统进行升级，提高预警的准确性。

5）实践与应用

学生团队可以选择某一地震频发区，部署智能传感器进行监测。

对收集到的数据进行分析，建立地震预警模型。

在模拟环境中测试预警系统的效果，评估其准确性和响应速度。

6）预期成果

一套完整的基于智能传感器的地震监测与预警系统。

一份系统性能的评估报告，涵盖预警准确性、响应时间等关键指标。

利用智能传感器技术建立地震监测与预警系统，不仅可以实时监测地震活动，还能及时发布预警信息，为民众提供宝贵的逃生时间，大大减少地震造成的损害。通过这个项目，学生们能够了解到智能传感器技术在防灾减灾领域的应用，为未来的研究与开发打下坚实基础。

12.4.9　自动化城市绿地与公园管理系统

1. 项目背景

城市绿地与公园作为城市的重要组成部分，对于提高居民的生活质量、维护生态平衡都具有重要作用。因此，如何高效地管理这些公共绿地成为了一个重要议题。

2. 目标

创建一个自动化管理系统，实时监控和管理城市绿地与公园的各个方面。

优化资源利用，减少维护成本，并增强公众的使用体验。

3. 核心内容

1）智能监测与数据收集

部署物联网（IoT）设备如环境传感器，监测土壤湿度、空气质量、温度等。

使用无人机进行定期的巡检，收集公园的实时影像数据。

2）自动化维护与管理

根据土壤湿度数据，自动调整灌溉系统。

监测树木生长情况，智能识别需修剪的植被区域。

使用自动化清洁机器人对公园垃圾进行收集和分类。

3）智能导航与信息系统

为游客提供实时的公园导航服务，如最佳游览路线、当前位置等。

通过 AR 技术，提供植物、雕塑等信息介绍。

4）能源与资源管理

利用太阳能电池板提供部分电力。

收集雨水，进行存储和再利用。

5）实践与应用

学生团队可以选择某一公园，为其设计并实施一套自动化管理系统原型。

测试系统的实际效果，如灌溉、清洁效率以及游客的使用体验等。

6）预期成果

一套完整的自动化公园管理系统原型。

一份关于系统实施效果的评估报告。

通过引入自动化和智能技术，不仅可以提高城市绿地和公园的管理效率，还能大大增强公众的使用体验。这种技术的引入将为未来城市绿地的规划与管理带来革命性的变革。

12.4.10　机器学习在土木材料研发中的探索与应用

1. 项目背景

随着土木工程领域对更高强度、更轻、更耐久或具有自修复功能的材料的需求增长，传统的材料研发方法的局限性逐渐显现。机器学习，作为一种能够从大量数据中快速找出模式的技术，为土木材料的研发提供了新的可能。

2. 目标

利用机器学习技术快速筛选和优化土木工程材料。

预测新材料的性能，加速研发周期。

3. 核心内容

1）数据收集与预处理

收集现有土木材料的性质、成分、生产工艺等数据。

清洗、标准化数据，为机器学习算法准备数据集。

2）机器学习模型训练

选择合适的机器学习算法，如支持向量机、随机森林等。

利用现有数据进行模型训练，评估模型的准确性。

3）新材料的预测与优化

输入潜在的材料成分和生产工艺，预测其性能。

对预测结果进行优化，找出最佳的成分和工艺组合。

4）验证与测试

根据机器学习模型的建议，实际制造新材料样本。

进行实验室测试，验证模型的预测准确性。

5）实践与应用

学生团队可以选择某一类土木材料，如混凝土、塑料或复合材料。

收集相关数据，训练机器学习模型，并进行新材料的预测和优化。

进行实际的材料制造和测试，验证模型的实用性。

6）预期成果

一套针对特定土木材料的机器学习模型。

一份关于新材料性能预测与优化的研究报告。

机器学习在土木材料研发中的应用，能够大大加速新材料的研发过程，减少不必要的实验和试错，节省研发成本。未来，随着数据量的增加和算法的优化，机器学习将在土木材料研发领域发挥更大的作用。

第 4 部分

现代土木工程与其他学科的融合

第13章　土木工程与生物技术的交融

13.1　生物混凝土：使用微生物修复和强化结构

13.1.1　微生物诱导的钙沉积技术

1. 背景

传统的混凝土在受到裂缝或损伤后，通常需要人工检查和修复。近年来，研究者们已经开始探索利用微生物来修复混凝土裂缝的可能性，其中最有前景的方法之一就是微生物诱导的钙沉积技术（MICP）。

2. 原理

MICP技术的工作原理是利用特定的微生物，例如巴斯勒杆菌（Bacillus subtilis）等，它们可以在混凝土中产生尿素酶，将尿素分解为碳酸氢铵和二氧化碳。碳酸氢铵会进一步分解为氨和二氧化碳，氨会提高混凝土的pH值，促使溶解在水中的钙离子与碳酸盐形成钙碳酸盐结晶，从而封闭和修复裂缝。

3. 应用

自愈合混凝土：在制造混凝土时加入特定的微生物和营养物质，当混凝土出现裂缝时，这些微生物就会被“激活”，并开始产生钙碳酸盐来修复裂缝。

地下工程：在地下工程中，通过注射含有微生物和营养物质的溶液，可以增强土壤的固结性，提高其承重能力。

防止水下结构的侵蚀：在水下结构如桥墩、港口等的混凝土表面，通过微生物来产生一个坚固的钙碳酸盐层，可以有效防止海水侵蚀。

4. 优势与挑战

1）优势

环境友好：使用生物方法而非化学方法，不产生有害物质。

持续性：一旦微生物被引入到混凝土中，它们可以长时间生存，持续进行修复工作。

降低维护成本：自愈合混凝土可以减少传统的维修和维护工作，从而降低长期的维护成本。

2）挑战

生存环境：需要确保微生物在混凝土中的生存环境，如温度、湿度、pH值等都是适宜的。

效率问题：微生物诱导的修复过程可能比化学方法慢。

寿命：虽然某些微生物可以在混凝土中长时间生存，但它们的寿命仍然是有限的，可能需要定期“补充”。

微生物诱导的钙沉积技术为土木工程提供了一种全新的、环境友好的修复和强化结构的方法，尤其在自愈合混凝土、地下工程和水下结构保护中展现出巨大的潜力。但这项技术仍然需要进一步的研究和优化，以满足实际应用的需求。

13.1.2 生物混凝土的环境优势

随着全球对环境可持续性的日益关注，生物混凝土技术逐渐受到重视。相较于传统的混凝土材料和修复方法，生物混凝土在环境保护和可持续性方面展现出显著的优势。

1. 减少资源消耗与浪费

传统混凝土在损坏后经常需要更换或进行大规模修复，这需要大量的原材料和资源。而生物混凝土的自愈合能力意味着结构的维护和修复可以更为经济、节省材料，减少了资源的浪费。

2. 降低碳足迹

传统的混凝土修复过程中，常常涉及大量的运输、机械操作和材料生产，这些都会产生碳排放。而微生物修复的过程则更加环境友好，其碳排放要远低于传统方法。

3. 减少化学物质的使用

许多传统的混凝土修复材料包含有害化学物质，这些物质可能会渗入土壤或水源，对环境造成伤害。而生物混凝土利用微生物进行修复，避免了这些化学物质的使用。

4. 生物多样性的增强

在某些应用中，生物混凝土可能会提供一个有益于某些有益微生物生存的微环境，从而在一定程度上促进了生物多样性。

5. 促进绿色技术的研究与应用

生物混凝土技术的发展和应用鼓励了跨学科的合作，如生物学、材料科学和土木工程学的结合，推动了更多的绿色技术在建筑和土木工程领域的研究和应用。

生物混凝土不仅提供了一种有效的、能够自我修复的建筑材料，更重要的是，它在环境保护和可持续性方面展现出了巨大的潜力。这一技术可能为未来的建筑和城市规划提供一个更加绿色、更加可持续的方向。

13.1.3 生物混凝土在现场应用的挑战与机会

生物混凝土是一个新兴的研究领域，它结合了微生物学与土木工程学的原理。通过利用特定微生物的生物矿化作用，这种混凝土能够自我修复裂缝和毛细孔。但是，像所有新技术一样，将它从实验室带到实际应用场景中是挑战和机会并存的。

1. 挑战

生物活性的保持：在现场条件下，维持微生物的活性和生存可能是一个问题。环境变化，如温度、湿度和其他生物活动，可能会影响微生物的效率。

制造与混合：大规模生产生物混凝土并保证其均匀混合可能需要新的生产方法和设备。

长期效果未知：尽管实验室测试显示生物混凝土有良好的修复能力，但其在实际应用中的长期效果仍然是未知的。

成本问题：生物混凝土的生产成本可能高于传统混凝土，这可能影响其在商业领域的普及。

环境影响：释放到环境中的微生物可能对生态环境产生不可预测的影响。

2. 机会

延长服务寿命：生物混凝土的自我修复能力可能会显著延长结构的使用寿命，从而减少维修和替换的需求。

可持续性：与传统的维修方法相比，生物混凝土提供了一种更加环保的解决方案。

新的商业机会：该技术为建筑和基础设施行业创造了新的商业机会，包括新的产品、应用和服务。

减少维护成本：自我修复的混凝土可以降低维修和维护的成本。

创新的设计： 生物混凝土可以为建筑师和工程师提供新的设计选择，尤其是在追求可持续建筑设计的项目中。

13.2　生态工程：自然与工程的结合

生态工程是一种将生态学原理与工程技术相结合的方法，目的是创建一个可持续、稳定和自我调节的生态系统。这种方法强调与自然系统的合作，而不是对其进行干预或控制，以实现人类和环境的双赢。

13.2.1　生态工程的基本概念与应用

1. 基本概念

系统思维： 生态工程考虑了生态系统的所有组件和它们之间的相互作用。这确保了设计的解决方案既能满足人类的需求，又能保护和恢复生态环境。

自然辅助设计： 生态工程方法旨在利用自然的力量（如植物、土壤微生物等）来实现工程目标，如水质净化或土地恢复。

适应性管理： 由于生态系统的复杂性和不确定性，生态工程项目通常需要适应性管理，即在项目进行中不断地监测、评估并根据需要进行调整。

2. 应用

1）水资源管理

人工湿地： 用于处理废水、控制洪水和提供野生动植物栖息地。

生物滞留池： 利用植物、微生物和土壤过滤及吸收污染物，以净化雨水径流。

2）生态恢复

侵蚀控制： 利用植被、生物技术和土工织物控制土壤侵蚀和沉积。

土地退化修复： 使用本地植物和土壤管理技术恢复退化土地的生产力。

3）城市规划与绿色基础设施

绿色屋顶和绿色墙： 减少建筑物的热岛效应，提供野生动植物栖息地，增加城市的绿色空间。

雨水花园和渗透性铺装： 减少径流，减轻下水道系统的负担，净化雨水。

4）海岸线和河岸保护

生物工程方法： 使用植被、生物技术和土工织物保护河岸和海岸线免受侵蚀。

生态工程为工程师、生态学家和规划师提供了一种工具，通过与自然“合作”，设计出更加可持续、适应性强的解决方案。

13.2.2　绿色基础设施与生态工程技术

绿色基础设施是一种模仿自然的方法，通过生态系统服务来管理雨水径流和改善城市环境。它结合了工程技术和生态原理，以达到经济、环境和社会三重效益。与传统的“灰色”基础设施（如下水道、管道和处理设施）相比，绿色基础设施更具有成本效益，适应性强，并且有助于提高城市的生活质量。

主要技术及其应用

雨水花园： 雨水花园是一个浅凹的植被区，能够收集和吸收雨水径流。它们不仅能够减少径流量，还能够通过植物和土壤过滤和分解污染物。

渗透性铺装：与传统的不透水铺装材料不同，渗透性铺装允许雨水渗入地下，从而减少径流、充实地下水并减少热岛效应。

绿色屋顶：绿色屋顶上种植了植物，能够吸收雨水、提供绝缘、减少热岛效应并为城市提供额外的绿色空间。

生物滞留池和人工湿地：这些是专门设计的水体，能够通过自然过程去除雨水径流中的污染物。

河岸生物工程：结合植被、生物技术和其他自然材料，如石头和木头，来稳定河岸并减少侵蚀。

绿色沟渠：绿色沟渠是浅、宽的沟渠，其底部和侧面覆盖有植被。它们能够减缓雨水径流，允许污染物沉积并通过植物和土壤进行过滤。

这些技术可以单独或组合使用，以适应特定的地点和条件。它们提供了一种整合水资源管理、生态保护和城市美化的方式，使城市变得更加可持续、宜居和有韧性。通过推广和应用绿色基础设施和生态工程技术，城市可以更好地应对气候变化、提高生态系统服务功能并增强社区凝聚力。

13.2.3 生态工程在城市设计中的实践

生态工程是指采用工程技术手段模拟、利用和增强自然生态系统的功能，以满足人类的需要并改善环境质量的技术手段和方法。随着城市化的快速推进和生态环境压力的增加，生态工程在城市设计中的应用越来越受到重视。它为城市规划与设计提供了一个与自然和谐共生的新方向。

主要应用领域及实例

生态城市规划：城市规划师开始在城市设计中加入生态走廊、生态岛、城市湿地等元素，以保护生物多样性，增强城市的生态功能和美观性。

生态街区设计：通过对街区的合理规划，采用绿色屋顶、雨水花园、透水铺装等生态工程技术，减少雨水径流，提高空气质量，为居民提供更好的生活环境。

河流与湖泊修复：通过生物工程技术，例如河岸植被恢复、人工湿地建设等，改善水质，增加水生生物种类，恢复河流与湖泊的生态功能。

城市公园与绿地设计：利用生态工程技术，例如人工湿地、生态池塘、生态走廊等，为城市居民提供与自然亲近的休闲空间，同时提高城市的生态服务功能。

生态交通系统：通过对交通网络的生态优化，例如绿化隔离带、绿色停车场、绿色自行车道等，提高交通系统的生态效益和安全性。

生态基础设施：在城市基础设施建设中，例如污水处理、垃圾处理、供水系统等，采用生态工程技术，提高资源利用效率，减少环境污染。

绿色建筑：在建筑设计中，采用生态工程思想，例如绿色屋顶、绿色墙、雨水收集系统、太阳能利用系统等，使建筑与环境和谐共生，提高建筑的能源利用效率和舒适度。

生态工程在城市设计中的应用不仅有助于解决城市化过程中的环境问题，也为城市居民提供了更高品质的生活环境。随着人们对生态环境的日益重视，生态工程在城市设计中的应用将越来越广泛。

13.3 生物材料在土木工程领域的应用

随着技术的进步和对环境可持续性的关注，生物材料在土木工程领域的应用逐渐增多。其中，木材结构的新技术以及生物塑料的研发与应用尤为显著。

13.3.1　创新的木材处理技术与应用

木材作为一种传统的建筑材料，其轻质、可再生和碳负排放的特点受到了广泛关注。现代技术使得木材的应用范围不断扩大，并提高了其性能。

交叉层叠木材（CLT）：CLT 是由多层木板在垂直方向交错叠加并压制成的一种结构材料。它结合了木材的高强度和轻质特点，是建造多层木构建筑的理想材料。

热处理木材：热处理技术可以提高木材的耐候性和稳定性。通过在无氧环境中加热木材，可以减少木材中的糖分和其他有机物，从而提高其抗霉和防腐能力。

改性木材：通过化学处理或生物技术，可以提高木材的硬度、耐候性和防腐性，使其更适合室外应用。

木塑复合材料：这是一种由木材纤维和塑料结合的新型材料。它结合了木材和塑料的优点，具有良好的机械性能和耐久性，适用于地板、围栏和户外家具等。

生物基黏合剂：与传统的化学黏合剂相比，生物基黏合剂对环境的影响更小，更具可持续性。例如，基于大豆蛋白的黏合剂已被用于制造各种木制品。

通过上述技术，木材不仅能满足传统的建筑需求，还能应用于现代的高层建筑、桥梁和其他土木工程项目中，展示了无限的可能性。

13.3.2　生物塑料与生物复合材料在土木工程中的潜力

生物塑料和生物复合材料是由生物质源材料制成的，与传统石油基塑料不同，它们在生产、使用和处理过程中对环境的影响大大减少。这些材料因其环境友好性和高性能而在土木工程中获得了越来越多的关注。

1. 生物塑料的潜力

耐久性和环境影响：生物塑料如 PLA（聚乳酸）和 PHA（聚羟基酸）提供了与石油基塑料相似的物理和机械性能，但它们是可生物降解的，这意味着它们不会在环境中永久存在。

使用范围：生物塑料可以用于土木工程中的许多方面，如路面标记、隔离栅和其他临时结构。

生产过程：与传统塑料相比，生物塑料的生产过程释放的温室气体较少，有助于降低碳足迹。

2. 生物复合材料的潜力

增强材料的性能：生物复合材料结合了天然纤维（如麻、竹或木材纤维）和生物塑料，为土木工程提供了一种轻质、高强度和可持续的材料选择。

多功能性：某些生物复合材料还具有良好的隔音、隔热和阻燃性能，使其成为理想的建筑和装修材料。

生态设计：生物复合材料支持绿色建筑的设计理念，不仅减少了对资源的需求，而且降低了对环境的影响。

3. 实际应用的案例

在某些地区，人们已经开始使用基于生物塑料的道路和人行道，这些道路和人行道对温度变化和机械应力有很好的适应性。

在桥梁和人行天桥的建设中，生物复合材料由于其抗腐蚀性和耐久性而受到欢迎。

许多现代建筑开始采用生物复合材料作为外墙和屋顶材料，以实现环境友好和高效的建筑目标。

13.3.3 生物基纤维增强复合材料在土木工程中的使用

生物基纤维增强复合材料（Bio-FRC）结合了天然纤维和聚合物基质，这种结合提供了一种同时具有生物降解性和高性能的材料。由于其环保、可再生和高性能的特性，这种材料在土木工程领域的应用越来越广泛。

1. 特性和优势

环境友好：由于使用了天然纤维，这些复合材料具有可生物降解性和较低的碳足迹。

高性能：与传统的复合材料相比，生物基纤维增强复合材料具有良好的强度、刚度和耐久性。

轻质：这些材料通常比传统的建筑材料轻，这有助于减少结构负荷和降低施工成本。

2. 应用领域

桥梁和道路：生物基纤维增强复合材料因其高强度和耐腐蚀性而被用于桥梁的承重部分和道路的表层。

建筑立面和屋顶：这些材料提供了一种轻质、隔热和防水的解决方案，非常适用于现代建筑的外墙和屋顶。

地下工程：这些材料在地下结构（如隧道）中，由于其阻隔水分和化学物质的能力而受到欢迎。

3. 挑战和前景

成本：尽管生物基纤维增强复合材料具有许多优势，但其制造成本仍然较高，限制了其广泛应用。

生产技术：生产这些复合材料需要特殊的技术和设备，这在一些地区可能是一个挑战。

长期性能：虽然这些材料在实验室环境中表现良好，但它们在真实环境中的长期性能仍然是一个研究课题。

13.4 大学生创新实践方案

13.4.1 用于雨水收集的生物过滤系统

1. 背景

随着全球变暖和水资源的日益减少，雨水的收集和再利用变得日益重要。使用生物过滤系统可以确保收集的雨水质量良好，适合非饮用目的，如灌溉、冲厕和洗涤。

2. 方案描述

1）组成

初级过滤：通过简单的物理过滤，如网格和砂石，去除大的杂质，如落叶和垃圾。

生物过滤层：使用天然材料，如沙子、炭和植物，来去除水中的污染物。这些天然材料能够滞留和分解有机物质，同时降低细菌和病毒的数量。

2）工作原理

雨水首先通过初级过滤，去除大颗粒的污染物。

然后进入生物过滤层，在此过程中，微生物和植物的根系帮助分解和吸附有机物质。

最后，水通过砂石层进一步过滤，然后存储在一个集水容器中，供日后使用。

3）实施步骤

选择合适的地点，确保雨水流入过滤系统。

设计并安装初级过滤层。

在此基础上创建生物过滤层，选择当地的耐旱植物和天然材料。

安装集水容器，确保其与过滤系统相连，并有足够的容量来收集雨水。

4）优点

提供了一个经济、可持续和环保的方式来收集和过滤雨水。

减少了对地下水和市政供水的依赖。

增强了生物多样性，为昆虫和鸟类提供了栖息地。

5）挑战

需要定期维护，确保系统的有效运行。

对于大规模的应用，可能需要专业的技术和管理。

用于雨水收集的生物过滤系统为大学生提供了一个创新的实践机会，他们可以设计、建造和维护这些系统，同时增强对可持续水资源管理的理解。

13.4.2　生物混凝土的小规模制备与性能测试

1. 背景

生物混凝土是利用微生物活动诱导的钙沉积来修复和强化混凝土的一种新型材料。这种混凝土不仅具有更高的耐久性，而且能够自我修复裂缝，降低维护成本。

2. 方案描述

1）制备生物混凝土

选用适当的微生物菌株：通常使用能够产生尿酸的细菌，如 Sporosarcina pasteurii。

营养液准备：为微生物提供合适的生长环境，如磷酸盐和氨。

混凝土配合比：根据要求调整水、水泥、骨料和微生物的比例。

2）性能测试

抗压强度测试：使用标准的混凝土立方体样品进行试验。

自我修复能力：人为在混凝土中制造裂缝，观察一段时间后的自我修复情况。

耐久性测试：将样品置于不同的环境条件下，如酸性、碱性、盐雾等，观察其性能变化。

3）实施步骤

在实验室条件下培养所选微生物。

根据预定的配合比混合材料并制备混凝土样品。

进行性能测试，记录并分析结果。

4）优点

提高了混凝土的耐久性和生命周期。

降低了维护和修复的成本。

为环境提供了一种可持续的建筑材料选择。

5）挑战

需要确保微生物在混凝土环境中的生存和活性。

对于不同的应用场景，可能需要进一步的研究和优化。

生物混凝土的小规模制备和性能测试为大学生提供了一个实践机会，他们可以了解这种新型材料的制备方法、性质和潜在应用。同时，这也为他们提供了探索土木工程与生物技术交融的可能性。

13.4.3 生态浮岛设计与实施

1. 背景

生态浮岛是一种仿生学设计的浮动结构，上面种植有各种植物。它们可以被用于湖泊、河流和其他水体中，对于净化水质、增加生物多样性、为水鸟、鱼类提供栖息地、防止藻类爆发等方面都有很大的益处。

2. 方案描述

1）设计原则

结构稳定性：确保浮岛在水中的稳定性，不会因风、波浪或动物活动而翻倒。

植物选择：选择当地的湿生植物或水生植物，考虑它们对净化水质的能力、生长速度和对环境适应性。

材料选择：使用耐久、生态友好和轻质的材料，如再生塑料、天然纤维等。

2）实施步骤

地点选择：选择适合放置生态浮岛的水体，考虑水深、流速、受污染程度等。

浮岛构造：按设计构建浮岛主体，确保其浮力和稳定性。

植物种植：在浮岛上种植预选的植物，确保它们的生长空间和光照需求得到满足。

监测与维护：定期检查浮岛的稳定性和植物的生长状况，对水质进行监测。

3）优点

对水质进行天然净化，降低污染物水平。

增加水体的生物多样性，为水鸟、鱼类提供栖息地。

美化水景，增加城市的休闲和旅游价值。

4）挑战

需要定期维护，避免植物过度生长或浮岛结构受损。

在某些情况下，可能需要调整浮岛位置或更换植物种类。

需与水体中的其他利益相关者进行协调，如渔民、船只运营者等。

生态浮岛设计与实施为大学生提供了一个实践机会，他们可以直接参与到环境保护和生态恢复工作中，理解生态工程与土木工程的交融，并为所在社区做出积极贡献。

13.4.4 用于生态园林的生物降解材料

1. 背景

随着环境保护意识的增强，生物降解材料在各个领域得到了广泛的关注。在生态园林中使用生物降解材料不仅可以减少对环境的污染，还可以提供持久性与功能性。

2. 方案描述

1）定义

生物降解材料是指能够被自然环境中的微生物分解为无害成分的材料。

2）生物降解材料种类

生物塑料：如聚乳酸（PLA）、聚羟基酸（PHA）等。

天然纤维：如麻、棉、藤条等。

生物基黏合剂：使用植物或微生物源制备的黏合剂。

3）在生态园林中的应用

生物降解地膜：用于抑制杂草生长、保湿和温度调节。

生物降解园林家具：如凳子、桌子等，其在使用一段时间后可完全降解。

生物降解种植容器：种植时可以直接放入土壤中，随后容器会慢慢降解。

生态景观材料：如生物降解的园林道路、步道等。

4）优点

降低环境污染，提高园林的生态友好性。

减少资源消耗，降低园林维护成本。

增强园林的可持续性和生态价值。

5）挑战

生物降解材料的成本可能高于传统材料。

需要更多的研究来确保材料的持久性和功能性。

使用生物降解材料在生态园林中具有巨大的潜力，不仅可以提高园林的生态价值，还可以为创建更绿色、更可持续的未来做出贡献。大学生通过研究和实践，可以更深入地理解生态和环境工程的重要性，并为其所在的社区提供实用的解决方案。

13.4.5　利用生物技术提高城市绿地的水利效益

1. 背景

城市绿地不仅为城市居民提供休闲和放松的空间，还在调节城市气候、净化空气、减少噪声和提高生物多样性方面发挥着重要作用。随着全球变暖和水资源的日益紧张，利用生物技术提高城市绿地的水利效益变得尤为重要。

2. 方案描述

生物雨水花园：这是一种模拟自然生态系统的生态工程手段，能够有效收集和处理雨水径流。通过植物吸收和土壤过滤，雨水花园可以减少径流，增加地下水补给，并提高水质。

植物选择：选择深根植物，例如一些耐旱和/或本地植物，它们可以更有效地吸收和存储水分，减少灌溉需求。

微生物处理系统：利用微生物的自净作用，净化和处理城市绿地中的污染水。这些微生物可以分解有机物质、重金属等污染物。

生态湿地设计：生态湿地是通过植物、土壤和与其相关的微生物群落处理污水的系统。其不仅可以净化水质，还可以作为城市景观的一部分，为多种生物提供栖息地。

滴灌和土壤湿度监测：结合现代传感器技术，可以精确地测定土壤的湿度，从而根据实际需求进行灌溉，大大提高水的利用效率。

生物膜技术：在城市绿地的池塘或水体中使用特定的生物膜，可以有效地减少蒸发，节约水资源。

3. 优点

可以有效地减少水的浪费，提高水资源的利用效率。

有助于改善城市生态环境，提高城市居民的生活质量。

减少污水径流对城市水体的污染，提高水质。

4. 挑战

需要对生物技术有深入的了解和研究，以确保其在实际应用中的效果。

生物技术的初期投资成本可能较高。

利用生物技术提高城市绿地的水利效益不仅有助于解决城市水资源问题，还可以增强城市的生态韧性和生活质量。大学生在这方面的研究和实践可以为城市提供更加绿色、持久和可持续的解决方案。

13.4.6 木材强化技术的研究与应用

1. 背景

木材作为一种可再生资源，被广泛应用于建筑和家居领域。但由于其天然属性，木材有时不能满足特定的机械和耐久性要求。强化技术的研究和应用能够改善木材的物理和化学性能，使其更适应各种应用场景。

2. 方案描述

层压木材：通过将多层木片叠加并用胶水黏合，制成强度更高、更稳定的材料。这种材料对环境因素的反应较小，耐久性强。

木材改性：使用化学处理，例如乙酸酐或硅烷处理，改善木材的耐久性和抗生物侵蚀性。

高频热处理：通过高频加热，改变木材内部的化学结构，提高其耐磨性、抗裂性和稳定性。

纳米技术强化：纳米颗粒，如纳米硅酸盐或纳米纤维素，可以加入到木材中，提高其抗压性、抗弯性和耐久性。

生物技术强化：通过特定的微生物或酶的作用，改变木材的细胞结构，提高其强度和硬度。

3. 优点

提高木材的机械性能，使其更适应各种应用需求。

延长木材的使用寿命，降低维护和更换的成本。

降低木材对环境因素（如湿度和温度）的敏感性。

4. 挑战

强化技术可能增加木材的生产成本。

需要确保强化技术不会影响木材的可回收性和生物降解性。

木材强化技术为建筑和家居领域提供了更多选择和可能性。大学生可以通过研究和实验，探索更高效、环保的强化方法，推动木材应用的创新和发展。

13.4.7 生物活性墙体的设计与实验

1. 背景

随着可持续建筑和绿色建筑的推广，建筑物的生态足迹和与周围环境的互动变得越来越重要。生物活性墙体结合了传统的建筑材料与生态技术，创建了一个具有生态功能的墙体，可以净化空气、调节温度，甚至作为生态栖息地。

2. 方案描述

植物墙体：墙体内嵌有小型的植物槽或袋，种植各种植物。这些植物可以吸收和分解空气中的有害物质，提供清新的空气，并增加美感。

微生物墙体：墙体材料中加入特定的微生物，这些微生物可以吸收和分解墙体周围的有害物质，提供一个更健康的生活环境。

水循环墙体：墙体内部有一个小型的水循环系统，可以进行水的净化和循环使用，同时调节室内温度和湿度。

组合型墙体：将上述各种技术结合，形成一个多功能的生态墙体。

3. 优点

提高室内空气质量，提供更健康的生活环境。

节省能源，降低建筑的碳足迹。

提供美观的视觉效果，增加建筑的观赏价值。

4. 挑战

需要定期维护和管理，确保墙体的生态功能正常运行。

初始投资较大，需要长时间才能收回成本。

需要专业知识和技能进行设计和安装。

生物活性墙体为建筑提供了一个新的绿色方案，不仅可以净化空气、节省能源，还可以更加美观。大学生可以通过设计和实验，进一步探索和完善这一技术，推动绿色建筑的发展。

13.4.8　采用生物材料的桥梁模型设计与实验

1. 背景

传统桥梁设计通常使用混凝土、钢铁和其他传统材料。近年来，随着对可持续性和环境保护的日益关注，生物材料，如强化木材、生物塑料和生物纤维增强复合材料，已成为新的研究方向。利用这些材料能够为桥梁设计带来更低的碳足迹、良好的结构性能。

2. 方案描述

强化木材桥梁：利用先进的处理技术，如交联和热处理，提高木材的强度和耐久性。设计一个结构简单但坚固的木桥模型。

生物塑料桥梁：生物塑料由可再生资源制成，具有生物降解的特性。虽然它们通常不如传统塑料那么坚固，但特定类型的生物塑料可能适用于某些桥梁设计元素，如护栏或饰面。

生物纤维增强复合材料桥梁：使用天然纤维（如麻、竹或亚麻）强化的复合材料，为桥梁提供所需的强度和刚度。

组合型桥梁：结合不同的生物材料，设计一个综合性能优越的桥梁模型。

实验步骤：

选择并准备材料，如强化木材、生物塑料和生物纤维增强复合材料。

设计桥梁模型，确保满足结构稳定性、安全性和耐用性要求。

构建桥梁模型，并进行初步的结构测试。

模拟不同的环境条件，例如温度、湿度和荷载条件，以验证桥梁的性能。

分析实验结果，确定哪种材料或组合最适合桥梁设计。

采用生物材料的桥梁设计是土木工程和生物技术交融的一个示范。大学生可以通过这种实践方案，探索新材料的潜力，为未来的桥梁设计和建造提供新的选择和机会。

13.4.9　用于防洪的生态工程解决方案设计

1. 背景

随着全球气候变化和城市化的快速进程，城市防洪已成为一大挑战。传统的防洪措施，如建设堤坝和河道整治，虽然有效，但可能对生态环境造成不良影响。生态工程，作为一种与自然相结合的工程方法，提供了一种既可实现防洪又可保护生态的解决方案。

2. 方案描述

生态湿地：通过创造或恢复湿地，提供雨水的暂存区域，增加地区的雨水渗透能力，从而减少洪水的威胁。

绿色屋顶与绿色墙：在建筑物的屋顶和墙体上种植植被，可以吸收雨水、减少径流，并提供城市冷却。

多孔性铺装：使用允许水渗透的材料铺设道路和广场，减少地表径流，促进雨水渗透。

雨园与生物滞留池：在城市公共空间或住宅区设置小型的雨园或生物滞留池，收集和渗透雨水，同时为城市生态提供支持。

河流与溪流的自然化：恢复河流和溪流的自然形态和生态功能，提高其流域的雨水接纳和渗透能力。

实施步骤：

对特定区域进行水文和生态评估，确定可能的洪水威胁和生态需求。

根据评估结果，选择上述方案中一个或多个最合适的生态工程方法。

进行详细设计，并综合考虑生态、社会和经济的多方面因素。

执行生态工程项目，与当地社区合作，确保方案的成功实施。

定期监测和评估方案的效果，并根据需要进行调整。

生态工程为防洪提供了一种与众不同的方法，不仅有效，而且可持续。大学生通过实践与探索，可以发现和验证更多的生态工程方法，为未来的城市规划和防洪工作提供宝贵的参考。

13.4.10 生物塑料在路面铺装中的可行性研究

1. 背景

传统的沥青路面在铺设和使用过程中存在许多问题，如温室气体排放、使用期限短、对石油资源的依赖等。随着生物塑料技术的发展，研究人员和工程师们开始探索其在土木工程中的潜在应用，特别是在路面铺装中。

2. 研究目标

研究生物塑料在路面铺装中的可行性。

比较生物塑料与传统沥青路面的性能、耐用性和环境影响。

提供关于如何在实际工程中应用生物塑料的指导。

3. 实验方法

生物塑料选择与制备：选择适合路面铺装的生物塑料种类，考虑其来源、制备方法、成本等。

混合与制样：将生物塑料与其他路面材料（如骨料）混合，制成路面试样。

性能测试：对制成的路面试样进行各种性能测试，如强度、韧性、耐磨性、抗老化性等。

环境影响评估：评估生物塑料路面在整个生命周期中的环境影响，包括温室气体排放、能源消耗、水资源使用等。

经济评估：计算生物塑料路面的成本，并与传统沥青路面进行比较。

4. 实验结果与结论

性能对比：生物塑料路面可能在某些性能指标上优于传统沥青路面，例如更好的耐老化性、更高的弹性模量等。

环境优势：生物塑料路面在生产和铺设过程中的温室气体排放可能低于传统沥青路面。此外，生物塑料路面更加可持续，因为它不依赖于非可再生的石油资源。

经济性分析：尽管初期投资可能较高，但生物塑料路面的长寿命和低维护成本可能使其在长期内更为经济。

建议：基于上述研究结果，建议进一步开展大规模的路面铺装试验，以验证生物塑料路面在实际应用中的性能。此外，鼓励与生物塑料制造商、土木工程师和城市规划者合作，推广生物塑料路面的应用。

生物塑料在路面铺装中的应用具有巨大的潜力，不仅在性能上可能优于传统沥青路面，而且在环境和经济上都更具优势。大学生可以通过这种实践研究为未来的土木工程带来革命性的变革。

第14章　土木工程与信息技术的结合

14.1　智慧城市：利用IT技术优化城市基础设施

14.1.1　智慧城市的定义与核心理念

1. 定义

智慧城市是一个综合性概念，它涉及使用信息和通信技术（ICT）来增强城市服务的质量、效率和互动性，从而满足居民的需求并提高他们的生活质量。它着重于利用技术、信息和数据来优化城市功能、推动经济增长并提高市民的福祉。

2. 核心理念

数据驱动： 数据是智慧城市的核心。通过收集、分析和利用各种数据，城市管理者可以更加高效地进行决策和优化服务。

可持续性： 智慧城市不仅仅关注技术的应用，还关注如何在经济、社会和环境上实现可持续发展。

互动性与参与性： 智慧城市强调与市民的互动，使他们成为城市发展的参与者，而不仅是受益者。

整合性： 智慧城市的目标是将各种服务、系统和功能融为一个整体，从而更好地为市民服务。

创新性： 智慧城市鼓励创新，不仅在技术上，还在管理、政策和公共服务的提供上。

重要性： 随着全球城市化的加速，如何有效管理和优化城市基础设施、提供更好的公共服务以及满足市民的需求成为了一个巨大的挑战。智慧城市提供了一个框架，使得城市管理者可以通过利用现代技术和方法来应对这些挑战，从而实现城市的可持续、高效和宜居的目标。

智慧城市不仅仅是一个技术概念，它代表了一种全新的城市管理和发展理念，它强调数据、技术、创新和市民参与的重要性，旨在创造一个更加高效、可持续和宜居的城市环境。对土木工程师来说，理解并运用智慧城市的核心理念，将有助于他们更好地设计、建造和维护城市基础设施，为市民提供更好的服务。

14.1.2　IT技术在交通、水务、能源等城市基础设施中的应用

1. 交通方面

智能交通系统（ITS）： ITS使用传感器、摄像头和其他数据收集工具来监测道路、桥梁和交通流量，提供实时交通信息、优化交通流量、减少交通拥堵，并提高公路安全性。

自动驾驶汽车： 通过与ITS系统的无缝连接，自动驾驶汽车可以在城市道路上实现更加高效和安全的行驶。

公共交通优化： IT技术可以帮助公共交通系统预测需求、规划路线并实时调整时刻表。

2. 水务方面

智能水务管理： 传感器和远程读表技术使得水务部门能够实时监测和调整供水，减少水

浪费。

排水和洪水监测：IT 技术可以帮助城市更好地预测和管理雨水排放和洪水风险，提高城市的抗灾能力。

水质监测与预警：实时的水质监测系统可以即时检测到污染和其他潜在的水质问题，从而采取措施防范。

3. 能源方面

智能电网：IT 技术使得电网能够实时响应需求变化，优化能源分配并提高能效。

太阳能和风能优化：通过数据分析，可以预测风能和太阳能的产量，并相应地调整能源供应。

能源消费监测：智能计量技术可以帮助消费者和公司更好地了解和管理其能源使用，从而节省成本和减少碳排放。

IT 技术已经深入到城市基础设施的各个方面，为城市带来了巨大的效益，包括提高效率、降低成本、提高服务质量和增强对环境和安全问题的应对能力。对于土木工程师来说，了解这些技术的应用和潜在的好处是至关重要的，因为它们将塑造未来城市的面貌并决定城市建设的成功与否。

14.1.3　智慧城市规划与实施的主要挑战

1. 数据的收集和管理

为了实现智慧城市的功能，需要收集大量的数据。这涉及传感器的安装、网络的建设以及大数据的存储和处理。管理这些数据以确保其准确性和实时性是一个巨大的挑战。

2. 数据安全与隐私保护

随着越来越多的数据在线上流通，如何确保这些数据的安全，并且在收集和使用数据的过程中尊重公民的隐私成为了一个主要的关注点。

3. 技术的快速迭代

技术发展日新月异，今天的先进技术明天可能就过时了。如何持续更新和升级智慧城市的技术设施以适应新的技术和需求，是规划与实施中的一个主要挑战。

4. 跨部门合作

智慧城市涉及多个部门，包括交通、能源、水务、环境等。如何确保各个部门之间的有效沟通和合作，以实现整体的智慧城市目标，需要付出很大的努力。

5. 资金投入

建设智慧城市需要巨大的资金投入，不仅是硬件设施的建设，还包括软件的开发、人才的培养和技术的研发。如何筹集足够的资金并确保资金的有效使用是一个主要的挑战。

6. 公众的接受度和参与度

即使技术再先进，如果公众不接受或者不愿意参与，智慧城市也无法实现其预期的效果。如何让公众理解、接受并积极参与智慧城市的建设和运营，需要深入思考和策划。

7. 可持续性和生态友好

智慧城市的目标不仅是提高效率，也要确保环境的可持续性。如何在追求技术进步的同时，保护环境和资源，避免过度开发和消耗，是智慧城市面临的一个重要挑战。

虽然智慧城市带来了巨大的机遇和好处，但在规划与实施的过程中，还需要面对和解决诸多挑战。这需要政府、企业、学术界和公众的共同努力和合作。

14.2 物联网（IoT）在基础设施监控和管理中的应用

14.2.1 IoT设备在土木工程中的实际应用

1. 结构健康监测

IoT 设备，尤其是传感器，广泛应用于桥梁、大厦、隧道和其他重要结构的健康监测中。这些传感器可以实时检测结构的微小变化，从而预测潜在的破损或故障。

2. 智能交通系统

物联网技术在交通管理中的应用也非常广泛，例如智能红绿灯、智能停车场管理系统、实时交通流量监测等，都依赖于 IoT 设备的数据收集和处理。

3. 水资源管理

IoT 传感器可以部署在水库、河流和水管中，实时监测水质、水位和水流速度等，为水资源管理提供准确的数据支持。

4. 能源管理

在电网、风力发电和太阳能发电系统中，IoT 技术可以实时监测能源的生成和消耗情况，优化能源的分配和利用。

5. 地下工程监测

在地铁、隧道和其他地下工程中，IoT 传感器可以监测地下的土壤情况、地下水位、气体浓度等，确保工程的安全性。

6. 环境监测

IoT 技术也用于环境质量的监测，例如空气质量、噪声、温度和湿度等，为环境管理和保护提供实时的数据支持。

7. 建筑自动化与智能化

在现代建筑中，IoT 技术与自动化技术相结合，能够实现智能照明、空调、安防等系统的自动化管理。

8. 废物管理

IoT 设备也应用于垃圾收集和处理系统中，例如智能垃圾桶可以实时监测垃圾的积累情况，按需进行垃圾收集。

IoT 技术在土木工程中的应用日趋广泛，其为基础设施的监控、管理和优化提供了强大的技术支持，使土木工程更加智能、高效和可靠。

14.2.2 利用IoT数据优化工程管理与维护

IoT 技术已成为土木工程中的关键技术，特别是在工程管理与维护方面。以下是如何利用 IoT 数据来优化这些方面的方法。

1. 预测性维护

IoT 传感器可以实时监测工程结构的状态，从而预测潜在的故障或损害。通过这种方式，可以及时进行预防性维护，避免更大的结构损坏和昂贵的维修费用。

2. 资源分配与调度

IoT 设备可以提供关于设备使用、人员位置和材料库存的实时数据。利用这些数据，工程经理可以更高效地分配资源、调度人员和设备，减少浪费和提高生产率。

3. 质量控制

利用 IoT 技术，工程师可以实时监测建筑材料的质量、温度、湿度等，确保工程的质量和安全性。

4. 安全监测

IoT 设备可以实时监测工地的安全状况，例如有害气体浓度、温度超标情况、人员进出情况等，及时警告并采取相应措施，确保工人的安全。

5. 节能与环境监测

IoT 传感器可以实时监测建筑的能耗、CO_2 排放等环境指标，为节能减排提供数据支持。

6. 实时反馈与客户沟通

通过 IoT 设备收集的数据，工程师可以及时了解工程进展情况、与客户进行实时沟通、及时调整工程方案，满足客户的需求。

7. 文档与记录管理

利用 IoT 设备，可以自动记录工程的每一个环节，为后期的审核、维护和管理提供完整的文档和数据支持。

物联网技术为土木工程的管理与维护带来了革命性的变革，更加智能、高效、安全和环保。利用 IoT 数据，工程师可以更好地掌控工程进度，提高工程的质量与效益。

14.3　大数据与 AI 在土木工程项目中的决策分析

14.3.1　土木工程数据的来源与特点

1. 数据来源

监控设备与传感器：土木工程中广泛使用了各种监控设备和传感器，如振动传感器、温度传感器、应力传感器等，这些设备提供了大量的实时数据。

地理信息系统（GIS）：为工程规划和设计提供地形、地质、水文、交通和其他相关的地理数据。

项目管理软件：如 Primavera、MS Project 等，为工程项目管理提供日程、资源、费用等相关数据。

无人机与卫星图像：为工程项目提供高分辨率的地形和地貌图像数据。

社交媒体与公众反馈：为工程项目提供公众意见和反馈，这是决策中非常重要的软数据来源。

2. 数据特点

多维性：土木工程数据通常涉及多个维度，如时间、空间、物理属性、经济因素等。

大量：特别是来自传感器和监控设备的实时数据，通常是大数据的典型代表。

异质性：因数据来源不同，因此其格式和结构也会有不同。

时效性：某些数据，如从传感器获取的实时数据，需要快速处理和分析以做出实时决策。

不确定性：由于测量误差、传感器故障等因素，土木工程数据可能包含不确定性和噪声。

土木工程数据的复杂性和多样性提出了对数据处理、存储、分析和解释的新要求。大数据和 AI 技术为这些挑战提供了新的解决方案，使土木工程师能够更好地利用这些数据进行决策分析。

14.3.2　大数据分析方法在土木工程中的应用

随着信息技术的发展，大数据分析已经成为土木工程中的重要工具。以下是一些大数据分析方法在土木工程中的典型应用。

1. 预测性维护

利用历史数据和机器学习算法，工程师可以预测哪些设备或构件可能会出现故障，从而进行及时的维护或更换。

2. 能源效率分析

通过对建筑的能源消耗数据进行分析，可以发现节能的机会，并为建筑自动化系统提供决策依据。

3. 交通流量分析与优化

利用传感器收集的交通数据，可以对交通流进行模拟和预测，从而优化交通信号和路线选择。

4. 结构健康监测

通过分析从结构传感器收集的数据，工程师可以实时监测桥梁、大厦或其他关键结构的健康状态。

5. 项目成本和进度控制

大数据分析可以帮助项目经理更准确地预测项目成本和进度，从而更有效地分配资源。

6. 地质与气候数据分析

对地质和气候数据的深入分析可以提供关于土壤稳定性、水文条件等的更多信息，从而指导工程设计和施工。

7. 工程材料性能预测

通过对材料测试数据的大数据分析，可以预测材料在实际应用中的性能，如混凝土的强度和耐久性。

8. 安全与风险评估

利用历史事故数据和现场环境数据，可以预测工地的安全风险，并制定相应的安全措施。

9. 环境影响评估

通过分析环境监测数据，可以评估工程项目对环境的影响，并制定减轻环境影响的措施。

10. 供应链管理

对供应链数据进行大数据分析，可以更有效地管理材料供应、存储和运输，从而降低成本。

大数据分析为土木工程提供了新的解决方案和方法，使工程师能够更加精确和高效地进行决策。随着技术的发展，这些应用将进一步深化和拓展，为土木工程带来更多的机会和挑战。

14.3.3 利用 AI 技术协助土木工程师进行决策

人工智能（AI）已经在土木工程领域得到了多次应用，它提供了一系列工具和技术，帮助工程师更加智能和高效地解决问题。以下是 AI 协助土木工程师进行决策的几个方面。

1. 数据驱动的决策

AI 可以处理大量的数据，从中提取有价值的信息。例如，在施工现场，AI 可以通过分析传感器数据来监测结构的健康状况，预测潜在问题，并为工程师提供有关何时进行维护的建议。

2. 预测分析

利用机器学习，AI 可以对历史数据进行学习，并据此预测未来事件。在土木工程中，这可以用于预测工程项目的完成时间、成本超支的风险或某材料的长期性能。

3. 优化设计

AI可以协助工程师在设计阶段进行更为复杂的模拟和分析，从而找到最优的设计方案。例如，AI可以通过模拟不同的建筑设计来找出最节能的方案。

4. 自动化常规任务

许多日常的土木工程任务可以被自动完成，从而让工程师有更多的时间致力于更为复杂的问题。例如，AI可以自动完成土地勘测数据的分析或施工日志的整理。

5. 风险评估

AI可以通过分析历史事故记录和现场数据来预测安全隐患，帮助工程师采取预防措施。

6. 实时反馈

在施工现场，AI可以提供实时的数据反馈，使工程师能够在第一时间发现并纠正问题。

7. 增强现实（AR）与虚拟现实（VR）的应用

结合AI技术，AR和VR可以为工程师提供更加真实和详细的模拟环境，从而更好地评估和改进设计方案。

8. 供应链和物流优化

AI可以通过预测分析和实时反馈来优化材料的供应、存储和运输，确保工程项目的顺利进行。

AI技术为土木工程师提供了强大的工具，帮助他们更加准确和高效地进行决策。随着技术的不断发展，AI在土木工程决策中的作用将会越来越大。

14.4　大学生创新实践方案

14.4.1　基于IoT的智能桥梁健康监测系统

1. 背景

桥梁作为城市交通的重要组成部分，其安全与健康直接关系到人民的生命财产安全。随着物联网（IoT）和AI技术的迅速发展，利用这些技术进行桥梁健康监测已成为可能。

2. 方案目标

设计并实施一个基于IoT的智能桥梁健康监测系统，能够实时监测桥梁的工况、预测潜在问题，并为维修与维护提供决策支持。

3. 主要组成部分

传感器网络：由多种传感器组成，如应变传感器、加速度计、温湿度传感器等，安装在桥梁的关键部位，实时收集数据。

数据传输与存储：利用无线通信技术将数据传输到中央数据库或云端进行存储和分析。

数据处理与分析：使用高性能计算机或云平台对收集到的数据进行实时分析，利用机器学习算法预测桥梁的健康状况。

决策支持系统：基于分析结果，为桥梁维修和维护提供决策建议。

用户界面：为工程师和管理者提供实时的桥梁健康状况、预测结果和维护建议。

4. 实施步骤

需求分析：分析桥梁的结构特点、监测需求和可能的风险因素。

选择传感器：根据需求选择合适的传感器并确定安装位置。

搭建通信网络：选择合适的无线通信技术，确保数据实时、稳定地传输。

数据处理与分析：建立数据库，选择或开发适合的机器学习算法进行数据分析。

测试与验证：在一段时间内对系统进行测试，确保其准确性和稳定性。

系统部署与推广：在更多的桥梁上部署监测系统，并根据实际情况进行调整和优化。

5. 预期成果

提高桥梁的安全性。

为桥梁维修与维护节约成本。

为桥梁健康监测提供新的技术手段和方法。

基于 IoT 的智能桥梁健康监测系统能够实时监测桥梁的健康状况、预测潜在问题，并为维修与维护提供决策支持，具有很高的实用价值和推广前景。

14.4.2 使用大数据分析优化城市交通流量

1. 背景

随着城市化的不断发展，城市交通拥堵成为许多大城市的主要问题。通过大数据分析，可以有效地收集、处理和解析交通数据，为城市交通管理提供决策支持。

2. 方案目标

设计并实施一个基于大数据的城市交通流量优化方案，通过对大量交通数据的实时分析，为交通规划、路网优化和拥堵管理提供智能决策。

3. 主要组成部分

数据收集：通过交通摄像头、车载 GPS、移动手机信号等手段收集实时交通数据。

数据存储与处理：使用大数据存储和处理平台，如 Hadoop 和 Spark，进行数据存储和初步处理。

交通流量分析：利用机器学习和统计方法对数据进行深入分析，识别交通模式、拥堵点和流量变化趋势。

实时路况预测：根据历史数据和实时数据预测未来路况，提前调整交通流量。

智能交通信号控制：根据交通流量的分析和预测结果，动态调整交通信号灯的时序，以优化交通流。

用户信息服务：为驾驶者提供实时路况、最佳路线和预期到达时间。

4. 实施步骤

建立数据收集网络：在关键交通节点安装摄像头和传感器，收集实时交通数据。

数据存储与初步处理：建立大数据存储平台，对原始数据进行清洗和初步处理。

数据分析与模型构建：使用机器学习方法构建交通流量预测模型。

实施智能交通信号控制：根据分析结果，调整交通信号时序。

提供用户信息服务：开发手机应用或网站，为驾驶者提供实时路况信息和驾驶建议。

持续优化：根据系统运行情况，持续优化数据收集、分析和决策过程。

5. 预期成果

减少城市交通拥堵，提高道路通行效率。

为城市居民提供更为便捷的出行体验。

为交通管理部门提供科学的决策支持，降低交通事故率。

通过大数据分析优化城市交通流量，不仅可以有效地解决交通拥堵问题，还可以为城市居民提供更好的出行体验，具有很高的实用价值和推广前景。

14.4.3　基于 AI 的建筑能效预测工具

1. 背景

随着全球对于环保和能源消耗的日益关注，建筑能效变得尤为重要。通过使用 AI 技术，可以预测并优化建筑的能效，从而为设计师和工程师提供重要的参考。

2. 方案目标

为大学生提供一个基于 AI 的建筑能效预测工具，使他们能够在设计过程中进行预测和优化，提高建筑的能源效率。

3. 主要组成部分

数据收集模块：收集与建筑能效相关的数据，如建筑材料、设计参数、地理位置、气候条件等。

AI 预测模型：利用机器学习算法构建的预测模型，可根据输入的设计参数预测建筑的能效。

优化建议模块：根据预测结果，为用户提供优化建筑能效的建议。

用户界面：简洁易用的界面，使用户能够轻松输入数据并获取预测结果和建议。

4. 实施步骤

数据收集：从相关文献、数据库或建筑项目中收集建筑能效数据。

模型训练：使用收集到的数据训练 AI 预测模型。

模型测试与验证：对模型进行测试，确保预测结果的准确性。

开发用户界面：设计并实现用户友好的界面。

发布与推广：将工具发布给大学生使用，并收集用户反馈进行持续优化。

5. 预期成果

帮助大学生在设计过程中轻松预测建筑的能效。

通过优化建议，提高建筑的能源效率。

推动建筑设计领域对于能效的关注和研究。

基于 AI 的建筑能效预测工具为大学生提供了一个实用的设计参考，不仅有助于提高他们的设计水平，而且为推动建筑行业的绿色发展做出了贡献。

14.4.4　利用 IoT 技术设计的智能公共卫生间

1. 背景

随着城市化的发展，公共卫生间的需求也在增加。而公共卫生间的清洁、维护、可用性等问题一直是人们关注的焦点。通过 IoT 技术，可以实现公共卫生间的智能化管理，提高其效率和使用体验。

2. 方案目标

设计一个基于 IoT 技术的智能公共卫生间系统，可以自动监测、维护、提供实时信息反馈，从而提高用户体验和管理效率。

3. 主要功能

卫生间使用状态监测：通过传感器检测各个厕位的使用状态，并通过手机 App 或信息板实时显示给用户。

清洁度监测：安装环境传感器，监测空气质量、地面湿度等，确保卫生间的清洁度。

自动补给消耗品：通过传感器监测纸巾、肥皂液的余量，并在低于阈值时自动补给或通知管理人员。

节能管理：根据卫生间的使用情况自动调节灯光、排风扇等设备，实现节能。

安全监测：安装烟雾报警器、漏水传感器等，确保卫生间的安全。

4. 实施步骤

需求分析：调查公共卫生间的主要问题和用户需求，确定系统要实现的功能。

系统设计：设计 IoT 系统架构，选择合适的传感器和设备。

系统安装与调试：在公共卫生间安装传感器和设备，进行系统调试。

系统运行与维护：将系统在实际环境中运行，定期进行维护和优化。

5. 预期效果

提高公共卫生间的使用效率和用户体验。

通过智能管理，降低维护成本和资源消耗。

提高公共卫生间的清洁度和安全性。

利用 IoT 技术设计的智能公共卫生间不仅能够满足用户的需求，还能够为城市提供更高效、更环保的公共服务。

14.4.5 利用大数据分析城市雨水排放问题

1. 背景

随着城市化的进程，城市雨水排放问题日益严重，特别是在短时强降雨的情况下，城市内涝现象屡见不鲜。传统的排水方法往往无法满足日益严重的城市排水需求。利用大数据技术对城市雨水排放进行分析，旨在找到更加高效、绿色的解决方案。

2. 方案目标

收集与雨水排放相关的大量数据，如降雨量、城市地形、排水系统的实时工作状态等。

利用大数据分析技术，预测雨水排放瓶颈，并提供优化建议。

3. 主要功能

实时监测与预测：监测城市各个区域的降雨情况，并预测可能出现的排水问题。

瓶颈分析：识别城市排水系统中的瓶颈，为优化排水系统提供依据。

智能排水方案推荐：根据分析结果，自动为城市提供最佳的雨水排放方案。

4. 实施步骤

数据收集：部署各种传感器和设备，如雨量计、水位传感器等，实时收集城市雨水排放相关数据。

数据清洗与处理：对收集的数据进行清洗和处理，确保数据的质量和准确性。

数据分析：利用大数据分析技术，如机器学习、深度学习等，对数据进行分析。

结果反馈：将分析结果以图表、报告等形式反馈给城市管理者。

5. 预期效果

有效预测并应对城市雨水排放问题，减少城市内涝等灾害。

提供科学依据，指导城市优化排水系统，提高雨水排放效率。

利用大数据分析城市雨水排放问题，可以为城市提供更加高效、科学的排水方案，为保护城市环境、确保城市安全做出重要贡献。对于大学生而言，该项目既是一次实践经验的积累，也有助于培养其跨学科合作的能力和创新思维。

14.4.6 基于 AI 的地震响应预测模型

1. 背景

地震作为其中之一的主要灾害类型，预测其对建筑物、桥梁和其他关键基础设施的影响至关重要。传统的地震响应分析需要大量计算和实验，而利用 AI 技术，我们可以通过学习历史地震事件和其对结构的影响，来预测未来可能的地震对于特定结构的影响。

2. 方案目标

开发一个基于 AI 的模型，能够预测地震对于各种土木工程结构的影响。

为工程师和决策者提供实时的、可行的解决方案来减轻地震的影响。

3. 主要功能

历史地震数据分析：根据过去的地震数据，学习和理解地震对各种结构的影响。

结构特性输入：允许用户输入或上传特定结构的详细参数。

实时预测：基于输入的结构特性和学习到的模型，预测在特定地震事件下结构的响应。

修复和增强建议：为减少潜在的地震影响提供修复或加固建议。

4. 实施步骤

数据收集：收集大量的历史地震数据和对应的结构响应数据。

数据预处理：清洗数据，删除异常值，并进行归一化处理。

模型训练：使用深度学习或其他机器学习算法训练模型。

模型验证：使用独立的测试数据集验证模型的准确性。

模型部署：为工程师和决策者提供易于使用的界面或 API。

5. 预期效果

准确地预测地震对于特定结构的响应，从而降低经济损失和人员伤亡。

为工程师提供有力的工具来评估和优化结构设计，使其更加抗震。

利用 AI 技术预测地震响应不仅可以提高预测的准确性，还可以为工程师和决策者提供实时的反馈，帮助他们更好地应对地震的威胁。对于大学生而言，该项目提供了一个结合土木工程和人工智能技术的机会，有助于他们发展跨学科的技能和思维。

14.4.7　使用物联网技术的智能路灯管理系统

1. 背景

随着城市的发展和电力资源的紧缺，提高路灯的能源效率和管理效益成为一个重要课题。物联网技术允许设备之间的互联互通，为路灯管理提供了新的机遇。

2. 方案目标

通过物联网技术实现路灯的远程监控和控制。

根据环境条件自动调整路灯的亮度。

提供实时的路灯运行数据，以方便维护和管理。

3. 主要功能

远程监控与控制：管理员可以远程查看每个路灯的运行状态，并进行控制，如开关、调整亮度等。

环境感应：使用传感器检测环境光线、天气等条件，自动调整路灯的亮度。

故障检测与报警：当路灯出现故障时，系统可以自动检测并向管理员发送报警信息。

能源管理：收集路灯的能耗数据，分析能源使用情况，为节能提供参考。

4. 实施步骤

硬件选择：选择合适的传感器和控制器，进行路灯的改造。

系统开发：开发后台管理系统和移动应用，实现数据的收集、分析和显示。

系统部署：在路灯上安装传感器和控制器，与后台系统进行连接。

测试与优化：进行系统测试，根据实际使用情况进行优化。

5. 预期效果

路灯能根据环境条件自动调整亮度，提高能源效率。

管理员可以方便地监控和管理路灯，提高管理效益。

及时发现并处理故障，减少维护成本。

使用 IoT 技术的智能路灯管理系统不仅可以提高路灯的能源效率，还可以为管理员提供方便的管理工具，有助于城市的绿色、智慧发展。对于大学生而言，该项目提供了一个结合土木工程和信息技术的实践机会，有助于他们培养跨学科的技能和思维。

14.4.8 利用大数据分析工具优化建筑材料选择

1. 背景

随着建筑工程领域对材料性能和可持续性的日益增长的需求，结合大数据工具来优化建筑材料选择变得至关重要。通过深入研究各种材料的特性、成本、可持续性和生命周期影响，我们可以做出更明智的决策，确保项目的成功。

2. 方案目标

收集和整合各种建筑材料的数据。

利用大数据分析工具评估和比较不同材料。

为工程师和建筑师提供一个决策工具，帮助他们选择最佳的建筑材料。

3. 主要功能

数据收集：从供应商、实验室测试和现场应用中收集各种建筑材料的数据。

数据整合：建立一个集中的数据库，整合所有的材料数据。

性能评估：利用数据分析方法，如回归分析、聚类分析等，对材料进行性能评估。

成本效益分析：评估各种材料的成本和长期效益，提供一个全面的视图。

推荐系统：基于分析结果，为用户提供建筑材料的推荐。

4. 实施步骤

数据收集：与供应商、测试实验室和施工团队合作，收集各种建筑材料的数据。

建立数据库：使用数据库管理系统，如 MySQL 或 PostgreSQL，建立一个集中的数据库。

数据分析：使用数据分析工具，如 Python 或 R，进行数据预处理、探索性数据分析和模型建立。

推荐系统开发：根据分析结果，开发一个用户友好的推荐系统。

系统测试与反馈：与工程师和建筑师合作，测试系统并收集反馈。

5. 预期效果

工程师和建筑师可以更快、更准确地选择建筑材料。

项目的成本效益和可持续性得到提高。

通过长期数据收集和分析，使得建筑材料选择的准确性和效率不断提高。

利用大数据分析工具优化建筑材料选择不仅可以提高项目的质量和效率，还可以帮助实现可持续建筑的目标。对于大学生而言，该项目提供了一个实际应用数据分析技能的机会，有助于他们在未来的职业生涯中取得成功。

14.4.9 智慧社区规划与设计模拟项目

1. 背景

随着城市化的发展和技术的进步，智慧社区成为了一种新的城市规划趋势。它整合了物联网、大数据、人工智能等技术，提供了高效、舒适和环保的生活环境。对于土木工程和城市规划领域的大学生来说，理解和应用这些技术是非常重要的。

2. 方案目标

了解智慧社区的基本概念和技术。

设计一个模拟的智慧社区，包括交通、能源、水务、安全等方面的解决方案。

利用模拟软件评估设计方案的效果。

3. 主要功能

数据收集与分析：收集相关的社区数据，如居民数量、交通流量、能源需求等，并进行分析。

智慧交通：设计智能交通信号控制系统，实现交通流量的实时监测和调控。

智慧能源：设计太阳能、风能等可再生能源解决方案，并利用智能电网技术实现能源的高效管理。

智慧水务：设计雨水收集、处理和回用系统，实现水资源的可持续利用。

智慧安全：设计智能监控、预警和应急响应系统，确保社区居民的安全。

4. 实施步骤

数据收集：利用问卷调查、现场测量等方法收集相关数据。

设计模拟：利用城市规划和土木工程软件，如 AutoCAD、SketchUp 等，进行设计模拟。

效果评估：利用模拟软件，如 VISSIM、EnergyPlus 等，评估设计方案的效果。

方案修订：根据评估结果对设计方案进行修订。

展示与反馈：组织展示会，展示设计方案并收集反馈。

5. 预期效果

学生可以熟练掌握智慧社区的设计理念和技术。

通过模拟项目，学生可以了解实际工程项目的流程和挑战。

该项目可以作为学生的毕业设计或实践课题。

智慧社区规划与设计模拟项目为土木工程和城市规划领域的大学生提供了一个实际应用现代技术的机会，有助于他们更好地为未来的职业生涯做准备。

14.4.10 基于 AI 技术的土木工程风险评估工具开发

1. 背景

在土木工程中，风险评估是项目成功的重要部分。传统的风险评估方法主要依赖于工程师的经验和定性分析。而 AI 技术可以利用大量的数据进行风险预测，提供更准确和全面的评估结果。

2. 方案目标

了解土木工程风险的类型和特点。

利用 AI 技术开发一个土木工程风险评估工具。

通过真实项目数据验证工具的效果。

3. 主要功能

数据输入与处理：用户可以输入工程相关的数据，如地质条件、设计参数、施工方法等，工具将对其进行预处理和整合。

风险预测：利用机器学习算法，如决策树、神经网络等，对工程风险进行预测。

风险评估：根据预测结果，工具将对风险进行评级，如低、中、高等，并提供相关建议。

结果可视化：通过图表、地图等方式，展示评估结果和风险分布。

4. 实施步骤

数据收集：从真实工程项目中收集相关数据，如地质报告、设计图纸、施工日志等。

数据处理：清洗和整合收集到的数据，制作训练和测试数据集。

模型开发：选择合适的机器学习算法，并进行模型训练。

工具开发：利用编程语言，如 Python、Java 等，开发用户友好的评估工具。

效果验证：利用真实项目数据，验证工具的预测准确性和实用性。

5. 预期效果

该工具可以为土木工程师提供一个快速、准确的风险评估方法。

通过机器学习技术，工具的预测效果将随着数据量的增加而提升。

该工具可以帮助工程团队提前发现潜在风险，制定相应的防范措施。

基于 AI 技术的土木工程风险评估工具为工程团队提供了一个新的、高效的评估方法，有助于提高工程的安全性和成功率。对于土木工程专业的大学生来说，该项目不仅可以培养他们的技术能力，还可以提高他们的风险意识和判断力。

第 15 章　土木工程与环境科学的融合

15.1　绿色基础设施：雨水管理、绿色屋顶与墙

15.1.1　绿色基础设施的定义与意义

1. 定义

绿色基础设施是指模仿自然的工程系统和实践，旨在解决城市和农村地区、水、能源、废物的可持续性和生态问题。这些解决方案旨在与传统的“灰色”基础设施并存或替代它，例如传统的下水道和供水系统。

2. 意义

环境保护：绿色基础设施通过模仿自然系统的工作方式，帮助恢复和保护自然生态系统，增强生物多样性，提供野生动植物栖息地，还有助于减少温室气体排放和空气污染。

资源效率：这些解决方案通常更加节能和节水。例如，绿色屋顶不仅可以提供隔热和绝缘效果，从而减少建筑物的能源消耗，而且还可以收集雨水来给建筑物使用。

社区福祉：绿色基础设施为社区提供了休闲、教育和社交的机会。公园、绿地和湿地等公共空间可以增强社区的凝聚力和生活质量。

经济效益：尽管初期投资可能较高，但长期看，绿色基础设施可以节省运维费用、增加物业价值，并有助于创造就业机会，特别是在园艺、建筑和环境管理领域。

应对气候变化：绿色基础设施（如雨水管理系统、绿色屋顶和墙等）都有助于适应气候变化，减少城市热岛效应，并提高城市对极端气象事件的韧性。

绿色基础设施不仅提供了一个创新的方法来应对环境挑战，还为城市和农村地区带来了多种社会、经济和环境上的益处。土木工程与环境科学的结合，为我们提供了一个可持续、全面和整体的方法来设计、建设和管理我们的城市和乡村地区。

15.1.2　雨水管理技术与策略

雨水管理是指对降雨水的收集、控制和利用的技术和策略。有效的雨水管理旨在减少雨水流失，提高雨水利用效率，并减少由此产生的污染。以下是一些常用的雨水管理技术和策略。

1. 雨水管理技术

生物滞留区（Bioswales）：这是具有植被的渠道，设计用于捕获并处理来自道路、停车场和其他硬化表面的径流。它们可以过滤污染物并减少径流量。

绿色屋顶：通过在屋顶上种植植被形成绿色屋顶，可以吸收雨水、隔热和减少径流。

雨水花园：形成低洼地带的植被区，旨在吸收和过滤雨水径流。

雨水收集系统：这些系统使用雨水槽和储水桶来收集屋顶的雨水，然后用于灌溉或其他用途。

渗透性铺装：与传统铺装不同，渗透性铺装允许水渗透到地下，从而减少径流和污染。

保留池和湿地：这些人造结构设计用于收集、存储和处理雨水径流。

沉积物控制：通过建造堤坝、过滤器和其他结构来捕获和移除径流中的沉积物。

雨水再利用：通过处理和过滤，雨水可以被再利用，用于冲洗、灌溉和其他非饮用目的。

2. 策略

政策制定：制定和实施雨水管理规章政策，鼓励或要求在新建和翻新项目中采用雨水管理技术。

教育和宣传：提高公众对雨水管理重要性的认识，并鼓励他们采取行动。

激励措施：为采用雨水管理技术的项目提供经济激励，如税收减免或补贴。

多部门合作：鼓励公、私部门和非政府组织合作，共同开发和实施雨水管理方案。

持续研究：进行研究，了解最新的雨水管理技术和方法，并更新政策和实践。

通过有效的雨水管理，可以解决洪水、干旱和水质问题，提高水资源利用效率，减少环境破坏，同时为社区带来经济、社会和生态益处。

15.1.3 绿色屋顶与墙的设计、实施与维护

1. 绿色屋顶

1）设计原则

荷载分析：考虑屋顶的结构能力，确保其能支撑植被、土壤和储水的重量。

排水设计：防止积水，确保水流畅通。

选择植被：选择对当地气候适应、对干旱和高温有抵抗力的植物。

2）实施步骤

安装防水层。

放置隔离膜，防止根系侵入屋顶。

安装排水层。

添加土壤和植被。

3）维护

定期检查排水系统，确保无阻塞。

定期修剪和除草。

定期检查植被的健康状况。

根据需要补充土壤和肥料。

2. 绿色墙

1）设计原则

支撑结构：确保墙体能够支撑植被、土壤和其他材料的重量。

自动灌溉系统：由于绿色墙的土壤厚度较薄，需要自动灌溉系统以保持湿润。

选择植被：选择适合垂直生长的植物。

2）实施步骤

安装支撑结构和容器。

安装灌溉系统。

添加土壤和植被。

3）维护

定期检查灌溉系统，确保其正常工作。

定期修剪植物，确保其健康生长。

检查植被的健康状况，及时替换死亡或不健康的植物。

根据需要补充土壤和肥料。

绿色屋顶和墙不仅能够改善城市的微气候、减少建筑的能耗，还能提供生态服务、增强城市的生态美观度。其设计、实施和维护需要综合考虑结构、水分管理、植被选择和维护等多方面因素，确保其长期的稳定性和功能性。

15.2　污染控制与治理：如土地修复和水质改善

15.2.1　土地修复技术与方法

土地修复的目标是对已被污染的土地进行处理，恢复其原有的环境质量，使其能够安全地用于预定的用途。土地修复技术多种多样，选择的方法应根据土地的污染类型、程度和预定的用途进行。

1. 物理方法

土壤洗涤：使用洗涤剂和水将土壤中的污染物清洗出来。

土壤蒸汽提取：通过加热土壤，使其中的挥发性污染物转化为蒸汽并抽出。

2. 化学方法

化学固化/稳定化：使用化学物质与污染物结合，降低其移动性或毒性。

氧化还原反应：使用化学药剂，如过硫酸盐、过氧化氢等，进行氧化或还原反应，将污染物转化为较安全的物质。

3. 生物方法

生物修复：使用微生物或植物分解、吸收或转化污染物。

植物修复：使用植物的根系吸收、稳定或积累土壤中的污染物。

微生物修复：通过增加特定微生物，促进污染物的分解。

4. 热处理方法

热脱附：通过加热土壤使其中的有机污染物脱附并去除。

热氧化：在高温下对土壤进行氧化，分解其中的有机物质。

5. 固化和封闭方法

固化：与固化剂混合，使污染物固定在稳定的基质中。

封闭：在污染土壤上方或四周设置屏障，防止污染物迁移。

选择土地修复方法时，需要考虑土地的污染状况、预定用途、经济性、可行性等因素。通常，最有效的方法可能是多种技术的组合，以实现最佳的修复效果。

15.2.2　水质改善的技术手段

保障水质的安全与清洁是关系到公众健康和生态平衡的重要任务。以下列出了一些常用于水质改善的技术手段。

1. 物理方法

沉淀：通过重力使水中的大颗粒物质沉降至底部。

过滤：使用沙、活性炭、陶瓷、纤维或其他材料的过滤器来去除水中的悬浮颗粒和某些微生物。

浮选：通过加入化学药剂，使污染物固结成较大的颗粒并浮到水面上。

超滤与纳滤：利用薄膜技术过滤微小颗粒和某些溶解物质。

2. 化学方法

化学沉淀：通过加入化学反应剂，如氢氧化铝或氢氧化铁，使水中的溶解污染物转化为不溶性的固体沉淀。

氧化与还原：使用氯、臭氧、过氧化氢等强氧化剂，将有害化合物转化为无害或低毒的物质。

中和反应：调整水的 pH 值，使其处于中性状态。

3. 生物方法

生物滤池：利用微生物分解水中的有机物质。

人工湿地：利用植物、微生物和土壤共同去除、转化或固定污染物质。

藻类生物反应器：利用藻类吸收和转化污染物，同时产生可作为能源的生物质。

4. 高级氧化技术

紫外/氢过氧化物（UV/H_2O_2）反应：利用紫外线和氢过氧化物产生高活性的羟基自由基，高效地分解有机污染物。

光催化氧化：使用如二氧化钛的光催化剂，在光的作用下分解有机污染物。

5. 脱盐与去离子技术

反渗透：利用半透膜技术去除水中的盐分和其他溶解物质。

离子交换：使用离子交换树脂替换水中的有害离子。

6. 曝气与通风

通过增加水中的氧气含量，促进有益微生物的生长和有害物质的氧化。

选择特定的水质改善技术要考虑水源的质量、目标水质标准、经济性、可行性及环境影响等因素。很多时候，多种技术的组合会被应用于一个完整的水处理系统中，确保达到预期的水质目标。

15.2.3 现代土木工程在污染控制与治理中的角色

现代土木工程不仅是为了建设结构和设施，更是要确保人类和自然环境能和谐共生。在污染控制与治理中，土木工程扮演着重要的角色，具体体现在以下几点。

1. 水资源管理与保护

水处理设施：土木工程师参与设计和建造饮用水和废水处理设施，确保供应的水达到健康和安全标准，同时将废水处理到可以回放环境或再利用的状态。

雨水管理：透过生态工程手段，如生态湿地和绿色基础设施，帮助收集、存储和净化雨水，减少城市径流污染。

2. 土地修复

土木工程师使用各种技术，如生物修复、土壤洗涤和物理隔离，来修复受到化学物质或有害废物污染的土地。

3. 固体废物管理

设计和建设现代化的垃圾填埋场、垃圾焚烧厂和循环利用中心，确保废物被正确处理，最大限度地减少对环境的影响。

4. 大气污染控制

土木工程师涉及道路、桥梁和交通基础设施的设计，通过优化交通流量和公共交通系统，有助于减少汽车排放和大气污染。

设计绿色建筑和城市绿化，帮助吸收大气中的有害物质，提供清新的空气。

5. 可持续建筑设计

采用环保材料和技术，如绿色屋顶、雨水收集系统和太阳能板，降低建筑对环境的负面影响。

6. 噪声污染控制

在城市交通和建筑设计中，土木工程师应考虑应用隔音屏障、声学材料和绿化带，来减少和控制噪声污染。

7. 教育与研究

土木工程师参与到污染控制的研究中，不断探索和开发新技术、新材料，为未来的环境治理提供更好的方案。

现代土木工程与环境科学的紧密结合，确保了在追求经济和社会发展的同时，也能保护和恢复自然环境，为后代留下一个宜居的地球。

15.3　土木工程与可再生能源系统的结合

随着全球对于减少碳排放和促进可持续性的越来越强烈的关注，土木工程师们正在积极探索如何将可再生能源技术融入建筑和基础设施项目中。通过这种结合，我们不仅能提供更加高效和经济的设施，还能为全球的可持续未来作出贡献。

15.3.1　可再生能源在土木工程中的应用概况

1. 太阳能

太阳能板：在建筑的屋顶、墙壁和其他结构上安装太阳能板，将阳光转化为电能。

热太阳能：用于供暖和热水系统，如太阳能热水器。

2. 风能

土木工程师参与设计和建设风电场，确保风力发电机的结构稳定、效率高且具有最小的环境影响。

3. 水能

水电：设计大型或小型水电站，利用水流产生电力。

潮汐和波浪能：开发和建设能捕捉潮汐和波浪能量的设备。

4. 地热能

土木工程师参与地热能项目，设计和建设能从地下提取热能的井和设施。

5. 生物质能

设计和建设用于转化生物质为能源的设施，如生物质电厂或生物气体生产设施。

6. 绿色交通

推动电动车充电基础设施的建设，如充电桩和电池交换站。

7. 绿色建筑

土木工程师设计建筑结构，应以确保最大化地利用可再生能源为宗旨，如通过优化建筑方向和使用能源有效的材料。

8. 能源存储

参与设计和建设能量存储设施，如电池存储或泵蓄能电站，确保可再生能源的连续供应。

这些应用展示了土木工程如何与可再生能源相结合，推进了对环境友好、可持续和高效的基础设施建设。这也凸显了土木工程师在全球能源转型中的重要角色。

15.3.2 土木结构与太阳能、风能系统的集成

随着可再生能源技术的进步和人们对环境问题的日益关注，土木结构与太阳能、风能系统的集成已经成为一个热门话题。这种集成带来的好处包括提高能源效率、减少碳足迹和带来长期的经济效益。

1. 太阳能与土木结构集成

建筑集成光伏（BIPV）：通过在建筑的立面、屋顶、窗户或其他结构元素中集成光伏材料，BIPV 可以为建筑提供电力，同时还具有传统建筑材料的功能。

绿色停车场：使用太阳能遮篷为停车场遮阳，同时生产电能。

绿色道路：在道路表面安装太阳能板，收集太阳能并将其转化为电能。

太阳能热水系统：这些系统可安装在建筑的屋顶或墙面上，用于供暖或生产热水。

2. 风能与土木结构集成

城市微型风力发电：在建筑物的屋顶或墙壁上安装小型风力涡轮机，用于在城市环境中捕捉风能。

桥梁集成风能：利用桥梁的结构和位置集成风能系统，转换和利用通过桥梁的风。

垂直轴风力涡轮机：这些风力涡轮机的设计允许它们被集成到建筑的立面中，从而在城市环境中捕获风能。

风能与交通系统：利用高速公路或铁路旁的空地来建立风力发电机，为交通系统提供电能。

随着技术的发展和对可再生能源的需求增加，土木结构与太阳能、风能系统的集成将继续推动创新并为未来的基础设施项目提供新的可能性。这种集成不仅有助于实现可持续发展目标，还可以为项目带来经济和社会效益。

15.3.3 利用土木技术提升可再生能源系统的效率

土木工程技术在提升可再生能源系统效率中扮演了重要角色。从设计、布局到施工和维护，都有一系列的技术和方法可以帮助提高太阳能、风能和其他可再生能源的产出和效益。

1. 优化基础设施布局

风能：通过气象数据和地形分析，选择风速最佳、湍流最小的地点建设风力发电站。

太阳能：对太阳能电池板按照合适的方向和倾斜角度布置，确保在一天中的大部分时间内都能接收到最多的太阳辐射。

2. 结构改进和材料选择

使用轻质、耐久、高反射性或热导率低的材料，可以提高太阳能电池板或风力涡轮机的效率。

土木技术也涉及基础建设，确保风能涡轮机在各种气候和地理条件下都稳固。

3. 地热能

土木工程师可以设计和施工地热能井和热交换系统，从地下提取热量用于供暖或制冷。

4. 水利电力

土木技术在设计水库、坝体和水电站时，应确保水能的利用最大化。

5. 集成能源存储

结合土木技术建设地下或地上的能源存储设施，如电池或抽水蓄能，确保在能源需求高峰时提供足够的电力。

6. 保护和维护

土木技术在防护结构，如防风、防雪和其他环境因素方面发挥着关键作用，因为这些都可

能对可再生能源设备产生不利影响，应引起重视。

7. 智能监控系统

结合土木和信息技术，开发智能监控系统，实时监测和调整设备的运行，确保最高效率。

8. 减少损耗

在输电和分配系统中使用土木技术，减少电能在传输过程中的损耗。

15.4　大学生创新实践方案

15.4.1　雨水收集与循环利用系统设计

1. 背景

随着全球气候变化和水资源短缺，雨水收集与循环利用成为了一个创新和可持续的解决方案。大学生可以利用土木工程与环境科学知识，设计一个合理、有效、低成本的雨水收集与循环利用系统。

2. 目标

设计一个能有效收集并存储雨水的系统。

开发一个循环利用雨水的方法，如灌溉、冲厕、清洗等。

3. 方案步骤

1）需求分析

评估可能的雨水收集区域，如屋顶、露台、花园等。

估计可收集的雨水量。

分析雨水的潜在用途和需求。

2）设计雨水收集系统

选择合适的材料和技术，如导流槽、过滤器、集水井等。

确定最佳的收集和储存方式，如地下蓄水池或地上雨水桶。

3）雨水处理与净化

使用沙滤、活性炭和紫外线灯等方法进行初步的水质处理。

根据雨水的预期用途确定进一步的水质处理步骤。

4）循环利用策略

设计一个有效的配水系统，如滴灌、喷雾等。

考虑如何在不使用雨水时将其引入地下，以补给地下水。

5）系统监控与维护

设计一个简单的监测系统，如水位浮标、水质检测套件等。

制定维护和清洁计划，确保系统的长期有效性和安全性。

4. 预期结果

设计并建造一个雨水收集与循环利用系统，该系统能有效地减少自来水的使用，降低水费，并对环境产生正面影响。

通过大学生的创新和实践，雨水收集与循环利用系统设计可以成为一个有趣、有教育意义和实际应用价值的项目，同时也为未来的研究和应用提供了宝贵的经验。

15.4.2 绿色屋顶综合利用项目

1. 背景

绿色屋顶是一个提供绿化、保温、雨水管理和可供多种生物栖息的系统。其具有诸多环境、经济和社会效益。对于土木工程和环境科学的学生而言，绿色屋顶项目提供了一个实践研究和创新的机会。

2. 目标

设计和建造一个实用且可持续的绿色屋顶系统。

评估绿色屋顶在节能、雨水管理和生态效益方面的表现。

3. 方案步骤

1）需求与位置分析

确定建筑的结构能否支撑绿色屋顶的质量。

分析地点的气候、风向、日照等因素。

2）选择适当的植被

根据当地的气候和土壤选择适合的植物种类。

考虑多年生、耐旱和低维护的植物。

3）设计绿色屋顶系统

选择合适的排水、隔离、土壤和植被层材料。

设计有效的排水系统以防止积水。

4）安装与维护

安装绿色屋顶并确保所有层次的稳固性和功能性。

制订一个简单的维护计划，考虑定期浇水、施肥和除草。

5）效益评估

监测绿色屋顶的温度和湿度，评估其在调节室内温度方面的效果。

评估雨水管理效果，例如降低径流和提高水质。

观察生态效益，如吸引昆虫、鸟类和其他动植物。

4. 预期结果

实现一个绿色屋顶系统，该系统不仅为城市环境提供了绿色空间，还提供了节能、雨水管理和生态效益。

绿色屋顶综合利用项目使大学生有机会直接参与到绿色建筑的设计和实施中，提高他们的实践能力，并为未来的研究和应用提供了宝贵的经验。

15.4.3 用于土地修复的生物技术应用研究

1. 背景

土地退化、污染和破坏已成为全球性问题。生物修复技术使用植物、微生物和真菌来恢复污染或退化的土壤，为土木工程和环境科学的学生提供了一个绝佳的研究和应用领域。

2. 目标

研究和评估生物技术在土地修复中的有效性。

设计并实施一个生物修复方案，评估其效果。

3. 方案步骤

1）确定研究地点

选择一个受到明显污染或退化的地点进行研究。

分析土壤样本以确定主要污染物和其浓度。

2）选择合适的生物修复技术

选择能够吸收、转化或分解特定污染物的植物或微生物。

考虑使用真菌，如白腐菌，来分解难以降解的有机污染物。

3）实施生物修复

根据选定的技术种植植物或引入微生物。

定期监测土壤污染物的浓度，以评估修复进度。

4）数据分析与评估

收集和分析数据，确定生物修复的速度和效果。

比较修复前后的土壤质量和生态多样性。

5）项目总结与推广

汇总研究结果，评估生物修复的长期效益和潜在局限性。

探讨该技术在其他地点或针对其他污染物的应用潜力。

4. 预期结果

利用生物修复技术成功地恢复了受污染或退化的土地，提高了土壤质量和生态多样性。

生物技术在土地修复中具有广泛的应用潜力。大学生通过这一实践项目不仅可以深入了解土地修复的原理和技术，还可以为解决真实世界的环境问题做出实际贡献。

15.4.4　基于土木工程的小型风力发电站设计

1. 背景

随着全球对可再生能源需求的增长，风能成为了其中的热门选择之一。小型风力发电站，特别是在偏远或资源有限的地方，可以为当地社区提供经济且可持续的电力解决方案。

2. 目标

设计一个适用于特定地区的小型风力发电站。

评估其经济效益、可持续性和技术可行性。

3. 方案步骤

1）现场评估与数据收集

选择一个地点，根据其风速、风向等气象数据进行评估。

分析该地区的电力需求和供应情况。

2）风力涡轮选择与设计

根据地点的风速数据选择适当大小和型号的风力涡轮。

考虑涡轮的位置、高度和方向，以最大化其效率。

3）基础与支撑结构设计

使用土木工程知识设计风力涡轮塔和基础，确保其稳固性和耐久性。

考虑地质条件、土壤类型和地下水位。

4）电力传输与存储

设计适当的电力传输和分配系统。

考虑安装电池或其他存储设备以储存风能产生的多余电力。

5）经济和环境效益评估

根据设计方案计算项目的初步经济成本。

评估项目对环境的影响和潜在的经济回报。

4. 预期结果

成功设计一个小型风力发电站，其不仅满足特定地区的电力需求，而且在经济和环境上都是可行的。

结合土木工程与可再生能源知识，大学生能够设计出具有实际应用潜力的小型风力发电站方案，这对于当前全球的可持续发展趋势是至关重要的。

15.4.5 城市绿色道路与人行道设计

1. 背景

随着城市化进程的加速，城市热岛效应、空气质量恶化和生态环境破坏问题日益严重。绿色道路和人行道是城市基础设施的重要组成部分，通过设计，我们可以更好地实现雨水管理、降低城市热岛效应、增加城市绿化，从而促进可持续的城市发展。

2. 目标

设计具有生态友好性、可持续性和公众可接受性的城市绿色道路与人行道。

在设计中综合考虑功能性、美观性和维护成本。

3. 方案步骤

1）需求分析与数据收集

分析特定地区的道路和人行道需求。

收集有关气候、土壤、流量等的数据。

2）绿色材料选择与应用

使用透水混凝土或其他透水材料来促进地下水再充电。

考虑使用回收材料和低碳材料。

3）绿化与生态设计

选择适合当地气候和土壤的植物。

为道路两旁和中央设计绿化带或小公园。

4）雨水管理与排放

利用雨水花园、绿色屋顶和生物滞留池进行雨水收集和过滤。

设计有效的雨水排放系统。

5）公共参与与教育

通过公共咨询或工作坊收集社区的反馈和建议。

提供关于绿色道路和人行道益处的教育和宣传。

4. 预期结果

一个既满足交通需求、又具有生态价值的绿色道路与人行道设计，能够有效地降低城市热岛效应，提高雨水管理效率，增加城市的绿化面积，并为公众提供一个宜居和舒适的城市环境。

结合土木工程、生态学和社区参与，大学生可以设计出具有实际应用潜力的城市绿色道路与人行道方案，这将有助于推动城市朝着更加可持续和宜居的方向发展。

15.4.6　城市湖泊水质实时监测与预警系统

1. 背景

随着城市化的进程，许多城市湖泊面临着严重的污染问题。传统的水质监测方法往往不能提供实时数据，因此对突发污染事件的响应不够迅速。设计一个实时的水质监测与预警系统，可以为城市管理者提供及时的数据支持，帮助他们更好地保护水资源。

2. 目标

实时监测湖泊的水质参数。

对异常数据进行实时预警。

为决策者提供数据支持。

3. 方案步骤

1）选择关键监测参数

例如，溶解氧、pH 值、浊度、氮磷含量等。

2）设备选择与部署

选择适用的水质监测仪器。

在湖泊关键位置部署监测设备。

3）数据收集与传输

使用物联网（IoT）技术收集设备数据。

通过无线网络将数据传输到中央数据库。

4）数据分析与预警

设计算法实时分析水质数据。

当数据超出正常范围时，自动触发预警。

5）系统维护与升级

定期检查和维护监测设备。

根据需要更新数据分析算法。

4. 预期结果

一个能够实时监测城市湖泊水质并及时响应异常的系统。这不仅可以为公众提供关于水质的实时信息，还可以为决策者提供数据支持，帮助他们更好地管理和保护水资源。

结合土木工程、环境科学、物联网和数据分析，大学生可以设计并实施一个实用的城市湖泊水质实时监测与预警系统。这种系统对于保护城市的水资源至关重要，也是响应环境挑战的有效方式。

15.4.7　地下热能利用的土木设计方案

1. 背景

随着对可再生能源的需求增加，地热能作为一种清洁、可持续的能源来源受到了越来越多的关注。地热能利用地下的恒定温度来为建筑提供加热或制冷，从而达到节能的目的。土木工程在地热能的利用中扮演着重要的角色，从设计、施工到运营都需要相关的技术支持。

2. 目标

设计一个有效、经济的地热能利用系统。

保证系统的可持续运行和长寿命。

提供稳定的室内温度。

3. 方案步骤

1）地质勘探

分析目标区域的地质结构、土壤类型和地下水位。

确定地下的热导率和热容量。

2）系统设计

选择合适的地热热泵系统：如垂直型、水平型或湖泊型。

根据建筑的热需求，确定地热交换管的长度、深度和布局。

3）施工

在土木工程中进行地热管道的布置。

确保管道的良好密封和热绝缘。

进行系统的试运行和调试。

4）运营与维护

监测系统的运行状态，如温度、压力和能效。

定期对热泵和其他设备进行维护。

对系统进行必要的调整以保持最佳性能。

4. 预期结果

一个能为建筑提供稳定、高效的地热能源的系统。这种系统不仅能减少建筑的能耗，还能为室内提供更加舒适的温度。

通过结合土木工程、地热学和能源技术，大学生可以设计并实施一个有效的地热能利用方案。这种方案可以为建筑提供清洁、可持续的能源，从而帮助应对能源和环境的挑战。

15.4.8 生态友好型公园设计与规划

1. 背景

随着城市化的加速进程，公园作为城市的绿肺在维护生态平衡和提高市民生活质量方面发挥着越来越重要的作用。生态友好型公园不仅强调绿地的生态价值，还关注于与周边环境的和谐融合、提供多功能空间、增强生物多样性等。

2. 目标

设计一个兼顾生态和人文特色的公园。

增强公园的生态功能和生物多样性。

创建一个多功能、人民友好的休闲空间。

3. 方案步骤

1）生态评估

分析公园选址的生态环境，包括土壤、气候、水系和生物多样性。

确定生态保护和恢复的重点。

2）设计规划

设计多功能空间，如教育区、休闲区、运动区和生态展示区。

强调土地的原始特征，如保留和修复原有的水系、植被和地形。

使用本地和耐旱植物进行植被设计，减少灌溉需求。

设计生态廊道，以提高生物多样性和吸引野生动植物。

3）施工与实施

使用环保材料和施工方法。

尽量减少对生态环境的干扰和破坏。

定期对公园的生态健康进行评估和调整。

4）维护与管理

定期对植被进行修剪、灌溉和病虫害防治。

定期进行生态监测，评估生态功能和生物多样性的变化。

为市民提供生态教育活动，增强市民的生态保护意识。

4. 预期结果

公园将成为一个生态和人文和谐融合的空间，既满足市民的休闲需求，又发挥着生态保护和恢复的作用。

生态友好型公园设计将土木工程、景观设计和生态科学相结合，旨在创建一个既满足人之需求又关注生态的公共空间。这种公园设计方向是当前城市规划和生态保护的重要趋势，有助于建设更加和谐、健康和可持续的城市环境。

15.4.9　利用土木结构优化光伏板安装

1. 背景

随着可再生能源的推广，太阳能成为了绿色能源的主要来源之一。光伏板（太阳能板）的安装和效率与其安置的土木结构密切相关。

2. 目标

设计稳固且易于维护的土木结构，以便于光伏板的安装。

优化光伏板的排列，以提高能量收集效率。

考虑结构的经济性和环境影响。

3. 方案步骤

1）地理和气象评估

分析安装地点的日照时间、角度和强度。

考虑气象因素，如雨、雪和风，确保结构的稳固性。

2）结构设计

根据土地特性，选择最适合的基础类型（如混凝土基础、螺旋桩或浮动基础）。

设计结构的倾斜角度，确保光伏板能够在不同季节都获得最佳的日照角度。

考虑安装光伏板的空间，避免互相遮挡。

设计易于维护和清洁的结构，以确保长时间的运行效率。

3）材料选择

选择抗腐蚀、耐用和环保的材料。

考虑结构的负荷能力，确保能支撑光伏板的重量及其他环境因素所带来的压力。

4）施工和安装

依据设计图纸进行施工。

在确保结构稳固的基础上进行光伏板的安装。

进行系统测试，确保光伏板与结构的完美匹配和高效运行。

5）维护与管理

定期进行结构和光伏板的检查。

清洁光伏板，确保其效率。

监测产能，确保持续的高效能量产出。

4. 预期结果

通过优化土木结构，光伏板能够稳固地安装并高效地运行，长期为所在地区提供稳定的电力供应。

光伏板的安装不仅仅是技术问题，还需要考虑土木结构。正确的结构设计和材料选择可以大大提高太阳能系统的效率和寿命，从而提高能源利用率和经济效益。

15.4.10 基于生态工程的河流修复项目

1. 背景

随着工业化和城市化的进程，许多河流受到了严重的污染和生态破坏。河流的生态修复不仅可以恢复生态多样性，还可以为城市居民提供休闲和观赏的场所，同时确保水源的清洁。

2. 目标

恢复河流的生态平衡与生物多样性。

减少污染和恢复水质。

为社区提供休闲和教育资源。

3. 方案步骤

1）数据收集与分析

对河流的水质进行测试，了解主要的污染物。

调查河流的生物种群，确定受影响的生态系统。

2）污染控制与治理

设计和安装生态过滤系统，例如湿地和植被带，以过滤和吸收污染物。

对污水排放点进行治理，减少污染物的输入。

3）生物多样性恢复

选择和种植适应当地环境的水生植物。

引入或支持本地的水生动物种群。

创建鱼类繁殖和栖息地，如鱼道。

4）土木结构与景观设计

设计并修建河岸防护工程，如生物工程技术，防止河岸侵蚀。

创建公共休闲区域，如步道、观景台和教育解说站。

5）社区参与与教育

鼓励社区居民参与河流修复的项目，如种树、清理垃圾等。

设立教育活动和工作坊，提高公众的环境意识及相关知识。

6）项目评估与持续管理

定期评估河流的生态健康状况。

进行长期的监测，确保修复措施的有效性。

根据需要调整和优化修复策略。

4. 预期结果

河流的生态系统得到恢复，水质得到改善，同时为当地社区提供了美观和实用的公共空间。

基于生态工程的河流修复项目不仅可以恢复河流的生态健康，还可以增强社区的凝聚力和生活质量。适当的规划和社区参与是项目成功的关键。

第 16 章　土木工程与材料科学的交叉

16.1　高性能混凝土与先进复合材料

16.1.1　高性能混凝土的特性与应用

1. 定义

高性能混凝土（High-Performance Concrete, HPC）是指具有高强度、高工作性和高耐久性的混凝土。它是通过选择特定的原材料并控制混凝土的制备和养护过程来实现所需性能的。

2. 特性

高强度：高性能混凝土的抗压强度通常远高于普通混凝土，可以达到 60 MPa 以上，甚至在某些特殊配合中超过 150 MPa。

高耐久性：与普通混凝土相比，高性能混凝土对外部环境因素，如侵蚀、冻融和盐侵蚀的抵抗能力更强。

高工作性：即使没有增加外加剂，高性能混凝土也具有良好的流动性和可塑性。

优化的骨料分布：高性能混凝土的骨料分布更为均匀，减少了空隙，提高了混凝土的整体性能。

低渗透性：由于其致密性和低孔隙率，高性能混凝土的渗透性显著降低。

3. 应用

高层建筑：由于其高强度和高耐久性，高性能混凝土成为高层建筑、摩天大楼和超高层建筑的首选材料。

桥梁工程：对于大跨度桥梁、曲线桥和长寿命桥梁，高性能混凝土具有出色的性能。

海洋结构：由于其优良的耐腐蚀性和耐盐侵蚀性，高性能混凝土适用于各种海洋结构，如码头、海堤和人工岛。

道路和机场跑道：由于其耐磨性和抗裂性，高性能混凝土常用于质量要求高的道路和机场跑道。

特殊用途的建筑：例如，需要防辐射的核电设施、需要高防火性能的建筑等都可以使用高性能混凝土。

高性能混凝土通过科学的配比和先进的制备技术，满足了现代土木工程对于结构材料高强度、高耐久性和高工作性的需求。随着技术的进步和应用的广泛，高性能混凝土在土木工程中的使用将越来越普遍。

16.1.2　先进复合材料在土木工程中的角色

1. 定义

复合材料是由两种或多种不同的材料组合在微观尺度上制成的材料，旨在利用每种材料的优势，以获得比单一材料更好的性能。在土木工程中，先进复合材料通常指的是纤维增强复合材料（例如，碳纤维或玻璃纤维增强的塑料）。

2. 角色与应用

修复与加固：纤维增强聚合物（Fiber Reinforced Polymer，FRP）带或片常用于加固和修复老化的混凝土结构，如桥梁、墙体和柱体。这种加固方法不仅增加了结构的承载能力，而且延长了其使用寿命。

替代传统材料：复合材料由于其轻质、高强度和出色的耐腐蚀性能，逐渐被用作传统材料的替代，例如在桥梁、水管和建筑外墙中替代钢材或混凝土。

预应力系统：碳纤维复合材料因其高强度和轻质特性被用作预应力筋，以在预应力混凝土中提供必要的张拉力。

隔震与减振：某些复合材料（如形状记忆合金）可用于结构的隔震和减振系统，提高建筑在地震或其他动态荷载下的性能。

绿色建筑：一些复合材料具有出色的绝缘性能，可以作为建筑外墙或屋顶材料，以提高建筑的能效。

耐火性能：与传统建筑材料相比，某些复合材料在高温下表现出更好的耐火性能，适用于需要防火的场所。

3. 挑战与问题

成本：尽管复合材料提供了许多优势，但其初次投资成本通常高于传统材料。

长期性能：复合材料在土木工程应用中的长期性能仍然是研究的焦点，尤其是在紫外线曝晒、高温和化学环境下的性能。

连接与接合：复合材料与传统材料或其他复合材料之间的连接与接合方法仍然是一个技术挑战。

先进复合材料在土木工程中的应用已经显著改变了传统的建设方法和技术，提供了更多的设计和施工灵活性。但是，为了更广泛地应用这些材料，仍然需要进行大量的研究和开发，确保其可靠性和经济性。

16.1.3　复合材料对土木结构性能的影响

随着工程技术的进步，复合材料已成为土木工程中越来越受欢迎的材料。这些材料因其独特的性能优势被广泛应用，从而影响了土木结构的设计、施工和性能。

1. 机械性能的提升

增强强度：复合材料，尤其是纤维增强聚合物（FRP），具有很高的张拉强度，使得它们成为老化和破损结构修复的理想选择。

刚度调整：复合材料的刚度可以通过调整其组成来改变，为设计师提供了更大的灵活性。

耐腐蚀与耐久性：与传统的钢铁和混凝土材料相比，许多复合材料更不容易受到腐蚀或化学退化，从而提高了结构的耐久性。

2. 轻质化与快速施工

减轻重量：复合材料通常比传统的土木材料轻，这有助于减少地基负载，简化施工，并可能减少运输和搭建成本。

快速安装：某些预制的复合材料组件可以在工厂中制造并快速地在现场安装，从而缩短施工周期。

3. 环境和热性能

隔热性能：某些复合材料，如聚合物基复合材料，具有良好的绝热性能，有助于改善建筑的能源效率。

热稳定性：许多复合材料在温度变化时的保持稳定，这对于某些暴露于极端气候条件的土木应用至关重要。

4. 设计灵活性

由于复合材料可以根据需要进行细节定制，因此它们提供了增加的设计灵活性。例如，材料可以针对特定的强度、刚度或其他性能要求进行优化。

5. 成本和经济性

在某些应用中，尽管复合材料的初始成本可能高于传统材料，但由于其维护成本低和寿命长，其总体生命周期成本可能更低。

复合材料对土木结构的性能产生了深远的影响，提供了优越的机械性能、施工速度、耐久性和设计灵活性。然而，这也带来了新的设计和施工挑战，需要工程师、材料科学家和施工团队之间的紧密合作，以确保复合材料在土木工程中的成功应用。

16.2 自修复和自适应材料在土木中的应用

16.2.1 自修复材料的原理与应用领域

1. 原理

自修复材料，顾名思义是具有自我修复能力的材料。当这些材料遭受损伤时，它们可以自动地恢复主其原始状态而无须外部干预。

微胶囊法：在材料中加入含有修复剂的微胶囊。当材料损伤时，微胶囊会破裂，释放修复剂，从而修复损伤部位。

液态金属微滴：某些先进的自修复系统使用液态金属微滴，当材料断裂或裂缝形成时，液态金属会流出并硬化，填充并修复裂缝。

生物基自修复：使用微生物或其他生物材料，在裂缝中生成矿物沉淀物来修复损伤。

2. 应用领域

混凝土：自修复混凝土已被研究作为一种能够在开裂后自我修复的材料，这有助于提高其耐久性和降低维护成本。

涂层和密封剂：自修复涂层可以防止水和其他有害物质渗入土木结构，从而增强其防护功能。

复合材料：在风力涡轮机叶片、桥梁和其他结构中，自修复材料可以增强其寿命和可靠性。

道路和路面：自修复沥青和路面材料能够在出现裂缝或其他损伤后自动修复，从而延长道路的使用寿命。

管道和水处理系统：自修复材料可以用于减少泄漏和延长管道的使用寿命。

随着技术的发展，自修复材料为土木工程带来了许多创新的解决方案。这些材料提供了一种持久、可靠和经济高效的方法，用于维护土木结构的性能并延增长其寿命。

16.2.2 自适应材料的技术背景与在土木中的潜在用途

1. 技术背景

自适应材料是一种可以根据外部刺激（如温度、压力、湿度、电或磁场）改变其物理特性的材料。这些材料具有内在的能力来响应环境变化，从而调整其结构或特性。

2. 常见的自适应材料

形状记忆合金（Shape Memorg Alloys，SMA）：这种合金可以“记住”其原始形状。当受到特定的外部刺激时（如温度），它们可以恢复到这种原始形状。

电致伸缩材料：当施加电压时，这些材料会发生形状变化。

磁致伸缩材料：在磁场的影响下，这些材料会改变其形状或尺寸。

pH 敏感性聚合物：这些聚合物在特定的 pH 值环境下会发生膨胀或收缩。

3. 在土木中的潜在用途

桥梁和建筑物的防震：形状记忆合金可以用作桥梁和建筑物的防震器，帮助吸收和分散地震能量。

自适应立面系统：利用自适应材料制成的窗户和立面可以根据环境条件自动调整其透明度或保温性能，从而改善建筑物的能效。

自适应基础：在变化的土壤条件下，自适应材料可以帮助建筑物基础调整其硬度或刚度。

智能道路和路面：自适应材料可以用于制造能够根据交通流量或气象条件自动调整其性质的道路表面。

自适应排水系统：在雨水过多或污水处理时，自适应材料可以调整排水系统的性能。

自适应材料为土木工程带来了一系列前所未有的可能性。它们的独特特性为设计和实施更加智能和响应性的土木解决方案提供了基础，从而更好地适应并应对不断变化的环境和需求。

16.2.3　土木工程中自修复和自适应材料的挑战与机遇

1. 挑战

成本问题：自修复和自适应材料的生产和应用通常比传统材料更昂贵，这可能限制了其在大规模项目中的使用。

技术成熟度：尽管这些材料已经存在了一段时间，但它们在土木工程领域的应用还处于相对初级的阶段。许多解决方案仍然需要进行深入的研究和测试。

持久性与可靠性：自修复和自适应材料是否能够在长期和极端的环境条件下维持其性能是一个关键问题。

复杂性：与传统材料相比，这些先进材料可能需要更复杂的安装、维护和管理。

公众接受度：公众可能会对这些新材料的安全性和效益表示担忧，这可能影响其在土木工程项目中的应用。

2. 机遇

延长使用寿命：自修复材料可以延长结构的使用寿命，减少维护成本和时间。

增加效率与节能：自适应材料，如自适应的建筑立面，可以提高能效，降低能源成本。

提高安全性：自修复技术可以及时修复微小的裂缝和损伤，减少事故风险。

响应环境变化：自适应材料允许结构在面对不同的环境条件时调整其性能，例如，对温度、湿度或其他刺激的反应。

创新设计：这些先进材料为土木工程师提供了一种创新和优化设计的手段，开创了更多的设计可能性。

环境友好：一些自修复技术可以减少对有害化学品的依赖，从而降低环境影响。

虽然自修复和自适应材料在土木工程中的应用面临一些挑战，但它们同时也为该领域带来了巨大的机遇。随着技术的进步和更多的应用案例，这些材料的潜力将得到充分实现，为未来的土木项目带来深远的影响。

16.3 利用纳米技术优化土木材料的性能

16.3.1 纳米技术在材料科学中的应用概况

纳米技术涉及在纳米尺度（1～100 纳米）上操作材料，以产生独特和优化的性质。在材料科学中，纳米技术已经显示出其在多个应用领域中的巨大潜力。

1. 纳米复合材料

通过在基材中添加纳米粒子，纳米纤维或纳米板，可以显著增强材料的力学性质、耐磨性和耐热性。例如，通过在塑料中添加纳米黏土可以增加其抗张强度和障碍性。

2. 纳米涂层

纳米技术可以用于开发具有特定性能的涂层，如抗刮伤、抗指纹、超亲水或超疏水涂层。

例如，纳米颗粒的涂层可以通过减少光的反射和增加光吸收，提高太阳能电池的效率。

3. 生物活性和药物释放

纳米粒子可用于控制药物释放或作为药物载体，提高治疗效果和减少副作用。

4. 纳米传感器

利用纳米尺寸的材料可以制备高度灵敏的传感器，用于探测各种物理和化学信号。

5. 自组装纳米结构

利用分子自组装，可以制备有序的纳米尺寸结构，这些结构在电子、光学和医学领域都有应用。

6. 电子和光学应用

纳米尺寸的半导体材料（如量子点）具有独特的电子和光学性质，用于制造高效率的太阳能电池、LED 和其他电子设备。

7. 催化

纳米尺寸的金属和氧化物颗粒表现出优越的催化活性，用于化学合成、能源转化和环境修复。

纳米技术为材料科学提供了一种方式，能够在分子和原子尺度上操纵材料，产生前所未有的性能。这种技术为许多工业应用，包括土木工程，提供了巨大的潜力和机会。

16.3.2 纳米增强土木材料的研发与应用

纳米技术为土木工程材料提供了革命性的改进路径，能够极大地提高其性能、延长使用寿命和增加其对环境友好性。以下是纳米技术在土木工程材料中的一些关键应用。

1. 纳米硅酸盐和硅酸酯在水泥中的应用

通过向水泥中加入纳米硅酸盐或纳米硅酸酯，可以显著提高其抗压强度和耐久性。

这些纳米材料通过填充水泥基体中的微观孔隙，提高了其密度，从而增强了材料的性能。

2. 纳米碳管和纳米碳纤维的应用

这些纳米材料具有极高的强度和模量，当将其加入到混凝土或其他复合材料中时，可以大大增强材料的拉伸和弯曲性能。

3. 纳米改性沥青

通过添加纳米粒子（如纳米氧化锌、纳米硅酸酯或纳米黏土），沥青的抗老化性、抗紫外线性和高温流变性都得到了显著改善。

4. 自修复材料

利用纳米封装技术，可以在混凝土中加入自修复剂，当出现微裂纹时，这些剂就会被释放出来，从而“自我修复”裂纹。

5. 纳米涂层

利用纳米技术，可以开发出具有疏水性、自洁性和抗菌性的涂层，这些涂层可以应用于建筑外墙、桥梁和其他土木结构，以增强其耐久性和减少维护需求。

6. 纳米感测技术

将纳米传感器集成到土木结构中，可以实时监测结构的健康状态，如裂纹的形成、腐蚀的发生等，从而实现早期预警和及时维修。

纳米技术为土木工程材料带来了巨大的创新机会，可以使材料更加耐久、高效和可靠。随着研究的深入和技术的进步，未来我们可以期待更多的纳米增强土木材料在各种建筑和基础设施项目中得到广泛应用。

16.3.3　土木工程中纳米技术的长远影响及潜在风险

纳米技术，尤其是在土木工程材料的应用，对现代建筑和基础设施有深远的影响。它为设计、施工和维护带来了新的机会，但同时也带来了一些潜在的风险和挑战。

1. 长远影响

增强的性能： 纳米增强材料有可能改变建筑和基础设施的设计方式，因为它们可以承受更大的负荷，具有更长的使用寿命和更好的耐久性。

可持续性： 纳米技术可以帮助制造更加环境友好和可持续的材料，从而减少碳足迹和环境污染。

智能基础设施： 通过使用纳米传感器，可以创建智能基础设施，实时监测和预测其健康状况和性能，从而实现及时的维护和修复。

成本效益： 尽管纳米材料的初始成本可能较高，但由于其出色的性能和较长的使用寿命，长期看来可能更为经济。

2. 潜在风险

健康和安全： 纳米材料的健康和环境影响尚不完全清楚。工人在生产和应用纳米材料时可能面临吸入或接触纳米粒子的风险。

环境影响： 如果不正确地处理或处置，纳米材料可能对环境造成污染。例如，纳米粒子可能会进入水体，影响水质。

技术和经济问题： 纳米技术的广泛采纳可能需要重大的资本投资、技术培训和新的施工方法来扶持。

法规和标准： 纳米技术的新应用可能需要新的建筑和材料标准，以确保其安全和有效。

纳米技术为土木工程带来了巨大的机会，但与此同时，也带来了许多潜在的风险和挑战。为确保这一技术的成功和安全应用，需要进行更多的研究，制定相关的法规，并对相关人员进行适当的培训。

16.4　大学生创新实践方案

16.4.1　基于纳米技术的水泥改良研究

1. 背景

随着建筑技术的进步，对建筑材料的要求也在不断提高。水泥作为主要的建筑材料之一，其性能的提升对于建筑的质量、耐久性和环境友好性都至关重要。纳米技术作为一种前沿技术，可以对水泥的微观结构和性能产生显著的影响。

2. 项目目标

研究纳米材料如何改善水泥的机械性能、耐久性和工作性。

探索纳米材料与水泥的最佳混合比例。

评估纳米增强水泥对环境的影响。

3. 方法

材料选择：选择适合的纳米材料，如纳米硅酸盐、纳米氧化铁、纳米碳管等，进行实验。

混合实验：在不同的混合比例下，将纳米材料与水泥混合，制备不同的水泥样品。

4. 性能测试

对制备好的水泥样品进行机械性能测试（如压缩强度、抗拉强度等）、耐久性测试（如抗渗透性、抗冻性等）和工作性测试（如流动性、凝结时间等）。

环境评估：分析纳米增强水泥的制备、使用和处置对环境的潜在影响。

优化：根据测试结果，优化纳米材料的种类和混合比例，以获得最佳的性能。

5. 预期结果

确定纳米材料能显著提高水泥的机械性能和耐久性。

确定纳米材料与水泥的最佳混合比例。

获得关于纳米增强水泥对环境影响的初步数据。

6. 适用性

该项目为大学生提供了一个研究先进材料在土木工程中应用的机会。同时，它也有助于大学生了解纳米技术在实际工程中的潜在价值和挑战，为他们今后的职业生涯打下坚实的基础。

16.4.2 自修复混凝土的实验与性能评估

1. 背景

自修复混凝土是一种具有自我修复裂缝能力的先进材料。当混凝土中出现微小裂缝时，它可以通过内部释放的修复剂或微生物的活动自动封闭这些裂缝，从而延长混凝土的使用寿命并减少维护成本。

2. 项目目标

制备自修复混凝土样品并研究其自修复机制。

评估自修复混凝土的机械性能、耐久性和自修复效率。

3. 方法

混凝土制备：根据不同的自修复策略（如微囊体系、微生物、形状记忆合金等），制备不同的自修复混凝土样品。

人为裂缝：在样品中人为制造裂缝，模拟实际使用中可能出现的裂缝。

4. 性能测试

机械性能测试：通过压缩强度、抗拉强度和抗弯强度等测试，评估混凝土的机械性能。

耐久性测试：通过抗渗、抗冻、抗碱等测试，评估混凝土的耐久性。

自修复效率评估：观察裂缝的封闭情况，评估混凝土的自修复能力。

修复机制研究：使用显微镜、扫描电镜等工具，研究混凝土中的自修复机制。

性能对比：将自修复混凝土的性能与普通混凝土进行对比，评估其性能提升。

5. 预期结果

确定自修复混凝土的优越性能和其自修复能力。

对自修复混凝土的修复机制有深入的了解。

6. 适用性

这个项目为大学生提供了研究先进土木工程材料的机会，帮助他们了解自修复技术的发展趋势和潜在应用。通过这个项目，学生可以获得实验技能、数据分析能力和创新思维，为他们的未来职业生涯做好准备。

16.4.3　轻质复合材料在桥梁工程中的应用实践

1. 背景

随着现代材料科学的发展，轻质复合材料，如玻璃纤维增强塑料（GFRP）和碳纤维增强塑料（CFRP），已经在许多土木工程领域中得到了应用。这些材料具有高的强度与刚度、优越的耐腐蚀性以及相对较低的自重，使其成为桥梁工程中理想的选择。

2. 项目目标

探索轻质复合材料在桥梁工程中的应用可能性。

分析这些材料的性能和与传统材料的比较。

设计一个桥梁模型，使用轻质复合材料作为主要材料，并进行性能测试。

3. 方法

文献回顾：研究轻质复合材料的物理和机械性能，并回顾其在土木工程中的先前应用。

材料选择：选择适合桥梁应用的复合材料，如 GFRP 或 CFRP。

桥梁模型设计：设计一个适当规模的桥梁模型，充分利用轻质复合材料的优点。

加载测试：对桥梁模型施加负载，模拟实际情况下的各种荷载，如车辆荷载和风荷载。

性能分析：记录桥梁模型的响应，如位移、应力和挠曲，并与传统材料制成的桥梁进行比较。

经济性和可持续性评估：分析轻质复合材料桥梁的成本效益和其对环境的影响。

4. 预期结果

轻质复合材料在桥梁工程中具有潜在的应用前景，其性能可与传统材料相媲美甚至有所超越。

这些复合材料的使用可以为工程建筑提供更长的使用寿命、较少的维护需求和更高的整体性能。

5. 适用性

此项目为大学生提供了一个实践的机会，让他们了解现代材料科学与土木工程的结合，并培养他们的创新能力和实验技能。在完成该项目后，学生将对轻质复合材料在土木工程中的应用有更深入的了解，这将为他们未来的研究或职业生涯打下坚实的基础。

16.4.4　基于自适应材料的建筑隔震系统设计

1. 背景

地震是许多国家和地区的主要自然灾害。为了提高建筑物在地震中的稳定性和安全性，研发了各种隔震技术和材料。自适应材料具有在受到外部刺激（如温度、电磁场、应力等）时改变其物理性质的能力，这为隔震技术带来了新的可能性。

2. 项目目标

探索使用自适应材料设计的建筑隔震系统。

分析自适应材料在地震动作下的响应。

创建一个模型建筑，安装基于自适应材料的隔震系统，并进行模拟地震测试。

3. 方法

文献回顾：深入研究自适应材料的属性和在土木工程中的应用，特别是隔震方面的应用。

材料选择：选择适合隔震应用的自适应材料，例如形状记忆合金或某些聚合物。

隔震系统设计：设计一个使用所选自适应材料的隔震系统。

模型建筑制作：构造一个小型建筑模型，并在其基础上安装隔震系统。

模拟地震测试：使用地震模拟平台对模型进行模拟地震测试，记录建筑的响应。

性能分析：比较使用自适应材料的隔震系统与传统隔震系统的性能。

4. 预期结果

基于自适应材料的隔震系统可以有效地减少建筑在地震中的响应。

与传统的隔震系统相比，自适应材料系统可能提供更高的性能和更好的适应性。

5. 适用性

此项目将为土木工程和材料科学领域的大学生提供一个实践机会，让他们探索新型隔震材料和技术的潜力。完成此项目后，学生将更深入地了解建筑隔震的重要性和自适应材料在土木工程中的潜在应用。

16.4.5　高性能混凝土结构的抗震性能研究

1. 背景

高性能混凝土（HPC）是一种具有高强度、高耐久性和特定工程性能要求的混凝土。由于其卓越的性质，HPC 在许多大型土木工程项目中已被广泛应用，但其在地震环境下的表现仍需进一步探索。

2. 项目目标

研究高性能混凝土结构在地震作用下的反应。

与普通混凝土结构进行比较，评估 HPC 在地震中的优势和潜在问题。

为 HPC 在地震工程中的应用提供科学依据。

3. 方法

文献回顾：分析当前关于 HPC 抗震性能的研究，确定已知的研究空白和潜在的研究方向。

材料制备：制备标准 HPC 试块，并确保其满足高性能混凝土的标准。

实验设计：创建 HPC 结构的小型模型，并设计与普通混凝土相似的对照模型。

模拟地震测试：使用地震模拟平台对 HPC 和普通混凝土结构进行模拟地震测试。

数据分析：收集模型在模拟地震中的响应数据，并进行统计分析。

结构评估：评估 HPC 结构的破坏程度、裂缝形成、位移和其他相关参数。

4. 预期结果

HPC 结构在地震作用下表现出较高的稳定性和抗震能力。

与普通混凝土相比，HPC 可能在某些地震环境下有更好的性能，但也可能在其他情况下存在特定的问题或挑战。

5. 适用性

该项目适合土木工程和材料科学领域的大学生，他们可以通过这个项目了解高性能混凝土的特性和其在地震中的行为。完成此项目后，学生将对混凝土材料的抗震性能有更深入的理解，并为未来的工程应用做好准备。

16.4.6　纳米增强塑料在土木工程中的潜在应用

1. 背景

随着纳米技术的进步，纳米增强材料显示出在许多领域中的巨大潜力。其中，纳米增强塑料（Nano-Reinforced Plastics，NRP）因其卓越的机械性能、耐久性和轻便性，受到了工程师和研究者的关注。

2. 项目目标

探索纳米增强塑料在土木工程中的可能应用。

分析 NRP 与传统材料相比具有的优势和潜在的挑战。

为 NRP 在土木工程中的广泛应用提供初始数据和经验。

3. 方法

文献回顾：深入研究现有关于 NRP 在其他领域的应用，以及其基本性质和表现。

材料选择：选择一种或多种具有代表性的纳米增强塑料样品。

实验设计：设计基本实验，如压缩、拉伸、扭转和弯曲，来评估 NRP 的基本工程性能。

环境模拟：模拟土木工程中常见的环境条件（如湿度、温度、紫外线辐射等），并观察 NRP 的长期性能和耐久性。

数据分析：对收集到的数据进行分析，以评估 NRP 的性能。

应用推荐：基于实验结果，推荐 NRP 在土木工程中的潜在应用领域。

4. 预期结果

NRP 在某些应用中可能表现出高于传统材料的性能。

可能确定出 NRP 特别适合的土木工程应用场景，例如作为轻质、高强度的支撑结构。

5. 适用性

该项目适合土木工程、材料科学和纳米技术领域的大学生。大学生将有机会接触到前沿的纳米材料，并探索其在传统土木工程中的新应用。这不仅可以增强他们的实践经验，还能为未来的职业生涯铺设基石。

16.4.7　利用纳米技术优化沥青混合料的性能

1. 背景

沥青混合料是道路、机场跑道和其他交通设施的主要材料。由于其在各种环境条件下的性能决定了交通设施的使用寿命和安全性，因此对沥青混合料的性能优化一直是研究的重点。纳米技术为沥青混合料提供了新的优化途径。

2. 项目目标

探索纳米材料如何改善沥青混合料的机械性能、耐久性和防水性。

分析沥青混合料中纳米增强剂的最佳配比。

研究纳米增强沥青混合料的生产和施工方法。

3. 方法

文献回顾：研究已有关于纳米增强沥青混合料的文献，了解当前的研究进展。

纳米材料选择：选择合适的纳米材料，如纳米硅、纳米黏土或碳纳米管，作为沥青混合料的增强剂。

实验设计：制备不同纳米材料含量的沥青混合料样本，进行性能测试，如马歇尔稳定性、不变性、抗裂性和抗疲劳性。

环境模拟：模拟雨水、温度变化等环境条件，测试纳米增强沥青混合料的长期性能。

数据分析： 对比不同纳米材料配比的沥青混合料性能，确定最佳配比。

生产与施工方法： 探讨纳米增强沥青混合料的生产过程，并研究其在道路施工中的应用方法。

4. 预期结果

与传统沥青混合料相比，纳米增强沥青混合料将展现出更好的机械性能和耐久性。

确定纳米材料的最佳添加量，为实际生产提供指导。

5. 适用性

该项目适合土木工程、道路与桥梁工程、材料科学和纳米技术领域的大学生。此项目不仅让大学生了解纳米技术在道路工程中的应用，而且还为他们提供了宝贵的实验和研究经验。

16.4.8 用于桥梁维修的复合材料封装技术

1. 背景

桥梁是城市交通的关键结构，随着时间的推移，它们可能会遭受各种损伤，如裂缝、腐蚀或结构弱化。传统的桥梁维修方法可能需要大量时间和资金。近年来，复合材料因其强度高、质量轻和耐腐蚀而被视为修复受损桥梁的理想选择。

2. 项目目标

研究和开发适用于桥梁维修的复合材料封装技术。

评估复合材料封装在提高桥梁结构性能中的效益。

3. 方法

文献回顾： 研究现有关于复合材料在桥梁修复中的应用，确定最佳的复合材料类型和封装技术。

材料选择与测试： 选择合适的复合材料（如碳纤维或玻璃纤维复合材料）进行实验室测试，评估其机械性能和耐久性。

封装技术的开发： 根据桥梁的损伤类型和程度，设计特定的封装技术，如湿法、预浸法等。

现场应用： 选择一个受损的桥梁作为试点，实施复合材料封装技术，然后进行性能测试。

性能评估： 使用加载测试、振动监测等方法，评估修复后桥梁的性能。

长期监测： 安装传感器和监测设备，对桥梁的长期性能进行追踪。

4. 预期结果

复合材料封装技术能够有效地修复受损桥梁，提高其机械性能和延长使用寿命。

与传统修复方法相比，该技术更为经济和高效。

5. 适用性

该项目适合土木工程、材料科学和桥梁工程领域的大学生。大学生不仅可以了解复合材料在桥梁维修中的应用，还可以获得实地工程实践的经验。

16.4.9 自修复材料在地下结构中的应用探索

1. 背景

地下结构，如隧道、地铁站和地下车库，是城市基础设施的重要组成部分。由于其特殊的地理位置和使用条件，地下结构容易受到水渗透、地下化学物质侵蚀和地震等自然因素的影响，导致出现裂缝和损伤。自修复材料因其自我修复能力，在土木工程中引起了广泛关注。

2. 项目目标

探索自修复材料在地下结构中的应用潜力。

开发适用于地下结构的自修复技术和方法。

3. 方法

文献回顾：研究现有的自修复材料技术，特别是在地下结构中的应用。

材料选择与测试：选择具有高自修复能力的材料，如微生物混凝土、含有微囊体的自修复混凝土等，进行实验室测试，评估其自修复性能和耐久性。

现场应用：选择一个受损的地下结构作为试点，实施自修复技术，并对其性能进行监测。

性能评估：使用特定的评估工具和方法，如裂缝宽度测量、透水性测试等，评估自修复效果。

长期监测：安装传感器和监测设备，对地下结构的长期性能进行追踪，以确定自修复材料的有效性和持久性。

4. 预期结果

自修复材料能够有效地修复地下结构的裂缝和损伤，减少维修和维护成本。

与传统修复方法相比，自修复材料提供了一种更为经济和可持续的解决方案。

5. 适用性

该项目适合土木工程、材料科学和地下工程领域的大学生。大学生可以了解自修复材料的前沿技术，获得工程实地的经验，并为未来的地下结构提供创新解决方案。

16.4.10　纳米材料在建筑隔热与节能中的应用研究

1. 背景

随着能源价格的上涨和对环境保护意识的加强，建筑节能已成为全球关注的重要课题。传统的隔热材料虽然在一定程度上提供了热绝缘，但其效果受到物理和化学特性的限制。纳米技术为我们提供了一种制造新型、高效隔热材料的方法，可以有效提高建筑的节能性能。

2. 项目目标

探索纳米材料在建筑隔热中的应用潜力。

制备高效的纳米隔热材料，并评估其在建筑中的节能效果。

3. 方法

文献回顾：研究纳米材料的特性以及其在建筑隔热中的现有应用。

材料选择与测试：选择具有高热隔绝性的纳米材料，如气凝胶、纳米硅氧烷等，进行实验室制备和性能测试。

建筑模型试验：在模拟建筑环境中应用这些纳米隔热材料，评估其在真实环境下的节能效果。

性能评估：测量纳米材料的热传导系数、反射率和其他与隔热性能相关的参数，以评估其隔热效果。

经济性和环境影响分析：考虑生产成本、生命周期成本和环境影响，评估纳米隔热材料的综合效益。

4. 预期结果

纳米材料能够提供出色的隔热效果，显著提高建筑的节能性能。

与传统隔热材料相比，纳米材料具有更好的性价比和更低的环境影响。

5. 适用性

该项目适合材料科学、土木工程和建筑学领域的大学生。大学生可以了解纳米技术在建筑应用的前沿发展，获得实地工程实践的经验，并为建筑节能提供创新解决方案。

第 17 章　土木工程与艺术的融合

17.1　创意结构设计：当艺术遇上工程

17.1.1　创意结构的起源与背景

1. 背景

土木工程，尤其是结构设计，传统上被视为一个严谨的科学领域。然而，随着技术的发展和社会文化的演变，工程师和设计师开始探索如何将工程与艺术完美融合，创造出既实用又具有艺术价值的结构。

2. 起源

古代文明：早在古埃及、古希腊和古罗马时代，建筑就已经开始融入艺术元素。例如，帕台农神庙、埃及金字塔等都是结构与艺术的完美结合。

现代建筑运动：20 世纪初，现代主义建筑师如勒・柯布西耶、密斯・凡・德・罗和弗兰克・劳埃德・赖特提倡简洁、功能性的设计，并尝试将美学融入结构中。

后现代与数字时代：20 世纪后期，随着技术的进步，建筑师和工程师有了更多的自由度来探索非传统形状和结构。数字设计工具的兴起也为结构设计提供了更多的创意可能性。

3. 重要性

文化象征：创意结构往往成为城市的地标，象征着一个时代的文化和技术水平，如悉尼歌剧院、毕尔巴鄂古根海姆博物馆等。

技术创新：为了实现特殊的设计理念，工程师不得不研发新的材料和施工技术，推动了土木工程领域的技术进步。

可持续性：许多创意结构设计强调与自然环境的和谐共生，采用环保材料和绿色建筑策略，促进了可持续建筑的发展。

创意结构设计是工程与艺术的交叉点，不仅提高了结构的功能性和美观性，还推动了工程技术和文化艺术的进步。

17.1.2　如何将工程技术与艺术审美相结合

将工程技术与艺术审美结合是一个多维度的过程，需要考虑实用性与美感、技术创新与文化传统等多种因素。以下是一些建议和方法。

深入沟通与协作：工程师与设计师需要紧密合作，确保双方都明白项目的目标和约束。定期的交流会议和工作坊可以帮助双方达成共识。

交叉学科教育：提倡工程师学习艺术设计基础，同时鼓励设计师了解结构工程原理。这可以促进双方更好地理解和尊重彼此的专业知识。

使用数字工具：利用数字建模和仿真工具，如 BIM 和参数化设计软件，可以在早期阶段进行设计试验和优化。

注重人性化设计：除了满足功能需求，还要考虑用户的舒适性、情感与文化背景，确保结构设计与人们的日常生活相协调。

研究与尊重当地文化：结构设计应考虑当地的文化、历史和地理环境，与周围环境形成和谐的关系。

采用创新材料与技术：例如，透明混凝土、自修复混凝土、纤维增强复合材料等新型材料，可以为设计师提供更多的设计自由度。

环境与可持续性：结合绿色建筑原则，例如自然通风、太阳能利用、雨水收集等，既可以提高建筑的可持续性，也可以增强其美学价值。

实地考察与原型测试：在初步设计完成后，进行小型的原型测试或模拟，以验证设计的可行性和美感。

持续学习与反思：对已完成的项目进行后评价，总结经验教训，不断提高设计与施工的水平。

公众参与：鼓励公众参与设计过程，收集他们的意见和建议，确保设计既满足功能需求，又受到公众的喜爱。

将工程技术与艺术审美结合，需要跨学科的合作、开放的思维和持续的创新。这种融合不仅可以创造出既实用又美观的结构，还可以促进技术与文化的共同进步。

17.1.3　代表性的创意结构方案分析

创意结构设计经常融合了工程与艺术的元素，形成了许多标志性的建筑和工程项目。以下是一些代表性的创意结构方案分析。

1. 巴塞罗那的萨格拉达家族大教堂（Antoni Gaudí 设计）

设计特点：Gaudí 的设计风格以其独特的形态、结构和装饰而著称，萨格拉达家族大教堂采用了有机形状、自然灵感和革命性的石柱结构。

技术与艺术的结合：Gaudí 在设计中采用了模仿自然界的技巧，并利用了挂链模型来找到最佳的拱形结构。

2. 悉尼歌剧院（Jørn Utzon 设计）

设计特点：其特色的帆形屋顶使其成为世界上最有辨识度的建筑之一。

技术与艺术的结合：该设计需要复杂的几何和工程解决方案才能实现其标志性的形状，并且还要考虑音响效果。

3. 法国的米约大桥（Norman Foster & Michel Virlogeux 设计）

设计特点：桥梁的纤细、流线型结构和优雅的桥塔。

技术与艺术的结合：为了减少对周围景观的影响，工程师和设计师合作开发了这个几乎隐形的桥梁设计。

4. 北京国家体育场“鸟巢”（Herzog & de Meuron 设计）

设计特点：其交织的钢结构形成了一个独特的“鸟巢”形状。

技术与艺术的结合：虽然结构上看似随意，但每一个部分都是为了确保建筑的结构完整性和功能性而精心设计的。

5. 新加坡的滨海湾花园（Wilkinson Eyre 设计）

设计特点：巨大的人造“超级树”与它们上面的空中步道。

技术与艺术的结合：这些建筑不仅提供了遮阴，而且还集成了环境技术，如太阳能板和雨水收集系统。

这些代表性的创意结构都展示了工程技术和艺术审美的完美融合。工程师和设计师的紧密合作，加上创新的技术和对美的追求，共同为我们带来了这些建筑和工程奇迹。

17.2 公共空间与艺术的结合

17.2.1 雕塑在公共空间的角色与意义

雕塑，作为一种公共艺术形式，不仅展示了美学价值，还为公共空间带来了文化、社会和历史的深度。在公共空间中，雕塑通常起到以下几个关键作用。

1. 文化和历史纪念

许多雕塑被设计成纪念某人或某一事件。这些雕塑通常反映了一个地区的历史和文化遗产，为公众提供了与过去的连接。

2. 公共互动与参与

现代雕塑往往鼓励公众与其互动。这种互动性不仅使雕塑成为一个吸引人的目的地，还增强了公众对公共空间的归属感。

3. 空间的定位与界定

雕塑可以作为一个空间的焦点，帮助定义其功能和氛围。例如，一座静态的雕塑可以成为一个公共花园的中心，而一个动态的雕塑则可能让人们想在一个开放的广场上活动。

4. 美学与视觉吸引力

雕塑作为艺术品，为城市景观增添了美感。它们为公共空间提供了视觉上的焦点，打破了城市的单调性。

5. 教育与启示

雕塑经常用来传达某种信息或故事，它们可以教育公众，提醒他们思考某个特定的主题或概念。

6. 社区身份和代表性

当地艺术家创作的雕塑通常反映了当地社区的价值观、传统和信仰。这种类型的雕塑加强了社区的团结感和身份。

7. 经济效益

设计独特的雕塑可以吸引游客，从而为当地带来经济效益。此外，雕塑也可能成为社区的一个品牌或象征，进一步推动经济发展。

雕塑在公共空间中的作用远不止于其美学价值。正确地利用和展示雕塑可以为公共空间带来多种益处，从增强社区的归属感和教育价值，到提高经济效益和增强公众参与。

17.2.2 互动艺术在公共工程中的应用与影响

互动艺术，作为一种需要观众参与的艺术形式，近年来在公共工程中的应用逐渐增多。这种艺术形式将公众从传统的被动观众角色转变为艺术的一部分，从而为公共空间带来了新的生命力和活力。

1. 应用范围

公共交通设施：例如，在地铁站、公交车站或机场中，通过触摸屏、音响装置或投影技术，使公众可以与艺术作品互动。

公园和休闲区：安装可供互动的雕塑、LED 灯光展示或触摸响应的设备，让游客和居民参与其中。

市政广场或行人街道：在这些空间中，可以通过地面投影、互动墙面或移动装置，为公众创造互动体验。

2. 影响

增强公众参与度：由于互动艺术需要公众的直接参与，所以它能够增强公众对公共空间的参与度和归属感。

提供教育机会：互动艺术可以是教育性的，帮助公众理解某个特定的概念、历史或文化背景。

改善公共空间的氛围：通过光、声音和触觉体验，互动艺术为公共空间创造了更加愉快、有趣和独特的氛围。

促进社区交往：互动艺术鼓励人们聚集、交流和合作，有助于加强社区内部的联系和交流。

增加经济价值：吸引人们前来体验的互动艺术项目，可以带动相关的商业和旅游活动，从而为城市带来经济效益。

3. 挑战

维护和更新：互动艺术通常需要高技术的支持，这意味着它们可能需要定期维护和更新。

安全考虑：与互动艺术相关的设备和技术必须确保安全，避免对公众造成伤害。

互动艺术为公共工程提供了一个全新的视角，使艺术、技术和公共空间紧密结合，为公众创造了更丰富和有趣的体验。

17.2.3　艺术与工程如何共同塑造公共空间

公共空间是城市和社区中的重要组成部分，它为居民提供了休憩、交往和活动的场所。为了创造出充满活力、具有吸引力和独特性的公共空间，艺术与工程需紧密合作，以创造出有深度的、能够满足人们需求的场所。

1. 视觉和感官体验

艺术：雕塑、壁画、互动艺术等可以为公共空间提供视觉焦点，创造出具有地方特色的美学体验。

工程：确保结构安全、布局合理、照明适当等因素，为艺术品提供支持，同时确保公众的安全性和舒适性。

2. 功能性与审美性

艺术：通过地标、导视、装置艺术等形式，将审美体验与实用功能结合起来，为人们提供导航和参考。

工程：在设计和建设公共空间时考虑到交通流、可访问性、适用性等因素，使其既实用又美观。

3. 社区参与和文化体验

艺术：通过社区艺术项目、公共艺术工作坊等方式，鼓励居民参与公共空间的创造过程，确保空间反映出当地的文化和价值观。

工程：为社区活动和表演提供必要的基础设施，如舞台、座椅、电源等，确保活动的顺利进行。

4. 可持续性与创新

艺术：通过使用可回收或生态友好的材料，展示环保理念和持续创新。

工程：考虑到公共空间的生态影响，如雨水收集、太阳能利用、绿色屋顶等，确保公共空间的可持续性。

5. 教育与启示

艺术：通过故事、历史或文化主题的艺术作品，为公众提供教育和启示。

工程：通过解释性标志或互动设备，提供信息和知识，促进公众的学习和探索。

艺术与工程在公共空间的创造中互为补充。艺术提供了情感和文化的连接，而工程则确保了功能性和可持续性。当两者成功结合时，公共空间将变得更加有吸引力、有意义且富有生命力。

17.3 艺术化的城市规划与景观设计

17.3.1 城市规划中的艺术元素与其重要性

城市规划不仅仅是关于空间和功能的分配，它也是一个创造性的过程，旨在建立一个富有吸引力、有活力且和谐的环境。艺术在此过程中扮演了关键的角色，因为它有能力触动人们的情感，提高空间的审美价值，并加强人们与他们所居住的地方之间的联系。

增加吸引力和标识性：艺术元素（如雕塑、壁画或特色建筑）都可以为城市创造独特的标志，使之在众多城市中脱颖而出。这不仅能吸引游客，还可以加强当地居民对他们所生活的地方的归属感。

提供情感连接：艺术能够触动人的心灵，讲述故事，反映社区的历史和文化。例如，纪念碑或公共艺术作品可以纪念某个重要事件或重要人物，使其在新一代中得到传承。

促进社交互动：艺术性的公共空间（如露天剧场、音乐喷泉或互动雕塑），可以鼓励人们聚集、交往和互动，从而增强社区的凝聚力。

提高空间质量：通过艺术性的景观设计和公共艺术装置，可以优化城市的视觉景观，使得普通的街道、公园或广场变得更加引人入胜。

加强教育和文化传承：艺术元素可以为公众提供教育机会，无论是通过历史主题的艺术装置，还是通过展示本地艺术家的作品，都有助于传承和发展当地的文化和传统。

鼓励经济发展：艺术化的城市空间和建筑可以吸引游客和投资者。例如，艺术区、博物馆区或历史保护区都可能成为旅游热点，从而带动当地经济的发展。

艺术在城市规划中的重要性不言而喻。它为城市提供了个性、活力和深度，增强了人们的生活质量，同时也为经济和文化发展提供了助力。

17.3.2 艺术化景观设计的方法与实践

艺术化景观设计融合了艺术、自然与建筑，目标是创造出既具功能性又具审美价值的空间。以下是一些在艺术化景观设计中常用的方法和实践。

场地分析与历史融合：了解场地的自然条件、历史和文化背景，并将这些元素纳入设计中，使得设计方案与现有环境和文化产生共鸣。

创意的路径设计：设计曲折的小径、隐蔽的庭院或跨越水面的桥梁，以增加空间的探索性和惊喜感。

雕塑和公共艺术的融合：在景观中加入雕塑、壁画和其他公共艺术元素，使其成为空间的焦点，并引导人们进行互动。

水景设计：使用喷泉、瀑布、水面或蜿蜒的溪流作为艺术元素，为空间增添活力和宁静感。

植被的艺术应用：利用不同的植物形态、颜色和纹理，创造出具有视觉吸引力的花园和绿地。

互动设计：如风铃、可移动的家具或互动的艺术装置，鼓励人们参与和互动。

材料与纹理：选用与众不同的建筑和铺地材料，如彩色玻璃、特制砖块或雕刻的石材，为场地增添特色。

光影与视觉效果：利用特定的照明技术和植被布局，创造出迷人的光影效果，增加空间的层次感。

音乐与声音元素：通过设置音响设备或自然声音源（如流水、风铃），为空间创造宁静或欢快的氛围。

可持续性与生态设计：结合当地的生态系统，采用可持续的设计方法，如雨水收集、本地植被选择和生物多样性促进。

艺术化的景观设计实践需要设计师具备深厚的艺术修养、丰富的创意和对自然的深入理解。通过与艺术家、工程师和社区合作，设计师可以创造出既具功能性又具审美价值的景观空间，为城市和社区增添魅力。

17.3.3　城市与艺术如何共同影响居民的生活质量

城市与艺术都对居民的生活质量产生深远的影响。当这两者紧密结合时，它们可以以独特的方式塑造人们的生活体验、情感和行为。

提升精神体验：艺术空间、雕塑和公共艺术作品能够提供一个供人们停下、欣赏和思考的场所。它们可以为人们带来快乐、启发思考、激发灵感，帮助人们暂时摆脱日常生活的忙碌和压力。

强化社区认同感：通过体现当地历史、文化和传统的公共艺术作品，居民可以更深入地了解并连接融入他们所在的社区。这种认同感能够鼓励社区间的交往和交流，促进团结合作。

增强城市吸引力：艺术和文化设施（如博物馆、艺术画廊和表演艺术中心）既能吸引旅客和游客，促进旅游业发展，又能为居民提供丰富的休闲和文化活动。

鼓励创新与创意：艺术能够促进思维的开放性和多样性，鼓励人们思考问题、寻找新的解决方案。这种创意思维对于城市的经济、技术和社会创新都是必不可少的。

促进健康与福祉：艺术化的公共空间和绿地为居民提供了休息和锻炼的场所。这不仅有益于身体健康，还有助于提高心理健康度和幸福感。

增加经济价值：投资于艺术和文化可以为城市带来经济收益。艺术和文化项目可创造就业机会、吸引投资和提高地产价值。

促进教育与学习：艺术和文化设施为大众提供了丰富的学习资源和体验，帮助他们扩展视野、启发创意和批判性思维能力。

提高环境质量：与自然和艺术相结合的城市设计，如绿色屋顶、雨水花园和艺术公园，可以提高空气和水质，同时为生物提供栖息地。

增强社会凝聚力：共同参与艺术活动和项目可以加强社区之间的联系，促进多样性和包容性，减少社会冲突和隔阂。

鼓励环保意识：环保主题的公共艺术作品可以引起人们对环境问题的关注，鼓励他们采取行动来共同保护地球。

城市与艺术的紧密结合对提高居民的生活质量起到了积极的作用，它们共同为人们创造了一个更加和谐、充实和有意义的生活环境。

17.4　大学生创新实践方案

17.4.1　跨学科合作下的“音乐桥”设计

1. 背景

随着城市的发展和文化的交融，传统的土木工程正在与艺术领域产生越来越多的交叉点。桥梁，作为城市中最具代表性的土木结构之一，也开始越来越多元并具有艺术性。在这一背景下，一群大学生提出了“音乐桥”的设计概念，试图将土木工程与音乐艺术融为一体。

2. 目标

将桥梁设计为一个音乐播放工具，每当有行人或车辆经过时，都能产生悠扬的音乐。

提供一个独特的公共空间，鼓励人们停下来享受音乐和周围的景观。

遵循土木工程的基本原则，确保结构安全性和功能性。

3. 实现方法

材料选择：采用特殊的合金或复合材料，这些材料在受到压力或振动时可以产生声音。

结构设计：在桥的关键部位，如桥面板或桥墩，安装振动传感器和扬声器，以捕捉并放大声音。

音乐元素的融合：与音乐学院合作，为桥梁设计独特的音乐旋律。根据桥梁的长度和结构，选择适合的音乐风格和节奏。

互动性：加入智能传感器和人工智能算法，使桥梁能够根据行人和车流量、车速和时间等因素，自动调整音乐的节奏和音量。

环境融合：确保桥的音乐与周围的环境和文化背景相协调，如靠近文化遗址的桥可以播放传统音乐，而城市中心的桥则可以选择播放现代或流行音乐。

安全考虑：确保音乐不会干扰车辆和行人的安全，如通过降低音量或在特定时间段关闭音乐功能。

“音乐桥”不仅为城市增添了新的艺术景观，还提供了一个独特的公共空间，鼓励人们与城市和文化进行互动。这种创新的设计思路展示了土木工程和艺术如何可以完美融合，为未来的城市建设提供了新的灵感。

17.4.2 互动雕塑在城市公园的实践与研究

1. 背景

随着城市化的进程，公园作为城市中的重要绿地和休闲场所，不断地与科技和艺术产生交融。互动雕塑作为艺术与科技的结合体现，已经在许多城市公园中出现，并为市民提供了全新的互动体验。

2. 目标

探索互动雕塑在城市公园中的实践应用，并评估其对公众的吸引力。

分析互动雕塑如何与公园的环境、功能和文化背景相融合。

评估互动雕塑的长期维护和可持续性问题。

3. 实施方法

雕塑设计：与艺术家和设计师合作，创建多种互动雕塑的设计方案，涵盖各种风格和功能。

技术集成：利用传感器、人工智能和其他现代技术，使雕塑能够感知并响应人们的行为，如移动、触摸或声音。

场地选择：考虑到公园的布局、功能区域和文化背景，选择合适的位置安装互动雕塑。

公众参与：通过问卷调查、观察和访谈，了解公众对互动雕塑的喜好、参与度和反馈。

维护与更新：根据雕塑的材料、技术和使用情况，制订长期的维护和更新计划。

4. 研究发现

互动雕塑显著增加了公园的吸引力，特别是对年轻人和家庭来说。

与传统雕塑相比，互动雕塑更能激发公众的参与和创意表达。

良好的互动设计和科技集成可以使雕塑与公园的环境和文化背景紧密相融。

长期维护和更新是互动雕塑的关键挑战，需要持续的资金和技术支持。

互动雕塑为城市公园提供了一种新的艺术和科技融合的体验方式，可以增强公园的功能和吸引力。但同时，也需要考虑其长期的维护和更新问题，确保其可持续性和持续吸引力。

17.4.3 基于艺术理念的生态雨水公园设计

1. 背景

面对城市化进程中的雨水管理挑战，生态雨水公园提供了一种综合性的解决方案。对于大学生而言，该项目不仅是技术创新的机会，还是融入艺术与生态的实践平台。

2. 目标

实现雨水的高效管理与利用。

探索艺术与生态融合的实践方式。

创造一个集教育、休闲与艺术于一体的社区空间。

3. 实施步骤

调研与规划：了解校园内的雨水流向，确定合适的公园地点并进行初步规划。

设计融合：结合艺术专业同学的知识，设计融入艺术元素的雨水收集和循环系统。

技术实施：利用土木工程、环境工程等相关知识，建设雨水池、湿地等设施。

艺术装置与活动：在公园中设置艺术雕塑、互动装置，组织艺术展览、环保宣传活动等。

后期维护与推广：定期检查与维护公园设施，同时积极推广并组织各种活动，吸引更多同学参与。

4. 所需资源

土地：校园内一块适合建设的空地。

材料：雨水池、湿地植物、艺术装置等相关材料。

人力：跨专业的团队合作，包括土木工程、艺术设计、环境科学等。

资金：通过校园内外的赞助、众筹或学校资助。

5. 预期效果

高效的雨水收集与循环，减少雨洪冲刷和地下水的浪费。

公园内融入的艺术元素和互动装置，提高了同学们对公园的兴趣和参与度。

提供了一个融合艺术与生态的实践平台，加强了大学生的跨学科合作与创新能力。

基于艺术理念的生态雨水公园为大学生提供了一个综合实践的平台，使他们能够在实践中融合艺术与生态，加深对雨水管理的理解，同时也提高了他们的创新能力和团队合作精神。

17.4.4 创意结构与光影艺术的结合

1. 背景

光影艺术作为一种视觉艺术，可以为土木结构增添更多的魅力和动感。结合创意结构与光影艺术，可以探索如何使工程设计与艺术无缝结合，为现代城市提供独特的视觉体验。

2. 目标

通过光影艺术为创意结构增添视觉效果。

结合艺术与技术，探索光影与土木结构的融合方式。

创造一个既实用又具有艺术价值的公共空间或艺术装置。

3. 实施步骤

概念设计：组织团队进行“头脑风暴”，确定结构形态与光影效果的初步设计概念。

技术研究：针对选定的设计概念，研究所需的材料、光源类型、反射与折射原理等。

模型制作：制作小型模型，测试光影效果并进行必要的调整。

实地施工：在选定的场地进行结构搭建并设置光源，完成光影艺术装置。

评估与调整：观察不同时间、不同天气下的光影效果，进行必要的调整。

4. 所需资源

场地：适合搭建结构的开放空地或室内空间。

材料：建筑材料、光源（如 LED 灯）、其他辅助材料如反射片等。

人力：土木工程、艺术设计、光学与电气工程等跨学科团队合作。

资金：通过学校赞助、企业合作或众筹获得。

5. 预期效果

创意结构与光影的完美结合，为人们提供独特的视觉与空间体验。

增强公共空间的艺术性，提升人们的生活质量。

培养大学生的跨学科合作与创新能力。

结合创意结构与光影艺术，不仅可以丰富土木工程的表现形式，还可以为城市带来更多的艺术氛围，同时为大学生提供了一个跨学科创新的实践平台。

17.4.5 城市街头艺术与行人道路设计

1. 背景

城市街头艺术为城市空间添加了丰富的文化和视觉元素，而行人道路作为城市的主要交通脉络，是人们日常生活的重要部分。将街头艺术与行人道路设计相结合，可以使城市更加生动、有趣且具有文化氛围。

2. 目标

结合街头艺术与行人道路，创造独特的城市景观。

优化行人的使用体验，提供更加舒适和安全的行走环境。

为城市添加文化标识，促进文化交流和社区凝聚。

3. 实施步骤

需求调研：调查当地居民和行人对行人道路的需求和意见，了解他们希望看到的艺术元素。

艺术设计：邀请艺术家或学生设计具有地方特色的街头艺术，如壁画、雕塑、公共艺术装置等。

道路规划：在考虑艺术元素的同时，确保行人道路的功能性，如宽度、路面材料、安全设施等。

施工与安装：在选定的行人道路上进行艺术装置的安装和道路改造。

社区参与：鼓励社区居民参与艺术创作和道路改善活动，增强社区凝聚力。

4. 所需资源

场地：选定的行人道路或街区。

材料：道路建设和修复材料、艺术制作材料。

人力：城市规划师、艺术家、土木工程师、社区志愿者。

资金：通过学校、政府部门、企业赞助或社区筹款获得。

5. 预期效果

街头艺术与行人道路的融合，能为城市带来独特的文化特色和视觉效果。

改善行人道路的使用体验，增强其功能性和舒适性。

通过社区参与，促进居民之间的交流，提升凝聚力。

通过街头艺术与行人道路的融合设计，我们可以为城市创造一个既实用又具有艺术价值的公共空间，为居民和游客带来更加愉悦的城市体验，同时也为大学生提供了一个实践创新和跨学科合作的机会。

17.4.6　公共广场的多功能艺术装置设计

1. 背景

公共广场是城市的重要组成部分，为市民提供了一个聚集、休憩和娱乐的场所。引入多功能的艺术装置，不仅能丰富广场的视觉体验，还可以增加其实用功能，如座椅、遮阳结构或信息发布点。

2. 目标

设计既具有艺术价值又有实用功能的装置。

优化公共广场的使用体验，满足不同人群的需求。

促进市民与艺术的互动与交流。

3. 实施步骤

调研与需求分析：对公共广场的使用进行调研，了解市民的需求和建议。

艺术装置设计：结合调研结果，设计既具有艺术感又具有实用功能的装置。例如，设计一个既是雕塑又可以作为座椅使用的装置。

模型制作与测试：制作艺术装置的小型模型，进行实用性和耐用性的测试。

制作与安装：根据模型进行大型艺术装置的制作和安装。

宣传与推广：通过社交媒体、宣传活动等方式，邀请市民参观和体验新的艺术装置。

4. 所需资源

场地：公共广场或其他适合的开放空地。

材料：装置制作所需的材料，如金属、塑料、木材等。

人力：设计师、工艺师、工程师、安装人员等。

资金：资助艺术装置的设计、制作和安装。

5. 预期效果

公共广场的艺术装置成为一个新的城市标志和旅游亮点。

增强公共广场的实用性和美观性，吸引更多市民前来使用。

提高市民的艺术修养和审美观念，促进艺术与公共空间的融合。

通过设计并实施多功能艺术装置，我们可以为公共广场带来新的生命力，同时也为大学生提供了一个创新和实践的机会。这种跨学科的合作将有助于培养学生的创新思维和实践能力，为他们未来的职业生涯打下坚实的基础。

17.4.7　基于当地文化的地标性建筑设计

1. 背景

每个地方都有其独特的文化、历史和传统。设计一个地标性建筑，不仅可以增强城市的独特性，还可以成为传承和宣传当地文化的重要载体。

2. 目标

创造一个既具代表性又具实用功能的地标性建筑。

传承和展现当地的文化和历史。

促进当地旅游业的发展，吸引游客。

3. 实施步骤

调研与需求分析：研究当地的文化、历史和传统，以及市民和游客的需求。

概念设计：基于调研结果，提出多种建筑设计方案。

模型制作与评估：为每个设计方案制作模型或3D图纸，并进行评估选择。

详细设计与施工图纸：为选定的设计方案进行详细设计，并制作施工图纸。

建设与完工：组织施工团队，按照设计方案进行建设。

宣传与开放：通过媒体、社交网络和各种活动宣传新地标，并对外开放。

4. 所需资源

场地：合适的建设地点。

材料：建筑材料、装饰材料等。

人力：建筑师、工程师、设计师、施工人员等。

资金：设计、建设和宣传所需的资金。

5. 预期效果

新地标成为当地文化和历史的象征，吸引大量游客。

增强当地市民的文化自豪感和归属感。

促进当地经济和旅游业的发展。

基于当地文化的地标性建筑设计是一个跨学科的挑战，它需要建筑、艺术、文化和经济的综合考虑。但对于大学生来说，这是一个绝好的学习和实践的机会，能够培养他们的综合素质和创新思维。此外，成功的地标性建筑不仅能够传承和展现当地文化，还能为当地带来经济和社会的多重效益。

17.4.8 艺术化的海滨步道与休息区设计

1. 背景

海滨地区是休闲、旅游和观光的热门地点。通过结合艺术元素设计海滨步道和休息区，可以增强景观吸引力、丰富游客体验，还能为市民提供一个休闲放松的场所。

2. 目标

设计一个综合艺术与功能的海滨步道与休息区。

为大众提供一个安全、舒适且具有艺术感的环境。

利用自然资源和环境特点，增强海滨地区的独特性。

3. 实施步骤

调研与需求分析：对海滨地区进行实地考察，了解自然环境、地形地貌，同时收集市民与游客的需求和意见。

概念设计：基于调研，结合当地文化、艺术与环境，提出多种设计方案。

模型与模拟：通过软件或实体模型展现设计方案，同时进行环境影响评估。

选型与完善：综合考虑各种因素，选择最佳设计方案并进行完善。

建设与落成：开始施工，确保按照设计方案进行，随时根据实际情况进行调整。

开放与评价：完成后对外开放，收集游客与市民的反馈，并进行持续优化。

4. 所需资源

场地：合适的海滨地带。

材料：建筑材料、艺术装饰品、绿化材料等。

人力：规划师、设计师、施工团队、艺术家等。

资金：用于设计、建设、宣传等的预算。

5. 预期效果

通过艺术化的步道和休息区，吸引更多的游客和市民。

海滨地区的独特性得到进一步展现，成为城市的亮点。

增强市民对公共空间的归属感，提升城市文化和形象。

艺术化的海滨步道与休息区设计能够结合自然与艺术，为游客与市民提供一片独特、美观且舒适的空间。对于大学生来说，这不仅是一个技术和创新的练习，更是一个感受和学习城市、文化、艺术与工程结合的机会。

17.4.9　创意立交桥设计与艺术互动体验

1. 背景

传统的立交桥主要注重功能性，通常外观单调。而艺术与工程结合形成的创意立交桥可以使这些基础设施更具吸引力，同时为公众提供互动体验。

2. 目标

设计一个既实用又具有艺术价值的立交桥。

为市民和游客提供独特的艺术互动体验。

通过艺术化设计提高公共空间的审美价值和功能性。

3. 实施步骤

调研与需求分析：分析所在地区的交通流量、功能需求，同时考察市民和游客对艺术互动的兴趣和期望。

概念设计：考虑立交桥的功能性，同时融入艺术元素，如雕塑、彩绘、互动装置等。

模型与模拟：使用计算机软件进行模拟，确保设计既安全又符合审美标准。

互动体验设计：研究并设计适合在立交桥上进行的互动体验，如触摸屏、音乐互动装置、动态灯光效果等。

建设与监督：按照设计图进行建设，确保艺术和技术要求都得到满足。

评估与反馈：桥梁完工后，对市民和游客进行问卷调查，了解他们的体验感受，收集改进意见。

4. 所需资源

场地：合适的立交桥选址。

材料：建筑材料、艺术装饰材料、电子互动装置等。

人力：工程师、艺术家、互动体验设计师等。

资金：预算包括设计、建设、设备采购和维护费用。

5. 预期效果

新型立交桥不仅满足交通需求，而且成为城市的新地标和旅游景点。

大众可以在桥上体验到独特的艺术和互动，增加他们在公共空间的停留时间和满意度。

这种结合艺术和工程的创新设计方式可以为其他城市提供借鉴。

创意立交桥的设计与艺术互动体验是城市基础设施和艺术的完美结合，它既满足实用需求，又为大众提供了丰富的感官体验。这种设计方法不仅提高了城市的审美价值，还为大学生提供了一个展示创意和技术才能的平台。

17.4.10　基于社区参与的公园改造项目

1. 背景

在城市的发展过程中，许多公园可能因为设计过时、功能不足或维护不当而失去原有的吸引力。社区参与的公园改造项目旨在聚焦社区成员的需求和意见，使公园再次成为社区的核心空间。

2. 目标

通过社区的积极参与，重新定义公园的功能和特色。

提高公园的可达性、功能性和美学价值。

促进社区的交流和团结，加强社区归属感。

3. 实施步骤

需求调研：通过问卷调查、座谈会和访谈了解社区居民对公园的使用习惯、期望和建议。

设计研讨：组织设计工作坊，邀请社区成员、大学生和专家共同参与，提出并讨论改造方案。

模型与可视化：根据设计方案制作模型或使用计算机软件进行可视化展示，确保社区成员对设计有清晰的认识。

社区投票：让社区成员投票选择最受欢迎的设计方案。

施工与监督：启动改造工作，同时组织志愿者参与监督，确保施工过程中的问题能够被及时发现和解决。

完工与庆祝：改造完成后，组织社区庆祝活动，鼓励居民参与并享受新的公园空间。

4. 所需资源

场地：待改造的公园。

材料：建筑和装饰材料、植物等。

人力：工程师、设计师、社区志愿者、大学生等。

资金：预算包括设计、施工、材料购买和维护费用。

5. 预期效果

公园的功能和设计更符合社区居民的需求和审美。

社区成员对公园有更强烈的归属感和参与意识。

公园成为社区活动和交流的中心，促进社区的凝聚力和活力。

基于社区参与的公园改造项目不仅提升了公园的品质，还加强了社区的凝聚力和活力。这种创新的设计方法鼓励了社区成员和大学生的积极参与，为城市提供了一个富有活力和创意的公共空间。

第 5 部分

从创意到实践与创业：大学生现代土木工程项目实践与参赛指南

第18章　从创意到工程原型

18.1　创意的来源与土木工程的创新点

18.1.1　现代社会与技术趋势对土木工程的影响

在当前快速发展的社会中，土木工程也在经历前所未有的变革。这些变革往往是由技术进步和社会需求所驱动的。对于即将进入或已经进入这一领域的大学生来说，理解这些变革和影响至关重要，这将帮助他们更好地定位自己，并在未来的职业道路上走得更远。

可持续性与绿色建筑：随着全球气候变化和环境问题日益严重，可持续性和绿色建筑已经成为土木工程的核心趋势。大学生们应积极探索如何使用可再生资源、增强建筑的能效和减少碳足迹。

数字化转型：从BIM到虚拟现实技术，数字化技术正在深刻地改变土木工程的设计、施工和管理。大学生需要掌握这些工具和技术，并思考如何利用它们提高工程效率和准确性。

智慧城市与基础设施：与物联网、大数据和人工智能等技术结合，智慧城市正日益成为现实。在此背景下，土木工程师不仅要考虑结构的物理特性，还需要考虑如何使其与数字世界无缝集成。

社区参与与工程设计：现代土木工程更注重与社区的沟通和参与，这意味着工程师们需要具备良好的沟通能力，同时也要考虑社区的需求和意见。

自适应与可变设计：随着技术的进步，建筑和基础设施正变得越来越灵活和可变。例如，可以根据需要变化形状的桥梁或可调节室内环境的建筑。

跨学科的合作：当今的土木工程项目往往涉及多个学科领域，从生物学到计算机科学。这要求大学生具备广泛的知识基础，并能与来自其他背景的专家进行合作。

土木工程在现代社会和技术趋势的影响下正朝着更加可持续、智能和人性化的方向发展。大学生应把握这些趋势，不断学习和实践，以应对未来的挑战。

18.1.2　从生活、学术和其他学科中寻找创意

创意往往是突破与创新的起点。对于土木工程领域中的大学生，如何从生活、学术研究和其他学科中汲取创意，将会决定他们是否能够提出与众不同的、具有实际应用价值的创新方案。以下是一些建议和方法，助力大学生在这些领域中发掘创意。

1. 从日常生活中寻找创意

观察问题：日常生活中遇到的各种不便之处可能是创新的机会。例如，针对城市中的交通拥堵现象，可能就隐藏着新型交通工具或交通系统的创意。

多元文化体验：不同的文化和背景下有着不同的生活习惯和工程实践。通过交流和学习，大学生可以获得全新的视角和灵感。

2. 从学术研究中发掘创意

跟踪最新研究：定期浏览学术期刊和会议论文，了解行业的最新研究动态，可能会激发出

新的思考方向。

实验室工作：参与实验室的研究项目，从实际操作中发现问题，并尝试提出新的解决方案。

3. 从其他学科中吸取创意

跨学科合作：与其他学科的学生和研究者交流，探讨可能的合作项目。例如，与设计、艺术或计算机科学的学生一同开发一个智能建筑方案。

技术应用：探索如何将其他学科中的技术应用到土木工程中，例如使用生物技术来制作自修复的混凝土。

深入学习其他学科：选择一些与土木工程有关联的课程，如环境科学、社会学或经济学，以拓宽视野。

通过不断的观察、学习和跨界合作，大学生可以从各个领域中吸取创意，进而转化为实际的土木工程创新项目。这种多角度的思考方式不仅能培养学生的创新能力，也能为他们的未来职业生涯带来更多的机会。

18.1.3 创意的转化：如何将理论知识应用于实际创新

对大学生而言，拥有一个创意只是开始。真正的挑战在于如何将这些理论知识转化为实际的应用，并进一步推向市场。以下是一些帮助学生成功地将理论知识应用于实际创新的建议和步骤。

1. 理论与实际的桥梁

课题研究：选择与创意相关的课题，进行深入的学术研究，确定其可行性和潜在价值。

实验室验证：在实验室环境中对创意进行初步验证，通过实验数据支持或反驳创意的可行性。

2. 团队合作

跨学科团队：建立一个多学科的团队，利用每个成员的专业知识和经验，共同推动创意的发展。

指导与导师：寻找经验丰富的导师或行业专家，他们的建议和经验对于项目的成功至关重要。

3. 利用校园资源

技术与设备：利用大学的研究设备和技术进行更深入的研究和验证。

商业化咨询：很多大学都有创业中心或技术转移办公室，它们可以为学生提供如何将创意商业化的建议。

4. 原型制作与测试

初步原型：制作创意的物理原型或数字模型，进行初步的功能验证。

迭代与改进：根据测试反馈不断改进和优化原型，直至达到预期的效果。

5. 与行业合作

实习与项目合作：寻找相关行业的合作伙伴，通过实习或项目合作，将创意应用于真实的工程项目中。

行业反馈：与行业内的专家和企业交流，了解他们对创意的看法和建议。

通过这些步骤，大学生可以将他们在课堂上学到的理论知识成功地转化为具有实际价值的创新项目。此外，这一过程不仅能够培养学生的实践能力，还能为他们的未来职业生涯积累宝贵的经验。

18.2　概念验证：如何评估一个工程创意的实际性与可行性

对于致力于创新的大学生来说，仅有一个好的创意是不够的，关键在于评估这个创意是否真正可行和有市场价值。以下为大学生提供了一个概念验证的框架，以评估他们创意的实际性和可行性。

18.2.1　评估创意的原始性与创新性

1. 文献回顾

通过学术搜索引擎，例如 Google Scholar、Web of Science 等，查找与创意相关的文献，了解目前的研究进展和存在的问题。

2. 竞争分析

调查已存在的类似产品或解决方案，确定自己的新创意与市场上其他方案的差异。

3. 专利搜索

使用国家或国际的专利数据库，查找是否有类似的创意或技术已被申请或授权专利。这有助于确认创意的新颖性。

4. 专家咨询

将创意展示给行业专家或教授，收集他们的反馈和意见，以判断创意的创新性和原始性。

5. 学术会议与研讨会

参加相关领域的学术会议或研讨会，与同行交流，了解行业内的最新发展和趋势。

6. 学生视角

考虑与其他大学生组成团队或小组，进行头脑风暴，找出潜在的创新点和改进方向。

通过这些步骤，大学生可以从多个维度评估其创意的原始性和创新性，从而确保他们的项目在学术或市场上都具有一定的新颖性和价值。

18.2.2　技术、经济和社会三重验证

在评估一个工程创意的可行性时，我们不能仅仅从技术角度去考量。除了技术上的可实现性，我们还需要考虑经济和社会因素。以下为大学生提供了一个技术、经济和社会三重验证的框架，以确保他们的创意在各个层面都是切实可行的。

1. 技术验证

实验室测试：对于某些创意，需要在实验室环境中进行初步的实验或测试，以验证其技术概念的基础。

技术评估：评估创意所需的技术资源，如材料、设备、软件等，并确定是否有现成的技术可以满足需求。

原型设计：制作一个工作原型，以实际操作和测试来验证技术概念的实用性。

2. 经济验证

成本估算：详细列出创意从概念到产品所需的所有成本，包括研发、材料、生产和推广成本。

市场研究：调查潜在的市场规模、消费者需求和支付意愿，以确定项目的经济价值。

盈利模型：构建一个初步的盈利模型，考虑如何通过该创意获利，例如通过销售、许可或合作伙伴关系。

3. 社会验证

利益相关者分析：识别所有可能受到创意影响的利益相关者，如消费者、合作伙伴、政府机构等，了解他们的需求和关注点。

环境影响评估：考虑创意在实施过程中可能对环境产生的影响，如能源消耗、废物排放等，并探求环保的解决方案。

文化和道德因素：确保创意符合社会的价值观和道德标准，避免引起公众的反感或批评。

通过上述三重验证，大学生可以确保他们的创意不仅在技术上可行，而且在经济和社会层面也是可接受和有价值的。这将增加他们项目成功的机会，并确保其长远的持续性和影响力。

18.2.3 创意的潜在风险与挑战评估

大学生在创新创业过程中，除了确保他们的想法是原创和创新的，还必须意识到任何创意都伴随着一定的风险和挑战。通过早期的风险和挑战评估，可以更好地为创意的实施做好准备，并提高项目的成功概率。以下是评估创意潜在风险与挑战的几个步骤。

1. 技术风险

复杂性：项目的技术难度是否过高，是否超出了当前团队的能力？

新技术的未知性：采用的新技术是否已经经过验证，还是存在不确定性？

依赖性：项目是否过度依赖某一关键技术或设备？

2. 经济风险

资金短缺：预计的项目成本是否可能超出预算，或者在关键时刻出现资金短缺？

市场接受度：目标市场是否真的会接受这个新创意？

竞争对手：是否有其他团队或公司也在做类似的事情，它们的优势是什么？

3. 社会与文化风险

社会接受性：新创意是否可能引起社会的反感或不满？

文化障碍：在某些文化背景下，新创意是否可能被误解或拒绝？

法规和政策：是否存在法律或政策限制会阻碍项目的实施？

4. 团队与管理风险

团队合作：团队成员之间是否存在明确的沟通和分工，避免冲突？

项目管理：是否有有效的项目管理工具和策略，确保项目按时完成？

5. 外部风险

供应链风险：是否依赖于某个关键供应商或原材料？

政治和宏观经济风险：外部的政治和经济环境是否稳定，是否可能对项目造成影响？

通过对上述风险进行详细的评估，大学生可以更全面地理解自己创意背后的潜在问题，从而制定相应的策略和准备，确保项目能够顺利进行。

18.3 结构设计与原型制作

在创新创业的过程中，从概念转到实际的产品或工程需要经过结构设计和原型制作的阶段。对于大学生，这个过程可以是最具挑战性也最令人兴奋的部分。

18.3.1 选择合适的模拟工具与技术

大学生在进行土木工程相关的项目设计时，必须首先考虑选择合适的模拟工具和技术。以下是一些建议和注意事项。

确定需求：首先明确项目需要模拟什么？是力学行为、流体动力学还是其他物理现象？

研究现有的工具：市场上有各种各样的模拟软件，如 ANSYS、AutoCAD、Revit、Rhino 等。研究每个工具的优缺点以及它们是否满足需求。

考虑经济性：虽然有些先进的模拟工具可能非常昂贵，但有些学校或研究机构可能已经购买了许可证，或者提供学生版本。同时，也可以考虑开源或使用免费的模拟工具。

易用性与学习曲线：选择一个界面友好、容易上手的工具可以节省大量的时间。但是，有时候功能强大的工具可能需要更长时间的学习和实践。

实验与验证：在选择工具之后，进行一些基础的模拟实验，确保工具的准确性并熟悉其功能。

多学科交叉：有时，一个项目可能涉及多个领域的知识，如土木工程与电子工程的结合。在这种情况下，可能需要使用多个模拟工具，并确保它们之间的兼容性。

参与培训和工作坊：许多软件供应商或大学提供相关的培训课程或工作坊，帮助用户更好地利用工具。

团队协作：确保团队成员都熟悉并可以使用所选的模拟工具。这有助于团队合作和项目的顺利进行。

选择合适的模拟工具和技术是项目成功的关键。大学生应该根据自己的项目需求，进行深入的研究和比较，确保他们的选择是合适的。

18.3.2　材料的选择：经济性、耐用性与环保性

在土木工程项目中，材料的选择是至关重要的，它将直接影响到项目的质量、经济效益和可持续性。对于大学生而言，理解如何权衡这些因素以做出明智的决策是创新创业的关键部分。

1. 经济性

成本效益分析：选择材料时，不仅要考虑其直接成本，还要考虑其在整个项目生命周期中的成本，包括维护和更换的费用。

寻找替代品：有时，高效但昂贵的材料可以被较为经济的替代品所替换，只要它们满足项目的基本要求。

团购和批量购买：如果可能的话，考虑批量购买材料以降低成本。

2. 耐用性

考虑环境因素：选择的材料应该能够抵抗当地的环境条件，如高温、高湿、盐雾等。

材料的寿命：选择那些在预期的使用年限内保持性能不衰退的材料。

维护需求：选择那些不需要频繁维护或易于维护的材料。

3. 环保性

选择可再生材料：考虑使用如竹、再生混凝土等可再生或回收的材料。

减少材料浪费：优化设计以最大化每一块材料的使用，减少剩余和浪费。

选择低碳足迹材料：考虑使用那些在生产和运输过程中温室气体排放较少的材料。

对于大学生来说，考虑这些因素并做出明智的选择将有助于他们的项目获得成功。此外，这也是他们理解现代土木工程中可持续性问题的一个好机会。在学术和实践中，这些权衡和决策都是每一个工程师必须面对的挑战。

18.3.3　初步设计与制作：从概念到物理模型

在大学生的创新创业项目中，将一个抽象的创意转化为实际的物理模型是至关重要的步骤。这不仅有助于验证概念的可行性，还为后续的改进提供了依据。以下是从概念到物理模型的设计与制

作过程。

1. 理解需求

在开始设计之前，首先要明确项目的目标和用户需求。

进行市场调查，了解潜在用户的期望和要求。

2. 草图设计

使用纸和笔绘制初步的设计草图。这有助于快速捕捉和记录创意。

与团队成员和导师讨论草图，获取反馈并进行调整。

3. 选择适当的工具

使用计算机辅助设计（CAD）软件进行详细设计。

根据项目需求选择适当的制造工具，如 3D 打印机、激光切割机等。

4. 制作原型

选择适当的材料并考虑其可用性和经济性。

开始小规模的生产，初步实现设计概念。

5. 测试与验证

进行初步的功能测试，确保原型满足设计要求。

对原型进行强度、耐久性和稳定性等测试。

通过用户反馈和实地测试进一步验证原型的效果。

6. 迭代与优化

根据测试结果对设计进行优化。

反复进行设计—制造—测试的循环，直到满足项目要求。

在此过程中，大学生将学习到如何将理论知识应用于实际问题、如何进行团队合作、如何使用工具和技术制作模型，以及如何对设计进行迭代和优化。这些经验不仅有助于他们的创新创业项目，还将为他们未来的职业生涯打下坚实的基础。

18.4　现场试验与模拟

18.4.1　理论与实践的对比：如何获取真实的数据与反馈

在大学生的土木工程创新创业项目中，理论研究和实际应用之间可能存在差异。为了确保设计的有效性和可靠性，对创新项目进行现场试验和模拟是至关重要的。以下是如何在实践中对比理论与真实情况并获得实际数据和反馈的方法。

1. 设计实验方案

根据项目的需求和目标，明确试验的目的、内容和方法。

确定需要的设备、材料和人员，并预测可能的问题和风险。

2. 进行现场试验

在真实或近似真实的环境中进行试验，模拟真实的使用场景。

使用传感器和测量工具收集数据，如温度、压力、应力等。

注意记录所有的异常情况和意外事件，这些信息对于分析和优化设计都是非常宝贵的。

3. 数据分析与反馈

使用专业的数据分析软件和方法对收集到的数据进行处理和分析。

对比实验数据与理论预测，分析偏差的原因。

将反馈信息和建议整理成报告，为项目的下一步工作提供指导。

4. 模拟软件的应用

使用专业的土木工程模拟软件，如 ANSYS、ABAQUS 等，对设计进行虚拟测试。

通过软件模拟各种工况和极端情况，评估设计的稳定性和安全性。

5. 持续优化

根据现场试验和模拟的结果，对设计进行必要的调整和优化。

反复进行试验—分析—优化的循环，确保设计的最终效果符合预期。

对于大学生来说，这一阶段不仅可以提高他们的实践能力和数据分析能力，还可以让他们深刻体验到理论与实践之间的差异，培养他们的创新思维和解决问题的能力。

18.4.2　对设计进行的调整与迭代的重要性

在土木工程领域，尤其是对于大学生的创新创业项目，设计的调整与迭代过程是成功实施项目的关键。调整与迭代在设计过程中的重要性表现在以下几方面。

提高设计的精确性与可靠性：不是所有设计在初次尝试时都能完美地符合预期。通过迭代，设计师可以逐步修正设计中的不足，提高其性能和可靠性，使其更符合项目的实际需求。

应对不可预测的挑战：在实际操作过程中，可能会出现一些未被预料到的问题。迭代允许工程师在面对这些新的挑战时进行调整，确保项目的顺利进行。

优化资源使用：通过不断地调整和优化，可以更有效地利用资源，如材料、时间和人力，从而提高项目的经济效益。

增强项目的适应性：随着技术的进步和市场需求的变化，一个刚开始时被认为是合适的设计可能会很快变得过时。迭代可以确保项目始终保持与当前环境的同步。

培养团队的学习与成长：对于大学生团队来说，迭代过程不仅是优化设计，更是一个学习和成长的过程。它促使团队成员反思、交流、合作，培养了他们的批判性思维和解决问题的能力。

提高用户满意度：通过多次迭代，可以更好地满足用户或客户的需求和期望，从而提高其对项目的满意度。

风险管理：逐步迭代允许工程师识别潜在的风险和问题，并在它们变得严重之前进行干预，从而避免可能的损失或失败。

对设计的调整与迭代不仅是改进和优化设计的手段，更是确保项目成功、高效并满足各方需求的关键。对于大学生创新创业项目，这一过程更是培养其实践能力、团队协作和批判性思维的宝贵机会。

18.4.3　利用现场试验提高设计的效果与性能

现场试验是创新设计过程中的一个重要环节。对于大学生的土木工程项目，现场试验为学生提供了一个真实的环境，以验证、优化并完善其设计。以下是如何利用现场试验来提高设计的效果与性能。

真实环境的验证：现场试验为设计提供了一个真实的操作环境，帮助学生更准确地理解设计在实际中的表现。这种验证方式比仅依赖计算机模拟和理论计算更为直观且实际。

快速发现问题：在真实环境中进行试验可以迅速发现设计中的缺陷、问题或不足。早期发现并解决这些问题，有助于避免在后续的项目实施中遇到更大的挑战或失败。

性能优化：通过对现场数据的收集和分析，学生可以根据实际反馈优化设计，使其达到更高的性能标准，如增加结构的稳定性、提高材料的使用效率等。

交互性学习：现场试验允许学生与真实的工程环境、材料和设备互动，从而加深他们对土木工程原理的理解和应用。

成本效益分析：现场试验可以帮助学生评估设计的成本效益，比如材料使用的效率、工程的施工速度等，从而使项目更为经济合理。

提高团队合作与沟通：现场试验往往需要团队的紧密合作和协调，加强了学生之间的沟通和协作能力，有助于他们在未来的工程项目中更好地合作。

用户和社区的反馈：在实际环境中进行的试验通常会受到用户或社区的关注。他们的反馈和建议为学生提供了宝贵的第三方观点，有助于进一步优化设计。

为进一步研究提供基础：现场试验为学生提供了大量的实际数据和经验，这些对于他们在学术研究或后续项目中都是非常有价值的。

利用现场试验不仅可以提高设计的效果和性能，还为大学生提供了一个宝贵的实践机会，帮助他们将理论知识转化为实际的技能，并为他们的未来职业生涯打下坚实的基础。

第19章　项目展示与推广

19.1　准备项目展示

19.1.1　确定突出点：如何强调项目的独特性与创新点

1. 明确项目目标

在准备展示前，首先需要明确项目的主要目标。这不仅有助于团队成员之间的沟通，还能确保在展示时突出最关键的部分。

2. 识别创新要素

分析项目中的所有组件和策略，确定哪些方面是创新的、哪些方面与现有的解决方案不同，或者是对传统方法的改进。

3. 制订故事叙述

创造一个引人入胜的故事或背景，解释项目的来源、它解决的问题以及它如何带来改变。一个吸引人的故事可以更好地吸引观众的注意力，使他们更容易记住项目的细节。

4. 视觉辅助工具

使用图表、图片、视频或其他视觉媒体来突出项目的特点。确保这些视觉元素清晰、专业且与叙述相协调。

5. 模型与原型展示

如果可能的话，展示一个工作模型或原型。这为观众提供了一个真实的、直观的感知，能更好地理解项目的实际工作原理和优点。

6. 互动元素

考虑添加一些互动元素，如问答环节、观众参与或模拟演示，以吸引观众并使展示更具吸引力。

7. 团队准备

确保所有团队成员都了解他们在展示中的角色和任务。进行多次彩排，确保每个人都能流利、自信地表达。

8. 获取反馈

在正式展示前，与朋友、导师或同学分享你的展示，获取他们的反馈，看看哪些部分可能需要改进或需要进一步强调。

通过上述准备，确保你的项目展示不仅突出了其独特性和创新点，而且有效地与观众进行了沟通。展示不仅仅是为了说明项目的功能，更是为了传达其背后的价值和意义，为大学生创新创业的道路上增添信心和方向。

19.1.2　结构描述：如何组织并简化复杂的工程信息

为了确保大学生的创新项目能够被受众理解并获得认可，将复杂的工程信息进行有效的组织和简化是至关重要的。以下是一些建议和步骤，帮助你更好地进行结构描述。

1. 定义核心信息

首先要确定你希望观众从项目展示中获得的 3～5 个关键信息或要点。这些应该是你希望观众记住的最重要的元素。

2. 创建逻辑框架

基于这些核心要点，为你的展示创建一个逻辑框架或大纲。这可以帮助你确保所有信息都是有序的，且各部分之间有清晰的逻辑关系。

3. 使用简单语言

避免使用过多的专业术语或复杂的工程词汇。如果必须使用，确保为观众提供简单的解释或定义。

4. 用视觉辅助

图表、简图、流程图或动画可以帮助简化和可视化复杂的工程概念。确保这些图像清晰、简洁，并且与你的描述相匹配。

5. 采用实例或故事

使用相关的故事或实际案例来描述复杂的工程概念。这可以帮助观众更好地理解和记住这些信息。

6. 分段讲述

避免连续不断地提供大量信息。将展示分为几个小段落或部分，每个部分都集中在一个主题或要点上。

7. 使用比喻和类比

为了帮助非专业的观众理解复杂的概念，可以使用他们已经熟悉的比喻或类比。

8. 互动与反馈

考虑在展示的中间或末尾设置问答环节，让观众有机会询问或提供反馈。这也是检查他们是否真正理解你所说的内容的好方法。

9. 练习和准备

在正式展示之前，多次练习你的描述，并根据反馈进行调整。确保你能够自信、流畅地讲述，并在需要的时候进行适当的简化。

结构描述的目的是确保观众能够理解并记住你的项目的关键要点，从而对大学生的创新创业项目产生兴趣和认可。

19.1.3 叙述技巧：讲述项目的故事与背景

为大学生的创新创业项目赋予一个吸引人的故事背景，不仅能更好地与观众建立情感联系，还能使项目更具说服力和吸引力。以下是一些建议和技巧，帮助你更有技巧地叙述项目的故事与背景。

1. 引入背景

从一个引人入胜的背景开始，例如项目的灵感来源，或是你在生活中遇到的一个问题，这样可以吸引观众的注意力。

2. 主人公的角色

每个好故事都有一个主人公。在这里，主人公可以是创业团队、一个具体的用户，或是你希望解决的问题。描述主人公如何与这个项目或问题互动，如何面对挑战，以及最终如何找到解决方案。

3. 情感连接

使用情感词汇描述项目中遇到的挑战或困难，以及你为什么要努力解决这个问题。这样可以与观众建立情感联系，并激发他们的共鸣。

4. 明确的冲突与解决方案

好的故事往往有一个明确的冲突和解决方案。描述你在项目中遇到的主要挑战，以及你是如何解决这些挑战的。

5. 引入现实案例

使用真实的数据、事例或者第三方的评价来支撑你的故事，使其更具说服力。

6. 有趣的细节

提供一些有趣的、可能是观众所不知道的细节，这样可以使你的故事更加吸引人。

7. 清晰的结论

结束故事时，提供一个清晰的结论或“教训”，以及项目未来的展望和目标。

8. 使用多媒体工具

视频、音频、图片或动画可以使你的故事更加生动有趣。考虑使用这些工具来辅助你的叙述。

9. 互动与反馈

在叙述的过程中，可以设置互动环节，如问题与答案，或让观众分享他们的看法和想法，从而使你的叙述更加生动和有吸引力。

一个好的故事不仅能帮助你更好地与观众建立联系，还能使你的项目更加吸引人并脱颖而出。因此，学会技巧地叙述项目的故事与背景是非常重要的。

19.2　如何有效地在各种平台展示土木项目

19.2.1　学术会议：研究的重要性与学术贡献的展示

对于大学生的创新创业项目来说，参加学术会议并在此展示自己的项目是一个非常有价值的经历。它不仅提供了一个与行业内的专家、研究者和其他学生交流的机会，还是一个向外界展示你的研究成果和学术贡献的平台。以下是如何在学术会议上有效地展示土木工程项目的建议。

1. 明确研究目标和重要性

开场时，简要介绍你的研究背景、目标以及为何它是重要的。这会帮助听众理解你的研究背景和目的。

2. 结构化的展示内容

将你的展示内容结构化，使其有逻辑性。例如，可以按照背景、方法、结果和结论四要素的顺序进行介绍。

3. 突出学术贡献

清晰地指出你的研究与现有研究的区别，以及你的项目所带来的学术贡献或新的见解。

4. 使用清晰的图表和数据

图形、图表和数据可以帮助听众更好地理解你的研究成果。确保它们是清晰的、有意义的，并与你的研究内容相关。

5. 准备应对问题

在展示结束后，听众可能会有问题。提前准备一些可能会被问到的问题的答案，这样可以更自信地应对。

6. 练习你的展示

多次练习你的展示，确保你熟悉内容，并可以在规定的时间内完成。

7. 与听众互动

在适当的时候与听众互动，例如，询问他们的看法或建议，这会使你的展示更加有吸引力。

8. 携带相关材料

准备一些与你的研究相关的材料，如论文、手册或海报，以供感兴趣的听众参考。

参加学术会议并展示你的研究不仅是一个学习和交流的机会，还可以提高你的项目的知名度和影响力。因此，务必充分准备，确保你的展示既专业又有吸引力。

19.2.2 工程设计比赛：技术的细节与设计的原创性

参与工程设计比赛是大学生展示其创新能力、技术熟练度和团队合作精神的绝佳机会。这种比赛通常重视设计的实用性、可行性和原创性。以下是如何在工程设计比赛中有效地展示土木工程项目的建议。

1. 深入研究比赛要求

首先应详细了解比赛的要求和标准。这将帮助你明确焦点并确保你的设计满足所有的基本标准。

2. 展示设计的原创性

突出你的设计是如何独特的，以及它如何解决了某个特定问题或满足了某种需求。这可能涉及新的材料使用、独特的结构方式或创新的施工技术。

3. 细节决定成败

确保详细描述你的设计过程、使用的技术和材料选择。评审会非常关心设计的细节和你如何实现这些设计决策。

4. 演示模型或原型

如果可能的话，制作一个工作模型或原型来展示。这不仅可以为评审提供直观的了解，还可以证明你的设计是可行的。

5. 数据与分析

提供详细的数据和分析来支持你的设计决策。这可以包括结构分析、材料测试和成本估算等。

6. 强调团队合作

在大多数情况下，设计比赛都是团队活动。展示团队如何合作，每个成员如何贡献自己的专长，以及团队如何克服困难来完成项目。

7. 准备应对提问

和学术会议类似，比赛结束后，评审可能会有问题。确保团队成员都熟悉项目的各个方面，以便可以自信地回答问题。

8. 关注可持续性和环境影响

随着可持续性和绿色建筑的日益重要，确保突出你的设计是如何考虑到这些方面，以及它们如何带来社会、经济和环境效益。

9. 练习你的展示

与团队成员多次练习你的展示，确保每个人都知道自己的角色，并且可以在规定的时间内清晰、流畅地完成展示。

工程设计比赛是评估一个设计的实用性、技术细节和原创性的场所。确保你的团队充分准备，并展示出你们的专业知识、创新思维和团队合作能力。

19.2.3　线上社交平台：使用视觉与文字有效地传达信息

对于大学生来说，线上社交平台为他们提供了一个展示创新土木工程项目的巨大舞台。利用这些平台可以扩大观众范围，吸引潜在的合作伙伴、投资者或雇主。以下是如何在线上社交平台上有效展示土木工程项目的策略。

1. 选择合适的平台

首先要了解你的目标受众常使用哪些平台。例如：

微信（WeChat）：作为国内最大的社交平台，微信适合发布项目进度、与团队成员和受众互动，以及分享项目相关的新闻和更新。

微博（Weibo）：相当于中国的 Twitter（现改名为 X），微博是一个广受欢迎的社交平台，你可以发布项目更新、分享新闻和与大众互动。

知乎（Zhihu）：一个问答平台，知乎上有大量的专业人士和行业专家。你可以在这里分享项目的技术细节，回答与你项目相关的问题，从而展示你的专业知识。

B 站（bilibili）：一个侧重于视频内容的平台，特别受年轻人喜欢。在 B 站，你可以发布项目的介绍视频、进度更新和技术解读。

豆瓣（Douban）：更偏向于文化和艺术的社交平台，但也可以用来分享项目背后的创意和设计理念，与对艺术和设计感兴趣的受众互动。

选择合适的平台并不只是根据受众，还要考虑项目本身的特性和目的。结合多个平台进行推广，可以帮助你更全面地展示项目，并吸引不同类型的受众。

2. 高质量的视觉内容

确保上传的照片和视频具有高清晰度，并能从多个角度展示项目的关键特点。使用图形、3D 渲染或动画来解释复杂的工程概念。

3. 简明扼要的文字描述

虽然图像很重要，但文字描述也不可忽视。简明地介绍项目的目的、创新点和技术细节，使非专业观众也能理解。

4. 互动与参与

鼓励观众提问或评论，与他们进行互动。这可以帮助你获得反馈，进一步完善和推广项目。

5. 故事叙述

将你的项目放在一个有吸引力的背景故事中。描述这个项目是如何诞生的，背后的灵感来源，以及它为社会带来的潜在价值。

6. 使用标签和关键词

确保你的帖子可以被目标受众找到。使用与项目相关的标签和关键词，以增加其在线可见性。

7. 分享进度与里程碑

定期更新项目的进展，分享关键的里程碑或重大成就。这可以帮助建立一个连续的故事线，吸引观众持续关注。

8. 与行业影响者合作

寻找与你项目相关的行业影响者或专家，并尝试与他们合作或获得他们的支持，他们的背书或分享可以大大增加你的项目的曝光度。

9. 安全与隐私

确保你分享的所有内容都不会泄漏任何敏感或私有信息。同时，保护团队成员和相关方的隐私。

10. 持续更新与维护

不要只发一次帖子就忘记了。持续更新和维护你的在线内容，确保它始终反映项目的最新状态。

利用线上社交平台进行项目展示是一个强大的工具。通过结合视觉和文字内容，可以有效地展示土木工程项目，吸引更广泛的观众，并为之后的创新之旅开辟新的机会。

19.3 项目推广基础

19.3.1 识别目标受众：了解潜在的利益方与合作伙伴

当你开始推广项目时，首先需要明确你的目标受众是谁。一个明确的目标受众可以确保你的推广信息更加精准和有效。

行业专家与同行：他们可以为你的项目提供专业的建议和反馈，或可能成为未来的合作伙伴。

投资者与资金提供方：对于需要资金支持的创新项目，吸引合适的投资者是至关重要的。他们不仅可以为项目提供资金，还可能为项目提供商业运营的经验和资源。

潜在的客户或用户：根据你的项目类型，可能有一部分人群特别对你的项目感兴趣，他们是你的潜在客户或潜在用户。

学术界与研究人员：如果你的项目有独特的研究价值，那么吸引学术界的关注会对项目的进一步发展有帮助。

媒体与公众：良好的公众形象和知名度可以为项目带来更多的机会和资源。

识别目标受众后，需要针对不同的受众群体制定不同的推广策略和信息。例如，对于投资者，你可能需要强调项目的商业潜力和收益预测；而对于学术界，你可能需要展示项目的研究价值和创新性。

19.3.2 市场分析：评估项目的市场需求与潜在价值

对于大学生创业者，了解并分析市场是确保创新项目成功的关键步骤。由于资源有限，对市场的准确判断可以避免不必要的失误。

市场调研：初步了解目标市场的大小、增长率、趋势以及竞争状态。调查可以通过在线问卷、面对面访谈或观察等方法进行。对于学生创业者，校园内的同学、教师和行业协会都是宝贵的资源。

用户需求分析：与潜在用户交流，了解他们的需求和痛点。对于大学生，可以利用社交网络、学生社团或校园活动收集反馈。

竞争对手分析：研究市场上已存在的类似项目或产品，了解他们的优势和劣势。对于学生来说，这也是一个学习的好机会，通过分析可以避免重复他人的错误。

市场细分：确定项目的目标市场细分，例如特定的年龄段、地域或消费习惯等。这有助于大学生更有针对性地进行项目推广。

潜在价值预测：基于市场调研和分析，预测项目的潜在价值。考虑市场容量、接受度和预期销售额。对于学生创业者，可以先从小规模的试点开始，逐渐扩大规模。

持续跟进与调整：市场是变动的，特别是在技术快速发展的当下。大学生创业者需要持续关注市场变化，并根据反馈及时调整项目方向或策略。

市场分析不仅能帮助大学生创业者判断项目的可行性和潜在价值，还能为项目的后续推广和运营提供有力的支撑。

19.3.3　策略制定：制定一个具体的推广与市场进入策略

对于大学生创业者而言，有一个清晰、具体的推广策略至关重要。这样不仅可以高效地使用资源，而且能确保在关键时刻做出正确的决策。

1. 目标定位

市场定位：确定你的产品或服务面向的特定市场或细分市场。

客户定位：明确你希望吸引的目标客户群体，如年龄、性别、兴趣等。

2. 选择适当的渠道

线上推广：利用社交媒体平台如微信、微博、抖音等发布产品信息和故事。

线下推广：参与或组织学术会议、创业大赛、工作坊或讲座，与潜在客户直接互动。

合作伙伴关系：与学校、学生组织或相关企业合作，实现资源共享和相互推广。

3. 内容策略

故事叙述：分享项目背后的灵感来源、团队故事或解决的实际问题，吸引公众的关注。

教育内容：为目标受众提供与项目相关的教育或培训内容，如工作坊或在线教程。

4. 预算与资源分配

根据推广策略，为每个活动或渠道分配预算和资源。

优先考虑成本效益高的策略，如社交媒体广告或合作活动。

5. 时间线与里程碑

设定具体的推广时间线，确保在关键时期（如产品发布或大型活动）进行有效推广。

根据时间线，设置里程碑来跟踪和评估推广效果。

6. 反馈与优化

定期收集推广活动的反馈和数据，如点击率、转化率或客户反馈。

根据这些数据及时优化推广策略，确保最大化投资回报率（Return on Investment，ROI）。

对于大学生创业者，制定一个清晰、系统的推广策略是关键。通过深入分析市场、客户需求和资源状况，可以制定出符合自身项目特点的有效策略。

第 20 章　团队与资源管理

20.1　如何组建并管理一个高效的土木工程团队

对于大学生创新创业项目，拥有一个高效、和谐且技能互补的团队至关重要。团队成员的合作与协同工作将直接影响项目的成功与否。

20.1.1　确定团队目标与期望

对于大学生创新创业团队来说，明确的目标与期望为整个项目的成功奠定了基础。以下是如何确定和设定团队目标与期望的具体步骤。

集体制定目标：开始时，邀请所有团队成员共同讨论并设定目标。这有助于确保每个人都对目标有所投入和认同。

SMART 原则：制定具体（Specific）、可衡量（Measurable）、可达到（Attainable）、相关（Relevant）和有时限（Time-bound）的目标。例如，而不是说“我们要建一个桥”，更具体地说“我们要在三个月内使用可持续材料建造一个可以承载 10t 的桥”。

明确期望：每个团队成员应明确了解他们的职责以及从他们那里期望得到的成果。这可以减少潜在的冲突并提高效率。

团队价值观和文化：除了项目目标外，还应确立团队的价值观和文化。例如，团队可能决定重视透明沟通、团结合作或持续学习。

设定里程碑：为长期目标设定中间的里程碑。这有助于团队跟踪进度，保持动力，并在达到每个里程碑时庆祝。

定期回顾：至少每个月组织一次团队会议来回顾目标的进展，并在需要时进行调整。这有助于确保团队始终与目标保持一致，并能够及时应对任何变化或挑战。

提供反馈机制：鼓励团队成员相互提供关于目标进展的反馈。这有助于识别任何潜在的问题或瓶颈，并及时解决。

灵活性：尽管目标和期望是必要的，但团队也应保持一定的灵活性。在遇到未预料到的挑战时能够调整策略或目标，可能是成功的关键。

通过明确并经常回顾团队的目标和期望，大学生创新创业团队可以确保他们朝着共同的方向努力，并最大化他们的成功机会。

20.1.2　招募与选择：找到合适的人才与专业背景

在大学生创新创业团队中，人才的选择至关重要。拥有合适的人才和专业背景不仅可以确保项目的成功进行，还能增强团队之间的合作与沟通。以下是如何招募和选择合适的团队成员的建议。

明确需求：在开始招募过程之前，先确定你需要的专业背景和技能。这可以帮助你更加有针对性地寻找合适的人才。

利用学校资源：大多数学校都有就业和实习中心，提供学生招募服务。此外，参与学校的创业俱乐部和组织也是寻找合适团队成员的好方法。

网络招募：利用社交媒体平台如微信、微博或 QQ 群来发布招聘信息。你还可以使用学校的在线论坛或者创业相关的网站平台。

面试与筛选：一旦收到申请，组织面试来了解申请者的技能、经验和团队合作态度。不仅仅要看技能和经验，还要看他们是否与团队的文化和目标相匹配。

团队动态：确保新成员能够与现有团队成员很好地合作。可能需要组织团队建设活动或工作坊，以促进新旧成员之间的互动和合作。

实习与实践：对于那些在特定领域缺乏经验但显示出高度潜力和热情的学生，提供实习机会是一个好方法。这不仅可以帮助他们获得实际经验，还可以测试他们是否适合长期加入团队。

持续培训：一旦团队成员到位，确保提供适当的培训和资源，使他们能够成功完成任务。这包括技术培训、团队合作培训或与项目相关的特定培训。

反馈与评价：为新成员提供定期的反馈，并根据需要进行调整。确保他们知道自己在哪里做得好，以及哪里需要改进。

为你的大学生创新创业项目选择合适的团队成员是成功的关键。通过明确的需求、有效的招募策略和持续的培训，你可以确保你的团队具备完成项目的所需资源和技能。

20.1.3　团队建设与合作：促进团队间的沟通与合作

对于大学生的创新创业团队，团队建设与合作是推动项目前进的核心力量。以下是如何建立团队合作精神并确保顺畅沟通的建议。

团队建设活动：定期组织团队建设活动，如团队培训、户外拓展训练或团队游戏，来增强团队之间的信任和协作。

明确角色与职责：确保每个团队成员都清楚自己的角色和职责，这可以避免工作重叠和遗漏。

开放沟通：鼓励团队成员之间的开放沟通，确保每个人都能在安全、无批判的环境中发表意见。

定期团队会议：组织定期的团队会议，以确保所有成员都了解项目的进展和未来的计划。这样可以保证团队的目标和方向始终一致。

冲突解决：冲突在任何团队中都可能发生，特别是在高压力的创新创业环境中。建立一个公平且明确的冲突解决机制，确保问题能够被迅速并公正地解决。

共同的目标与愿景：团队的愿景和目标应该被明确地传达给每个成员，并确保每个人都对其有深入的理解和投入。

共同庆祝成功：当团队达到某个里程碑或完成某个重要任务时，一起庆祝。这不仅可以提高团队的士气，还可以增强团队归属感。

提供成长机会：鼓励团队成员参与各种培训和工作坊，以增强他们的技能和知识。这不仅有助于个人成长，也有助于团队的整体发展。

反馈文化：建立一个鼓励给予和接受反馈的文化。通过定期的一对一会议或团队反馈会议，确保每个人都知道自己的表现和可以改进的地方。

对于大学生的创新创业团队来说，确保团队的合作和沟通是成功的关键。通过上述策略，你可以建立一个高效、协作并保持一致的团队。

20.2　资 源 规 划

20.2.1　预算制定：根据项目需求和目标制定合理预算

对于大学生的创新创业项目，制定一个合理和实际的预算是成功的关键。预算不仅涉及资金的分配，还包括如何高效地利用资源以实现项目的目标。以下是制定预算的几个建议。

明确项目目标：在开始预算制定之前，首先要明确项目的目标和期望的成果。这有助于确定哪些资源是必要的，哪些可以暂时排除。

详细列出费用：对项目的所有可能费用进行详细清单，包括材料、工具、人力、外包、培训、营销、行政费用等。

估计收入：对于有盈利目标的项目，预估项目可能带来的收入。这可能包括产品销售、赞助、投资等。

优先级分配：基于项目目标，为各个费用项设定优先级。这可以确保关键资源得到足够的资金支持。

设定储备金：预留一部分预算作为应急资金。这有助于应对预料之外的费用或预算超支。

定期审查与调整：预算不应该是一成不变的。随着项目进展，可能需要对预算进行调整以适应变化。

利用学校资源：大学通常有一些资源，如实验室、工具或设备，可以供学生使用。在制定预算时，考虑这些可以降低费用的资源。

寻求赞助和资助：对于某些项目，可以考虑寻找赞助商或申请资助。这不仅可以增加预算，还可能带来其他形式的支持，如技术、设备或知识。

明确责任和权限：确保团队内有明确的人员负责预算的制定、管理和审查。此外，为花费设定权限，确保资金的合理使用。

记录与监控：使用适当的工具或软件记录所有的支出和收入。定期监控预算执行情况，与预算计划进行比较，确保资金的有效使用。

制定合理的预算是项目管理的关键环节。对于大学生的创新创业团队，这不仅可以确保资源的高效利用，还可以提高项目成功的机会。

20.2.2 时间线规划：明确项目里程碑与关键时间点

对于大学生的创新创业项目，时间管理和规划同样是关键因素。确保项目按计划进行并在预定时间内完成可以帮助团队达到其目标，并为未来的投资者或合作伙伴展现出高效和专业的形象。以下是关于时间线规划的建议。

定义项目起止日期：确定项目的开始和预计结束日期，确保所有团队成员都知道并对此达成共识。

明确关键里程碑：将项目分解为多个关键任务或阶段，并为每个阶段设定明确的起始和结束日期。这些里程碑可以帮助团队跟踪项目进度。

设定优先级：确保关键任务和活动优先处理，这些通常与项目的成功直接相关。

考虑缓冲时间：在计划中加入一些缓冲时间，以应对可能的延迟或突发情况。

设定定期检查点：设定一系列的检查点，以评估项目的进度。如果项目偏离了预定的路径，这可以帮助团队及时调整。

使用项目管理工具：利用项目管理软件或应用程序，如 Microsoft Project、Trello 或 Asana，来帮助规划和跟踪项目的时间线。

开会、更新进度：定期与团队成员会面，更新项目进度，确认是否按计划进行，并根据需要进行调整。

考虑学术日程：大学生需要平衡学业和项目工作，因此要考虑学期、考试和假期等关键日期。

与其他项目或活动协调：如果团队成员同时参与其他项目或活动，确保调整时间线，避免冲突。

记录并反馈：记录项目过程中的延迟或提前完成的原因，并在项目结束后进行总结，为未来的项目提供宝贵的经验。

时间线规划不仅是对项目未来进程的预测，还为团队提供了一个清晰的路径，帮助他们逐步实现项目目标。对于大学生的创新创业团队，有效的时间管理不仅可以提高工作效率，还能帮助他们更好地平衡学业与创业活动。

20.2.3　所需材料清单：列出所有必要资源与供应商信息

为确保土木工程项目的顺利进行，大学生创新创业团队应制定一个详细的材料清单，确保从项目初期就考虑到所有必要的资源。以下是如何制定并管理这种清单的方法。

详细规划：在项目开始之前，与团队成员一起确定所需的所有物料和资源。这包括工程材料、工具、软件以及任何其他必要的物品。

分类管理：将清单分成几个部分，如原材料、工具、安全设备等，这有助于清晰、系统地管理。

获取报价：一旦列出所需的所有物料，联系几家供应商获取价格报价。这有助于预算控制和成本估算。

考虑备选方案：对于每个关键物料，考虑至少一个或两个替代品。这在原材料短缺或供应链中断时特别有用。

记录供应商信息：除了物料和其价格，还要在清单中记录供应商的联系信息、交货时间以及购买和退货政策。

更新材料清单：随着项目的进展，可能会出现新的需求或一些物料可能不再需要。确保定期更新材料清单以反映这些变化。

考虑环境因素：在选择材料和供应商时，考虑环保因素。选择可再生或环保的材料可以提高项目的可持续性。

团队沟通：确保所有团队成员都可以访问并理解材料清单。当有人需要购买或查询物料时，他们应该知道去哪里查找信息。

记录采购信息：当物料被购买或收到时，更新清单以记录实际的交货日期、数量和实际成本。

安全与合规性：确保所选材料符合所有适用的安全和行业标准。

通过细致且有组织的方法管理材料清单，大学生的创新创业团队可以确保他们在项目的整个生命周期中都有所需的资源。这不仅可以节省时间和金钱，还可以降低项目延误的风险。

20.3　风 险 管 理

20.3.1　预测工程风险：识别可能的技术、财务或环境风险

在土木工程项目中，尤其是在大学生的创新创业环境中，风险管理是一个核心要素，可以确保项目的顺利进行并成功完成。

1. 技术风险

涉及工程项目中所使用的技术、工具或方法的风险。例如，使用新型材料或尝试新技术时可能会出现的问题。

预测：对新技术和材料进行充分的研究和测试。

管理：在项目开始前进行小规模的实验或模拟，确保技术可行。

2. 财务风险

与项目资金、预算超支或投资回报相关的风险。

预测：制定详细的预算，考虑所有潜在的成本，包括意外支出。

管理：定期检查项目的财务状况，并与预算进行比较。如有需要，及时调整预算。

3. 环境风险

与项目对环境的潜在影响、工作环境或社会环境因素有关的风险。

预测：在项目开始前进行环境评估，确定可能的负面影响，并制定预防措施。

管理：监控工程活动对环境的影响，并采取必要措施减轻任何不利影响。

4. 策略制定

风险评估：通过风险评估，可以识别和评价可能的风险，并确定其对项目的影响程度。

风险优先级：根据风险的概率和影响对其进行分类，并确定应优先处理的风险。

制订应对计划：针对每个识别的风险制定一个明确的应对策略。这可以是减轻、转移、避免或接受风险。

通过对可能的技术、财务和环境风险进行预测和管理，大学生的创新创业团队可以提高他们的工程项目的成功率，同时减少潜在的损失和延误。

20.3.2 制订应急计划：为可能的风险设计应对策略

制订一个有效的应急计划是确保项目顺利进行和避免因未预测的风险导致的延误或损失的关键。以下是为大学生创新创业的土木工程团队设计的应急计划制订步骤。

1. 风险识别

首先，识别可能影响项目的所有风险。这包括技术故障、供应链中断、资金短缺、人员短缺或其他外部因素。

评估风险的影响与可能性：对于每个识别的风险，评估其对项目的可能影响（小、中、大）和发生的可能性（低、中、高）。

2. 制定应对措施

预防策略：针对高概率的风险制定策略，例如，通过培训或使用备用设备来预防技术故障。

准备策略：为中度概率的风险制定策略，如准备额外的资金来源或与多个供应商建立联系。

应急响应策略：为低概率但高影响的风险制定策略，例如，设计紧急撤离计划或备份方案。

指派责任：确保团队中的每个成员都知道在风险发生时他们的角色和责任是什么。例如，谁负责与供应商联系，谁负责通知团队成员等。

3. 训练与模拟

定期对团队进行应急响应训练，并模拟风险事件，以确保每个人都熟悉应急计划并能迅速采取行动。

4. 评估与更新

在项目过程中，定期评估应急计划的有效性，并根据新的信息或情况进行更新。

应急计划的目标是确保团队能够迅速、有效地应对任何突发情况，从而减少损失和延误。对于大学生的创新创业团队来说，这不仅是一个技能训练的机会，还是一个提高项目成功率的机会。

20.3.3 问题解决方案：遇到问题时的决策流程与技巧

在土木工程项目中，尤其是在大学生创新创业的环境中，遇到问题是常态。有效的问题解决不仅需要技术知识，还需要具备一套系统的决策流程与技巧。以下是一个问题解决的决策流程与一些相关技巧。

1. 问题定义

确定问题的确切性质。这是什么问题？它是如何影响项目的？

使用（何时、何地、谁、为什么、怎样、什么）来帮助定义问题。

2. 收集信息

获取与问题相关的所有信息和数据。这可能包括与团队成员、供应商或专家进行咨询。

使用工具如脑图或因果图来可视化问题。

3. 生成解决方案

进行头脑风暴会议，鼓励团队提出各种解决方案，不论它们有多离奇。

使用 SWOT 分析（优点、缺点、机会、威胁）来评估每种解决方案的可行性。

4. 评估与选择

对每个潜在的解决方案进行成本效益分析。

考虑每个方案的长期和短期影响。

5. 实施解决方案

制订一个清晰的行动计划，包括所需资源、时间表和责任人。

通知所有相关人员并确保他们了解并支持所选择的解决方案。

6. 评估结果

一旦解决方案实施，收集反馈和数据以评估其效果。

如果结果不如预期，返回到生成解决方案的步骤并尝试另一种方法。

7. 持续改进

从每一个问题和其解决方案中学习，为未来的决策提供参考。

培养团队的“持续改进”文化，鼓励团队成员在项目中持续寻找优化机会。

8. 技巧

分而治之：将大问题分解成小问题，逐一解决。

模拟与实验：在决定完整实施解决方案之前，先进行小规模的模拟或实验。

获取外部意见：有时候，外部的观点可以为难题带来新的视角。

持续学习：鼓励团队成员定期参加培训或研讨会，以获取新的问题解决技巧和方法。

对于大学生创新创业团队来说，有效的问题解决不仅可以帮助他们完成项目，还可以培养他们的批判性思维和决策能力。

第21章　项目实施与合作机会

21.1　工程项目的全过程

21.1.1　设计草图与初步规划

1. 设计草图的步骤

设计草图是工程项目的第一步。这是项目从想法转化为具体实施的阶段，通常涉及以下步骤。

确定需求：与团队、客户或合作伙伴合作，明确项目的主要目标和预期结果。

草图绘制：利用简单的工具（如纸和铅笔）进行初步的设计草图，描绘项目的主要构造。

功能分析：对每个部分的功能性进行深入探讨，确保设计满足预定的目标。

反馈征集：与相关的利益相关者分享初步设计，并根据其反馈进行调整。

2. 技巧与建议

尽早与可能的利益相关者进行沟通。他们的反馈在此阶段至关重要。

不要害怕修改草图。此阶段的目的是探索和迭代。

使用技术工具，如计算机辅助设计（CAD）软件，可以帮助更准确地制定设计草图。

对于大学生创业团队，这个阶段尤其重要，因为它设置了项目的基调并确保团队有共同的视角。此外，通过与专家和导师的合作，团队可以获得宝贵的建议和指导，从而优化他们的初步设计和规划。

21.1.2　施工图与详细设计

1. 施工图与详细设计概述

施工图与详细设计是项目实施的关键阶段，将设计草图转化为具体、可操作的蓝图。它为施工团队提供了必要的信息和指导，以确保工程的成功实施。

细化设计：在此阶段，所有的设计元素都会被详细考虑和解决，从结构到材料，再到具体的施工方法。

制定施工图：使用高级的计算机辅助设计（CAD）软件，将详细设计转化为施工图，以清晰地展示所有细节。

材料与资源清单：基于详细设计，列出所有所需的材料、工具和资源，确保施工过程中的所有需求都被考虑到。

安全与合规性考虑：确保设计符合所有相关的安全标准和法规要求，减少工程风险。

与供应商和合作伙伴沟通：为获取所需的材料和资源与他们建立联系。

2. 技巧与建议

为团队成员提供专业的CAD培训，使他们能够有效地制作和理解施工图。

在此阶段与工程专家、导师和业内专家进行频繁的沟通，以确保所有细节都被充分考虑。

时刻关注项目预算，确保所有决策都在经济上是可行的。

与相关的政府部门或审核机构合作，确保设计符合所有的标准和规定。

对于大学生创业团队，这一阶段可能需要他们与学校的教授、工程师和其他行业专家进行更多的合作。利用学校资源，如实验室、软件和其他技术工具，可以帮助团队更有效地完成这一阶段的任务。

21.1.3　施工与监控

1. 施工与监控概述

施工与监控阶段是确保工程项目按计划进行，并确保设计理念得以实现的关键环节。对于大学生创新创业团队来说，这一阶段可能会涉及与更专业的施工团队合作，以确保施工的顺利进行。

施工准备：确保所有必要的材料、工具和设备都已准备妥当。对施工队伍进行培训，确保他们了解项目的所有细节和要求。

工地安全：实施安全措施，确保工地的所有人员都遵循安全规定，预防意外伤害。

施工进度的监控：定期检查工地，确保施工按计划进行。使用现代技术，如无人机或其他远程监控工具，进行实时的工地监控。

问题的识别与解决：及时识别任何潜在的问题，并迅速采取措施进行纠正。这可能涉及重新设计某些部分或更换某些材料。

与利益相关者的沟通：定期向项目的投资者、合作伙伴和其他利益相关者报告进展，确保他们对项目进度有所了解。

质量检查与验收：项目完成后，进行细致的质量检查，确保所有工作都满足预定的标准。然后，与项目的利益相关者一起进行验收，确保他们对完成的工程满意。

2. 技巧与建议

利用项目管理软件，如 Microsoft Project 或 Trello，以追踪施工进度和管理任务。

为团队成员提供专业的工地安全培训，确保他们知道如何在工地上保持安全。

定期与施工队伍沟通，了解他们在施工过程中遇到的任何问题或挑战，及时为他们提供支持。

对于大学生创业团队，与学校或其他研究机构合作可能会提供额外的资源和专业知识，帮助他们更有效地管理施工过程。

在施工与监控阶段，大学生团队应充分利用他们在学术领域的优势，结合理论知识和实际经验，确保工程的成功实施。

21.1.4　完工验收与项目交付

1. 完工验收与项目交付概述

完成工程施工后，进入完工验收与项目交付阶段。这一阶段意味着工程项目的完成，但同时也是对整个项目工作的一个全面评估和确认。对于大学生创新创业团队来说，这也是一个向利益相关者展示他们努力成果的重要时刻。

内部评审：在正式验收前，团队应进行内部评审。检查项目的各个方面，确保与设计和规划文档一致，满足预定标准。

验收流程：与利益相关者或客户进行实地考察，展示整个工程项目的完成情况。对工程进行细致的检查，确保没有遗漏或错误。

项目文档的交付：提交所有相关的设计、施工、检测等文档。这些文档将为后续的运营和维护提供重要参考。

收集反馈：从利益相关者或客户那里收集关于项目的反馈，这些反馈对于未来的项目和团队的成长都是宝贵的。

项目总结与经验分享：团队应总结此次项目的经验教训，分享成功经验和遇到的问题，为下一次项目提供参考。

后续支持与服务：确保项目交付后还能为客户提供必要的技术支持和服务，解决他们在使用过程中可能遇到的问题。

2. 技巧与建议

利用专业的验收标准和流程，确保项目满足所有要求。

在项目初期就与客户或利益相关者明确交付内容和标准，避免最后阶段的误解或冲突。

采集用户或客户的真实使用反馈，这有助于不断完善设计和提供更好的服务。

对于大学生创业团队，这一阶段也是一个与学术界、行业和社会建立联系的好机会。充分利用这一机会，积累资源和经验，为未来的发展奠定基础。

完工验收与项目交付不仅是对前期工作的总结和评价，更是团队与客户建立长期合作关系的起点。只有确保每一项工程都能被高质量地完成，才能赢得市场的认可和信任。

21.2　合作伙伴关系

21.2.1　与承包商的合作策略与管理

与承包商合作是实现土木工程项目成功的关键环节。为大学生创新创业团队而言，选择合适的承包商并建立稳固的合作伙伴关系至关重要。

1. 选择合适的承包商

专业能力：评估承包商的技术能力、历史工程案例和信誉，确保其可以满足项目需求。

信誉与经验：查阅承包商的过往工程记录、客户反馈和行业口碑，了解其工作态度和质量。

2. 明确合同与条款

详细描述：确保合同中详细列明工程的范围、质量标准、工期、支付方式等关键信息。

风险管理：合同中应包含可能出现的风险、违约责任等相关条款，为双方提供保障。

3. 持续沟通与管理

定期检查：与承包商保持定期的沟通和项目进度检查，确保工程顺利进行。

及时反馈：遇到问题或不满意的地方，应及时与承包商沟通并提供反馈。

4. 培养互信关系

公平交易：保证按照合同条款及时支付款项，建立长期稳定的合作关系。

共同成长：鼓励承包商提升技术和服务，为双方的未来合作打下基础。

5. 技巧与建议

初创团队可能缺乏与承包商合作的经验，可以寻求导师或行业内有经验的人士的建议和指导。

良好的沟通是成功合作的关键，确保团队中有专门负责与承包商沟通的人员，并定期召开会议。

在合作过程中，给予承包商足够的尊重和信任，这有助于建立长期的合作伙伴关系。

大学生创新创业团队在与承包商合作时，不仅要注重项目的短期目标，更要重视与承包商的长期合作关系。这将为团队未来的项目带来更多的机会和资源。

21.2.2　与供应商的关系建设与维护

在土木工程项目中，供应商的角色不可或缺。他们为项目提供必要的材料和服务，确保工程能够按时、按质完成。对于大学生创新创业团队来说，建立和维护与供应商的良好关系至关重要。

1. 选择合适的供应商

产品质量与价格：对供应商提供的产品和服务进行质量评估，同时考虑价格和价值比。

供应能力与稳定性：确保供应商能按时供货，并有稳定的生产链和供应链。

2. 建立长期合作机制

明确合同：与供应商签订详细的合同，规定供货周期、价格、质量标准等条款。

长期合作意向：与供应商探讨长期合作的可能性，比如优惠价格、长期供货等。

3. 持续的沟通与反馈

定期沟通：与供应商定期进行沟通，了解供货情况、产品更新等。

提供反馈：向供应商提供关于产品和服务的反馈，帮助他们改进。

4. 诚信与信任建设

及时付款：按照合同约定及时支付货款，建立信任。

共同解决问题：遇到问题时，与供应商共同沟通并寻求解决方案，而不是单方面指责。

5. 技巧与建议

了解市场供应情况，不要完全依赖于单一供应商，以降低供货风险。

建立一个与供应商的评价系统，定期评估其性能，确保合作关系的持续优化。

与供应商建立友好的非正式关系，如组织座谈会、供应商日等，加深双方的了解和信任。

对于大学生创新创业团队而言，与供应商建立稳定、信任的合作关系可以保障项目的稳定进行，同时也为未来的发展和扩张提供支持。

21.2.3　与其他专家（如建筑师、环境科学家）的合作与沟通

土木工程项目的成功往往取决于多学科团队之间的合作。在项目实施过程中，与建筑师、环境科学家及其他相关领域的专家通力合作是至关重要的。对于大学生创新创业团队，如何有效地与这些专家合作和沟通是一个值得注意的问题。

1. 明确合作目标与职责

定义角色：为每位合作伙伴定义清晰的角色和职责，确保每个人都知道他们应该做什么。

共同制定目标：与团队成员和合作伙伴共同确定项目的目标和预期成果。

2. 持续的沟通与反馈

定期会议：组织定期的项目进展会议，确保所有团队成员都了解项目的最新进展和可能的问题。

开放反馈：鼓励团队成员和合作伙伴提供反馈，分享他们的观点和建议。

3. 尊重专业知识

学习与倾听：尊重其他领域的专家知识，努力学习并倾听他们的建议。

集体决策：在关键的项目决策上，考虑所有合作伙伴的意见，共同作出决策。

4. 建立信任与合作关系

建立信任：通过开放、诚实的沟通，与合作伙伴建立信任关系。

团队建设活动：组织团队建设活动，加强团队成员之间的联系，促进团队合作。

5. 技巧与建议

在合作初期，投入时间进行团队培训和熟悉，确保每个人都了解项目的背景和目标。

使用数字化工具（如共享文档、项目管理软件等）加强团队间的沟通和协作。

为合作伙伴提供必要的资源和支持，确保他们能够完成分配给他们的任务。

与多学科的专家合作，可以为大学生创新创业团队提供更广泛的视角和专业知识，帮助他们更好地实施项目，达到预期的目标。

21.3 利用技术合作与资金援助的机会

21.3.1 探索与技术合作伙伴的共创机会

技术合作是现代土木工程项目取得成功的关键因素之一。对于初涉创新创业的大学生来说，与技术合作伙伴共创不仅可以带来技术上的支持，还可以扩大资源网络，增强项目的竞争力。

1. 确定合作需求

技术盲点分析：分析团队目前在技术上的短板或需要的技术资源，以确定与哪些技术合作伙伴共创最为合适。

了解市场趋势：通过市场调查，了解当前土木工程中的新技术和趋势，找出可能的技术合作伙伴。

2. 建立联系与沟通

行业会议与展览：参加土木工程及相关行业的会议和展览，与可能的技术合作伙伴建立联系。

技术论坛与社群：在技术论坛和社群中分享项目信息，吸引技术合作伙伴的关注。

3. 共创协议与合作

明确共创目标：与技术合作伙伴明确合作的目标、期望结果及双方的责任与权益。

资源共享：分享团队和技术合作伙伴之间的资源，如技术、设备、知识等，实现双赢。

4. 持续合作与反馈

定期评估：定期评估合作的成果，确保双方都能从中受益。

及时调整：根据合作过程中出现的问题和新的需求，及时调整合作策略和合作方案。

5. 技巧与建议

在与技术合作伙伴沟通时，要诚实、透明，并显示出真正的合作意愿。

在合作初期，建议签订明确的合作协议，以避免日后的纠纷。

定期与技术合作伙伴沟通，了解他们的需求和反馈，确保合作的持续性。

对于大学生创新创业团队，与技术合作伙伴共创可以提供技术和资源的支持，加速项目进程，增强项目的竞争力。

21.3.2 如何申请与获取资金援助与赞助

对于大学生的土木工程项目，资金是推进项目的重要动力。无论是初创项目还是已有一定规模的项目，获取外部资金援助和赞助都是常见的策略。以下是一些建议和步骤。

1. 确定资金需求

项目预算：编制详细的项目预算，明确资金需求。

短期与长期：区分项目的短期和长期资金需求，以便更好地寻找合适的资金来源。

2. 寻找资金来源

校内资源：许多大学都有特定的基金和奖学金来支持学生项目。例如，学生创新创业中心、科研办、学生会等。

行业赞助：许多企业愿意赞助学生项目，以增加其品牌知名度或与学生建立联系。

政府补助与基金：许多地方和中央政府都有项目资助和补助政策。

众筹平台：例如，“众筹网”等平台，可以公开展示项目，吸引公众和潜在投资者的支持。

3. 准备申请材料

项目提案：详细描述项目的目标、计划、预期结果和资金需求。

团队介绍：强调团队成员的专业背景、技能和以往的成功经验。

预算细节：详细列出资金的使用计划。

4. 建立联系并提交申请

建立关系：在申请前，最好先与资助者或赞助者建立联系，了解他们的兴趣和需求。

提交申请：按照要求准备和提交申请材料。确保材料完整且准确无误。

5. 跟进与反馈

定期更新：在获得资金后，定期向资助者或赞助者更新项目进展。

感谢与认可：在项目成果中，认可和感谢资助者或赞助者的支持。

6. 技巧与建议

在申请资金时，要确保项目的独特性和创新性，这会增加项目的吸引力。

不要把所有希望寄托在一个资金来源上。应广泛寻找并申请多个资金来源。

与资助者或赞助者保持良好的沟通和关系，这会有助于未来的合作和资金支持。

资金是推进项目的关键，但也要确保有效和透明地使用资金，以维护团队和资助者或赞助者之间的信任。

21.3.3 建立持久的合作关系：长期策略与合作框架

在土木工程项目中，与各方建立长期、稳定的合作关系对于项目的成功至关重要。尤其是对于大学生创业团队来说，可靠的合作伙伴不仅可以为其提供技术支持和资金援助，还可以为其打开更广阔的市场和业务机会。以下是如何建立和维护这些合作关系的策略和建议。

1. 明确双方期望

与合作伙伴明确合作的目的、目标和期望。

定期评估合作关系的状态和效果，确保双方的利益得到满足。

2. 建立合作框架

签订合作协议或合同，明确合作的范围、权利和义务、分工与合作方式。

设立固定的沟通渠道和频率，确保双方能够及时交流和解决问题。

3. 共同发展

与合作伙伴共同参与研发、创新和市场拓展活动。

定期组织合作研讨会、技术交流会等，共同探讨市场趋势和技术发展。

4. 维护和深化合作关系

为合作伙伴提供技术、资金或市场支持，确保其利益得到满足。

在公开场合或项目中给予合作伙伴适当的认可和宣传。

5. 处理合作冲突

当出现合作分歧或冲突时，及时与合作伙伴沟通和协商，寻求共赢的解决方案。

设立独立的调解机制或第三方仲裁，确保合作关系的稳定和长久。

6. 技巧与建议

在选择合作伙伴时，要充分考虑其背景、信誉和合作意愿。

定期评估和更新合作策略，确保与市场和技术发展同步。

在合作中，要注重诚信和透明，避免因为误解或隐瞒信息而导致的合作矛盾。

建立长期合作关系需要双方的共同努力和投入，不应只看重短期的利益和收益。

对于大学生创业团队来说，与各方建立稳固的合作关系不仅可以为其提供技术和资金支持，还可以为其打开更广阔的市场和业务机会。通过上述策略和建议，希望能够帮助团队建立和维护与合作伙伴的长期、稳定的合作关系。

第22章 大学生实践与参赛简介

22.1 大学生在土木工程实践中的挑战与机遇

22.1.1 当前大学生面临的土木实践挑战

在土木工程领域中，国内的大学生面临着不少挑战。

实践机会有限： 虽然理论知识是非常重要的，但土木工程尤其强调实际操作和现场经验。很多大学生发现，尽管他们在课堂上学到了很多，但是缺乏真正的实践机会。

技术更新迅速： 土木工程的技术在不断进步，新的材料、工具和技术持续涌现。这要求大学生不断更新自己的知识，以保持竞争力。

项目管理的复杂性： 对于初入行业的大学生来说，处理大型土木工程项目的多方面内容可能会感到不知所措。这包括与承包商、供应商和其他利益相关者的交流。

行业竞争激烈： 随着更多的大学生选择土木工程作为职业，竞争变得越来越激烈，尤其是在顶级工程公司和大型项目中。

与此同时，大学生也面临着许多独特的机遇。参考前面提到的各种竞赛，它们为大学生提供了展示自己能力的平台，也是锻炼技能和建立人脉的好机会。此外，现代的技术，如建筑信息建模（BIM）和3D打印，为年轻的土木工程师提供了新的工作机会和探索空间。

22.1.2 现代技术与教育趋势带来的机遇

随着技术的飞速进步，土木工程领域正在经历深刻的变革。大学生正生活在一个前所未有的时代，拥有众多机遇，可以利用最新技术与教育趋势为他们的职业道路铺路。

建筑信息建模（BIM）： BIM技术允许工程师、建筑师和承包商在一个统一的3D模型中合作，从而确保项目从设计到施工的每一步都得到了很好的协调。对于大学生来说，精通BIM技术可以使他们在职业生涯中处于有利位置。

虚拟现实（VR）和增强现实（AR）： 从虚拟施工现场访问到项目的3D可视化，这些技术正在土木工程领域中得以应用。大学生可以在教育和实践中利用这些工具，获得更真实的体验。

数字化与自动化： 随着物联网（IoT）和人工智能（AI）的发展，土木工程领域也开始实现自动化。从无人机监测施工现场到智能传感器预测维护需求，现代技术为大学生打开了新的探索领域。

在线教育与资源： 大学生现在可以利用在线课程、网络研讨会和数字化资源来扩展他们的知识。这不仅限于他们的大学教育，还可以继续在职业生涯中学习。

跨学科合作： 现代的土木工程项目往往需要多个领域的专家共同合作。这为大学生提供了一个机会，与来自不同背景的人共同工作，学习如何在团队中合作，并从中吸取经验。

可持续性与绿色建筑： 随着全球对环境问题的关注，土木工程师越来越被期望能够设计和实施环保、可持续的解决方案。这为大学生提供了研究和创新的空间，以满足这些新的需求。

随着现代技术和教育趋势的发展，土木工程的大学生正面临着无数的机遇。他们不仅可以学习和应用最新的技术，还可以为这个行业的未来做出贡献。

22.1.3 实战经验与课堂知识的结合

在土木工程教育中，将实战经验与课堂知识结合起来是至关重要的。这种结合能确保学生在理论学习的基础上，获得真实工程项目中所需的实际技能。

1. 桥梁之间的连接

课堂教学为学生提供了基础的理论知识，如力学、材料学、土力学等，这些都是土木工程的核心。

实战经验则允许学生将这些理论应用于实际场景中，如施工现场、实验室或项目设计中。

2. 项目模拟与案例研究

通过模拟真实世界的项目，学生可以在受控的环境中应用他们的知识。这种模拟可以在计算机模型、实验室实验或田野考察中进行。

案例研究为学生提供了现实世界中项目成功或失败的实例，帮助他们了解实际工作中可能遇到的挑战。

3. 实习与实地考察

实习为学生提供了在专业环境中学习和工作的机会。这种经验对于理解行业的实际工作方式和建立职业网络至关重要。

实地考察允许学生亲眼看到工程项目的实际操作，从中获得宝贵的第一手经验。

4. 团队合作与跨学科交流

土木工程项目往往需要多学科的团队合作。学生在这样的环境中工作，可以学习与来自不同背景的同事合作，这不仅提高了沟通和团队协作的技能，还允许学生从其他领域的专家那里获得新的知识。

5. 持续的学习与反思

通过实际应用课堂知识，学生可以更好地理解他们所学的内容，识别知识的缺口，并寻求进一步的学习机会。

反思实际经验，对所遇到的挑战和问题进行深入思考，是持续学习和专业成长的关键。

实战经验与课堂知识的结合为土木工程学生提供了一个全面的学习平台，确保他们为未来的职业生涯做好了充分准备。

22.2 如何利用校内和社会资源来支持你的土木创新项目

在大学期间，学生拥有大量的资源来支持他们的土木工程创新项目。有效利用这些资源不仅可以帮助学生实现他们的项目目标，还可以增强他们的学术和职业成果。

22.2.1 利用学校实验室与设备资源

1. 了解可用资源

大多数大学都拥有土木工程或相关领域的实验室。首先，学生应当了解学校内可用的实验室和设备，如材料测试实验室、土力学实验室、结构工程实验室等。

2. 与教授和研究人员建立联系

教授和研究人员经常使用实验室进行他们的研究。与他们建立良好的关系可以帮助学生更容易地获得实验室的使用权限。

3. 定期培训和安全课程

在使用复杂的设备或进行特定的实验前，学生可能需要接受培训。确保自己了解并遵守所有的安全规定是至关重要的。

4. 参与研究项目

加入由教授或研究团队主导的研究项目，可以为学生提供额外的实验室使用时间和资源。

5. 跨学科合作

土木工程项目可能需要与其他学科如化学、生物学或环境科学的实验室合作。这种跨学科合作可以为学生的项目提供额外的知识和技术。

6. 申请资金

许多学校为学生的研究项目提供资金。了解并申请这些资金可以帮助学生获取他们需要的设备和材料。

通过有效地利用学校的实验室和设备资源，学生可以为他们的土木创新项目提供坚实的基础，从而提高其成功率和影响力。

22.2.2　建立与企业与行业组织的联系

与企业和行业组织建立联系，对于大学生的土木工程创新项目至关重要。这样的合作可以为学生提供实际的工程经验，增强其在业界的知名度，并可能为其提供实际项目的资金和资源支持。

1. 参加行业研讨会与活动

行业研讨会、展览和会议提供了与业内专家、企业和组织建立联系的机会。学生可以从中获取最新的行业趋势、技术和市场机会的信息。

2. 参与实习与工作体验

与企业合作进行实习或工作体验，可以为学生提供实际的工作环境。这不仅可以增强他们的职业技能，还可以帮助他们建立与企业的长期合作关系。

3. 利用学校的行业合作网络

许多大学与企业和行业组织有合作关系。通过学校的合作网络，学生可以更容易地与这些组织建立联系。

4. 申请研究资助与赞助

与企业和行业组织建立关系后，学生可以向他们申请项目资助或技术支持。

5. 参与行业组织的学生分会

许多行业组织都有学生分会或青年会，能够为学生提供培训、研讨会和与业内专家的交流机会。

6. 定期更新与合作伙伴的关系

保持与企业和行业组织的长期和有效的联系，可以为学生的未来职业和研究项目提供持续的支持。

与企业和行业组织建立强有力的联系，不仅可以为学生的创新项目提供实际的支持，还可以增强他们在土木工程行业的知名度和影响力。

22.2.3　参与学术会议、研讨会与工作坊

对于土木工程专业的大学生来说，参与学术会议、研讨会和工作坊是提高专业能力、扩大人脉和深入了解行业最新趋势的重要途径。这些活动提供了一个与学者、行业专家和同行交流

的平台，并可以帮助学生更好地理解和应用其学术知识。

1. 提升个人技能与知识

会议和工作坊通常邀请行业领军人物和专家分享他们的经验和研究成果。参与者可以从中学到最新的技术、方法和解决方案。

2. 网络建设与人脉扩展

这些活动为参与者提供了与国内外同行交流的机会。与其他学生、教授、研究人员和行业代表建立联系，可以为学生未来的合作和就业提供帮助。

3. 展示与分享研究成果

许多学术会议允许学生提交论文和研究报告。这是一个向行业展示自己工作能力的好机会，也可能吸引到潜在的合作伙伴或资金支持。

4. 获得行业认可与声誉

在会议上发表论文或作为演讲者参与，可以增加学生在行业内的知名度，有助于其职业发展。

5. 了解行业动态与未来趋势

通过与会议参与者的交流和研讨，学生可以了解行业的当前挑战、最新技术和发展方向。

6. 获得实际的问题解决技能

工作坊通常重点关注某一具体问题或技术。通过实践和互动，学生可以更好地理解和掌握这些内容。

为了能实现从学术会议、研讨会和工作坊中获得的收益最大化，学生应提前做好准备，积极参与和交流，并与其他参与者建立长期的合作关系。

22.3 主流土木工程与设计竞赛概览

22.3.1 国内主要的土木工程与设计相关竞赛

中国的土木工程与设计领域为大学生提供了众多的竞赛机会，以展现他们的专业技能、团队合作能力和创新精神。以下是部分主要的相关竞赛概览。

1. 全国大学生结构设计竞赛

简介：该竞赛主要针对土木工程专业学生，强调结构设计与实践。此竞赛目的是培养学生的创新意识、团队协同和工程实践能力。

特点：因为它是全国性的竞赛，获奖学生会受到业界的高度关注，这对他们今后的职业发展是极有利的。

2. 中国“互联网+”大学生创新创业大赛

简介：这是一个跨学科的大赛，鼓励学生进行创新创业。其中的制造业、现代农业等类别与土木工程有交叉。

特点：获胜者除了可以获得资金奖励外，还有机会得到投资人的关注，进一步推进其项目或研究。

3. “挑战杯”全国大学生课外学术科技作品竞赛

简介：此竞赛主要针对大学生的学术研究和技术创新，是一个展示学术才华的平台。

特点：尽管它涵盖了多种学科，但对于土木工程学生来说，可以展现他们在结构设计、材料研究和工程实践等方面的成果。

4. 中国创新创业大赛

简介：此竞赛旨在支持和推广具有商业潜力的创新项目，尤其是那些涉及新技术和新方法的项目。

特点：对于有志于创业的土木工程学生来说，这是一个获得关注、资金和资源的好机会。

5. 全国大学生数学建模竞赛

简介：数学建模竞赛评估学生如何利用数学方法解决实际问题，对土木工程学生来说，它可以帮助他们更好地理解和应用数学在工程中的价值。

特点：获得该竞赛的奖项意味着学生在数学和实际应用方面都具备出色的能力。

这些竞赛为学生提供了实践机会，使他们可以将所学知识应用于实际场景，并与其他同学和专家进行交流和合作。

22.3.2　竞赛的价值与对于职业生涯的影响

参与竞赛不仅仅是为了取得奖励或荣誉，它为学生的学术和职业生涯带来深远的影响。以下是竞赛所带来的几个核心价值及其对职业生涯的潜在影响。

1. 实践与应用知识

竞赛为学生提供了一个将课堂知识应用于真实世界问题的平台。这种经验强化了他们的学习，并增强了他们在面对实际问题时的信心。

对职业生涯的影响：拥有实践经验的应届毕业生在求职时更具竞争力。雇主通常更倾向于那些已经证明自己能够将知识应用于实践的求职者。

2. 团队协作与沟通技巧

竞赛经常需要团队合作，促使学生学习如何与他人协同工作、沟通想法并解决团队内的冲突。

对职业生涯的影响：团队协作和沟通能力是现代职场中的关键技能。这些经验将使学生更容易适应团队环境，并与不同背景的同事有效合作。

3. 创新思维与问题解决

竞赛通常提出了具有挑战性的问题，要求学生创新思考和找到解决方案。

对职业生涯的影响：创新和解决问题的能力在任何行业中都受到高度重视。具备这些技能的员工更有可能被认为是有潜力的领导者和关键决策者。

4. 扩展人脉与资源网络

参与竞赛时，学生会遇到来自各地的参赛者、教练、评审和其他行业专家，这为他们提供了建立关系和网络的机会。

对职业生涯的影响：拥有广泛的专业网络可以为学生提供更多的职业机会和资源，包括实习、工作和合作机会。

5. 提升自我认知与决策能力

竞赛经常要求学生在时间和资源有限的情况下做出决策。这种经验有助于他们更好地了解自己的强项和弱点，并提高他们的决策能力。

对职业生涯的影响：明确自己的职业目标并根据自己的能力做出明智的职业决策是长期成功的关键。

6. 增强简历与专业影响力

获得竞赛奖项或仅仅是参与都是简历上的一大亮点，增加了学生的专业认同感。

对职业生涯的影响：拥有竞赛背景的求职者更容易吸引雇主的注意，并得到更多的面试机会。

参与竞赛为学生带来了一系列宝贵的经验和技能，这些都将在他们的职业生涯中发挥积极的作用。

22.4 参赛策略、必备准备事项与经验分享

22.4.1 如何为竞赛做好充分准备

成功的竞赛之路始于充分的准备。为了确保你在竞赛中的表现达到最佳，以下是一些建议和策略。

1. 了解竞赛规则与评分标准

在开始任何工作之前，仔细阅读和理解竞赛的规则、要求和评分标准。确保你知道什么是允许的、什么是禁止的，以及评审是基于什么标准来打分的。

2. 研究往届赛事

通过查看往届赛事的获奖作品、评审的反馈和其他相关材料，了解什么样的作品在竞赛中受到多数人的赞赏。这也有助于为你的项目提供灵感。

3. 组建高效的团队

如果竞赛需要团队合作，选择合适的队员至关重要。确保每个成员都有清晰的职责，且团队成员间的技能互补。

4. 制定时间表

考虑到竞赛的截止日期，制定一个实际可行的时间表，并确保为每个阶段留出充足的时间，包括初步设计、实验、修改和最终提交。

5. 多次试验与验证

不要满足于第一次的成果，要反复试验、调整和完善。确保你的设计或解决方案是最佳的，并可以在实际情况中运行。

6. 寻求外部反馈

在最终提交之前，找一些行业专家或教师给予你反馈。他们可能会提供一些宝贵的建议，帮助你改进作品。

7. 注意细节

确保所有的文档、图形或其他提交材料都是清晰、专业且无误的。一个小小的错误可能会对你的总分造成很大的影响。

8. 做好技术与实际应用的平衡

虽然技术细节是重要的，但也要确保你的设计或方案在实际中是可行的，且有实际的应用价值。

9. 练习展示技巧

如果竞赛包括口头报告或展示部分，确保你和你的团队都做好了准备，能够清晰、自信地向评审展示你们的工作。

10. 保持积极心态

在准备过程中可能会遇到挑战和障碍，但重要的是保持积极和专注。将这些挑战看作是学习经验从而获得进步，而不是轻言失败。

充分的准备是取得竞赛成功的关键。通过提前计划、细致入微的准备和持续的努力，你将为自己创造一个在竞赛中获得成功的机会。

22.4.2　成功的参赛策略与建议

参与竞赛不仅是为了胜利，更是为了学习、发展和建立联系。为了确保你在竞赛中获得最佳经验并达到最佳表现，以下是一些策略和建议。

1. 独特性与创新性

在许多竞赛中，评审寻找的是新颖、独特且具有创新性的解决方案。在考虑你的项目或设计时，应着重思考如何从参赛者中脱颖而出。

2. 理解目标受众

清晰地知道你的项目是为谁服务的，确保解决方案符合目标受众的需求和期望。

3. 保持简洁明了

无论是书面报告、设计还是展示，确保信息简洁、直接、易于理解。避免过于复杂或使用太多的行业术语。

4. 有效的团队沟通

如果是团队参赛，保证所有团队成员都了解项目的进度和方向，定期沟通，确保每个人都处于同一频道。

5. 彻底的市场调研

对于与市场或用户相关的竞赛，进行深入的市场调研，确保你的解决方案适应市场需求。

6. 充分利用指导教师或导师

如果竞赛提供了指导教师或导师资源，充分利用他们的知识和经验。他们可以提供宝贵的反馈和建议，帮助你改进方案。

7. 注意细节，但不要失去大局

细节很重要，但同时确保你没有为了完美而失去对整体项目的看法。

8. 提前做好技术测试

如果你的项目涉及任何技术元素，如软件、硬件或其他技术解决方案，确保在竞赛前充分测试，避免最后时刻出现技术故障。

9. 反复练习你的展示

如果竞赛有展示部分，确保你熟悉你的内容，并反复练习。考虑可能的问题，并准备相应的答案。

10. 从失败中学习

即使你没有赢得竞赛，也要从中学习。听取评审的反馈，了解你可以改进的地方，将其视为一个学习经验。

参与竞赛是一个学习和成长的过程。通过采纳上述策略和建议，你不仅可以提高赢得竞赛的机会，还可以确保从中获得最大的价值和经验。

22.4.3　前辈与行业专家的经验分享与建议

参与竞赛是一个学习的过程，但从经验丰富的前辈和行业专家那里获得的建议可能会为你提供宝贵的指导。以下是一些来自前辈和行业专家的建议和分享。

关注实际应用："在我的竞赛经历中，我发现很多参赛者都沉迷于理论，但真正成功的方案都是那些能在实际中应用的。"——张工，土木工程师

始终保持好奇心："不要只满足于课本上的知识。时刻关注行业的最新发展和技术，这会使你在竞赛中站在前沿。"——李博士，建筑学者

团队协作至关重要：“一个人的才华是有限的。在团队中，每个人都应发挥其长处，并尊重其他成员的意见。团队合作是成功的关键。”——王经理，建筑公司总监

多做多练：“参与竞赛不只是为了获胜，更是一个实践和学习的过程。即使失败，也要从中吸取教训，不断地实践和尝试。”——郭教授，工程学院院长

充分利用网络资源：“在我参与竞赛时，互联网为我提供了大量的学习资料和工具。今天的学生应该更多地利用这些资源，扩展他们的知识和能力。”——刘工程师，结构设计师

不要害怕失败：“失败是成功之母。我在参加竞赛时也遭受过失败，但这些失败为我提供了宝贵的经验，帮助我在后来的职业生涯中取得了成功。”——陈博士，城市规划师

清晰的沟通：“无论你的设计有多好，如果你不能清晰地传达你的想法，那么评审是不会被打动的。学习有效的沟通技巧，确保你的方案得到应有的关注。”——韩先生，土木工程咨询师

从这些建议中可以看出，成功不仅仅取决于你的知识和技能，还取决于你如何应用这些知识、如何与团队合作以及如何与他人沟通。希望这些经验分享能为你提供一些参考和启示，帮助你在未来的竞赛中取得成功。

第6部分

深入探讨与未来展望：现代土木工程专业学生的长远发展

第23章　持续学习与职业发展

23.1　土木工程领域的新技术与新方法

23.1.1　近年来的技术进步与创新

土木工程，作为最古老的工程学科，历经数千年的变迁，仍在不断进步并持续发展。随着科技的飞速发展，土木工程领域也迎来了一系列的技术进步与创新。

建筑信息模型（BIM）：BIM技术不仅仅是一个三维模型，它还包括了项目的时间（4D）、成本（5D）、环境影响（6D）等信息。这使得从项目的设计到建设，再到维护的全过程都变得更加高效。

无人机技术：在土木工程项目中，无人机技术被用于地形测绘、工地监控、桥梁检查等多种应用中，大大提高了效率和准确性。

3D打印：从小型构件到整个建筑物，3D打印在土木工程中的应用都在逐渐增加。这不仅加速了建设进度，还为复杂的设计提供了可能。

智能材料：自修复混凝土、形状记忆合金等智能材料的出现，为土木工程领域带来了新的机遇，使得结构更加持久和可靠。

可持续建筑与绿色技术：从雨水收集系统到绿色屋顶，可持续建筑和绿色技术正在改变我们对建筑物结构的设计和建造，以使其对环境的影响最小化。

数字化和自动化：从机器人助手到自动化的施工设备，数字化和自动化正在改变土木工程的传统做法，提高生产率和准确性。

地理信息系统（GIS）：GIS技术使土木工程师能够更深入地了解对土地、环境和基础设施，并帮助他们更好地规划和设计项目。

随着科技的进步，土木工程领域正在经历一个技术革命期。这为工程师提供了前所未有的工具和方法，但同时也要求他们终身学习，以跟上时代的步伐。

23.1.2　土木工程中的绿色技术与可持续发展

在21世纪，随着全球气候变化和资源紧缺问题日益凸显，土木工程领域也开始，通过绿色技术和可持续发展策略，为建设更加生态友好的未来努力。

绿色建筑：绿色建筑强调在建筑的整个生命周期中将对环境的影响最小化，从设计、建设、运营到拆除，都着眼于节能、环保和资源的有效利用。例如，利用太阳能、雨水收集和再利用，以及使用高效的隔热材料等。

自修复材料：自修复混凝土和其他自修复材料能够在产生裂缝或损伤后自动修复，从而延长了结构的使用寿命，减少了维护和修复的需求，这对资源的节约和环境保护都有着深远的意义。

再生建筑材料：利用废旧建筑材料进行再生，可以显著降低对新材料的需求，减少资源浪费，同时也降低了废弃材料处理带来的环境压力。

低碳建筑：低碳建筑旨在减少建筑的碳足迹，从选材、建设方法到建筑运营，所有环节都在减少温室气体排放。

绿色交通与基础设施：绿色交通强调使用公共交通、鼓励步行和骑行、建设高效率的道路和桥梁，以减少交通造成的环境压力。

生态友好的排水系统：现代的城市排水系统不再仅仅是为了排放雨水，而是通过雨水花园、渗透性铺装和生物滞留池等方法，将雨水纳入生态循环中，减少城市内涝和河流污染。

生态工程：通过模仿自然生态系统，生态工程方法旨在提供天然的、对环境友好的解决方案，例如湿地的恢复和建设、植被覆盖的斜坡稳定等。

智能和自动化技术：这些技术能够提高土木工程项目的效率，减少资源浪费，并优化施工过程，从而降低环境影响。

土木工程正在积极寻找并应用各种绿色技术和方法，以促进可持续发展。未来，这种趋势预计将继续增强，因为人们对健康和生态环境的关注将持续增长。

23.1.3 数字化与自动化在土木工程中的前景

随着科技的快速发展，数字化与自动化已经成为土木工程领域的两大关键词。它们不仅为工程带来了更高的效率和精确度，还为土木工程师提供了全新的解决方案和设计思路。

建筑信息模型（BIM）：BIM 是一个数字化的三维模型工具，可以为设计、施工和运营团队提供真实世界的结构和功能表征。工程师可以在借助 BIM 虚拟环境中进行设计、测试和修改，从而减少现场的错误和修改，提高施工的效率和准确度。

3D 打印建筑：3D 打印技术为建筑和结构设计带来了革命性的变化。这种方法可以在现场或预制场地进行快速构建，从而缩短建设时间、减少浪费，并提供更大的设计灵活性。

无人机监测与测量：无人机技术提供了一个安全且成本效益高的方法，用于对施工现场进行监测、测量和数据收集。这对于项目的跟踪、进度报告和安全评估都是非常有价值的。

机器人和自动化施工：自动化机器人正在被用于各种施工任务，包括混凝土浇筑、砌墙和焊接等。这些机器人提高了施工速度，降低了人为错误，同时提高了工作场所的安全性。

智能传感器与物联网（IoT）：智能传感器和 IoT 设备可被嵌入到基础设施中，实时监测结构的性能和完整性。这种连续的数据流提供了预警系统，使工程师能够在问题变得严重之前进行干预。

虚拟现实（VR）和增强现实（AR）：VR 和 AR 提供了一种交互式的方式，使工程师、建筑师和施工团队能够在虚拟环境中浏览、修改和协作设计。

数字孪生技术：这种技术创建了物理实体的数字化副本，可以模拟、分析和优化实际设施的性能。

数字化和自动化正在改变土木工程的整个生命周期，从项目的概念设计到施工、维护和最后的拆除。这些技术的持续融入将进一步提高土木工程的效率、安全性和可持续性，同时也为工程师提供了无限的机会和挑战。

23.2 如何维持与更新你的技能：持续教育的重要性

在技术飞速发展和市场需求日益变化的今天，土木工程师更应注重自己的持续教育与技能更新。与此同时，中国土木工程行业也在迅猛发展，持续教育成为了每位专业人士都必须考虑的问题。

23.2.1 了解行业动态与继续教育的平台

国内专业协会与组织：中国土木工程学会（CCE）是国内的主要组织，经常组织各种研讨会、培训和学术活动，帮助工程师了解行业最新发展和技术革新。此外，各地都有其地方性的土木工程学会，它们同样提供丰富的培训和学习机会。

在线课程与国内 MOOC：随着在线教育的兴起，我国的 XuetangX、国内大学 MOOC（慕课）等平台为土木工程师提供了大量与专业相关的课程。这些课程涵盖了土木工程的各个方面，有助于工程师扩展知识面和深化专业技能。

国内高等教育机构：国内许多知名大学，如清华大学、同济大学，都会提供短期课程和进修机会，针对在职工程师的需求，帮助他们紧跟行业趋势。

行业展览与大会：每年国内各大城市都会举办土木工程与建筑技术展览，这些展览为工程师提供了了解最新技术、材料和设计方案的好机会。

随着中国土木工程行业的持续发展，对工程师的要求也在提高。继续教育不仅是提高自己职业竞争力的必要途径，也是对社会责任和职业道德的践行。

23.2.2　在职进修与研究生教育的考量

随着中国土木工程领域的不断发展，技术与知识的更新速度也在加快。对于许多在职的土木工程师来说，选择继续教育或进修是一个重要决策。而进入研究生阶段的教育，尤其是硕士或博士研究，也常常是他们考虑的路径。

目标与动机明确：在职进修或选择研究生教育首先应明确自己的职业目标。是希望获得更高的职位晋升，还是对某个专业领域有深厚的兴趣，或者是想要切换到一个新的工作方向？对于这些不同的目标，选择的进修路径和重点会有所不同。

时间与经济投入：研究生教育通常需要长时间的学习和研究，而在职进修课程或短期培训则更为灵活。对于那些不能全职学习的工程师来说，许多中国的大学和机构都提供了工程硕士（Master of Engineering，MEng）或 MBA 等针对在职人员的项目。

专业深度与广度：选择研究生教育通常意味着在某一专业领域有更深入的研究，而在职进修更多的是为了扩展知识面或更新已有的知识。

职业机会与回报：在中国，有研究生学历的工程师往往更容易获得高级管理职位和更高的薪酬。但同样，研究生教育也需要更多的时间和金钱投入。因此，在做决策时应权衡这些因素。

学术网络与资源：选择在知名大学或研究机构进行研究生学习，可以获得丰富的学术资源和建立广泛的学术网络，这对未来的职业生涯都有极大的帮助。

无论选择在职进修还是研究生教育，关键是明确自己的目标并选择最适合自己的路径。在中国的土木工程领域，随着行业的快速发展，继续教育已经成为每位工程师成长和发展的必要部分。

23.2.3　网络课程、研讨会与培训的价值

在现代社会，技术和知识的更新速度越来越快，传统的教育方式可能已经无法满足职业发展的需求。尤其在中国，由于巨大的地域和人口差异，迅速有效地传递新知识和技术显得尤为重要。因此，网络课程、研讨会与培训等形式逐渐成为了工程师和专业人员继续教育的主要选择。

1. 网络课程的便利性与广泛性

便利性：在任何时间、任何地点都可以学习，尤其适合在职人员和需要灵活学习时间的人群。

广泛性：许多顶级的国内外高校和机构都提供在线课程，这使得学员可以接触到最前沿的知识和技术，且不受地理位置的限制。

2. 研讨会的互动与即时反馈

深度交流：研讨会提供了与行业专家、学者面对面交流的机会，有助于深入理解和探讨某一专题。

即时反馈：可以直接向讲师提问，得到即时的答疑和建议。

3. 培训的实践性与针对性

实践性：很多培训都是围绕实际工作和项目来展开的，这有助于将理论知识转化为实际操作技能。

针对性：培训内容往往更加具体和专业，学员可以针对某一领域或技术，提高自己在某一方面的能力。

随着互联网和信息技术的发展，网络课程、研讨会与培训在中国的继续教育中占据了越来越重要的位置。这些形式不仅提供了便捷、高效的学习途径，还为工程师和专业人员提供了与全球同行交流的机会，有助于提高整体行业的竞争力和创新能力。

23.3 土木工程师的职业路径与发展

23.3.1 从实习生到项目经理：一个土木工程师的职业旅程

土木工程是一个涉及多方面技能和知识的行业，一个土木工程师在其职业生涯中可能会经历不同的角色和岗位。以下是一个土木工程师从实习生走向项目经理的典型职业路径。

1. 实习生阶段

任务：通常从基本的工地监督、测量、图纸审核等任务开始。

培养：在此阶段，实习生将对工地的日常运作和土木工程的基本流程有一个初步的了解。

挑战：适应工地的环境，与团队成员沟通交流，掌握基本的工程技能。

2. 初级工程师/助理工程师

任务：负责具体的工程任务，如材料测试、结构设计、项目协调等。

培养：这是技能和知识的积累阶段，需要不断地学习和实践。

挑战：处理复杂的工程问题，与各个部门和外部供应商协调。

3. 中级工程师/项目工程师

任务：参与项目的整体规划和管理，负责较大的项目或子项目。

培养：此时需要培养项目管理和团队协调的能力，同时对市场和行业趋势保持敏感。

挑战：确保项目的顺利进行，处理与客户、合作伙伴的关系，解决突发问题。

4. 高级工程师/项目主管

任务：负责整个项目的实施，从设计到施工，直到完工。

培养：此阶段需要强化领导力和决策能力，同时保持对新技术和方法的关注。

挑战：确保项目的高质量完成，管理项目预算和时间表，处理复杂的项目问题。

5. 项目经理

任务：负责多个项目的总体规划和管理，对外代表公司参与项目谈判。

培养：此时应具备出色的战略思维和商业洞察力，对团队的管理和激励也至关重要。

挑战：维护公司的声誉和市场地位，处理与大客户和政府部门的关系，确保公司的持续增长。

此外，一个土木工程师的职业发展并不仅限于此，随着经验的积累和市场的变化，他们还可能成为公司的高层管理者，或者选择自己创业，成为企业家。

23.3.2　不同的工程领域与专长：找到你的专业定位

土木工程是一个宽泛的学科，包括许多子领域和专长。作为一个土木工程师，确定自己的专业定位，能帮助你更快地在职业生涯中脱颖而出。以下是土木工程中的一些主要领域与其特点，以及给土木工程师的一些建议。

1. 结构工程

概述：涉及建筑和桥梁的设计、分析和施工。

特点：需要一定的数学和物理知识，对建筑材料有深入的理解。

2. 交通工程

概述：研究和设计交通系统，包括道路、桥梁、隧道等公共交通设施。

特点：需要对交通流、安全和城市规划有深入的理解。

3. 岩土工程

概述：涉及地下结构和基础的设计和施工。

特点：需要对地质学、土壤力学和岩石力学有深入的了解。

4. 水利工程

概述：设计和施工与水相关的项目，如大坝、渠道、泵站和排水系统。

特点：需要对流体力学、水文学和环境工程有深入的了解。

5. 环境工程

概述：涉及水质和空气质量的改善、污染控制和可持续发展。

特点：结合土木工程和环境科学知识，解决环境问题。

6. 建筑工程

概述：集中于建筑物的设计和施工，涉及与建筑师和其他工程师的合作。

特点：对建筑设计、施工技术和项目管理有深入的理解。

7. 建议

为了找到适合自己的专业定位，一个土木工程师可以考虑以下几点。

兴趣：首先，你需要确定自己对哪个领域最感兴趣，因为兴趣是最好的老师。

市场需求：了解当前市场上哪些领域的需求最大，哪些领域的前景最为看好。

个人能力：根据自己的专长和技能选择一个适合的方向。

继续教育：随着技术的发展，土木工程的各个领域都在不断地进化。为了保持竞争力，继续教育和不断学习是非常重要的。

找到自己的专业定位需要时间和努力，但只要坚持下去，每一个土木工程师都能找到自己的职业方向。

23.3.3　如何进行职业规划与自我发展

对于土木工程师来说，职业规划和自我发展是建立成功职业生涯的关键。一个明确、有目标的职业规划可以帮助你在竞争激烈的行业中脱颖而出。以下是进行职业规划和自我发展的一些建议和策略。

1. 设定明确目标

确定短期（1～3 年）和长期（5～10 年）的职业目标。

为实现这些目标制定具体、实际的行动计划。

2. 持续学习

跟进行业的最新技术和趋势。

参加研讨会、工作坊和网络课程以增强专业知识和技能。

3. 积累经验

寻找实习、项目和其他机会来增强你的实际工作经验。

不仅仅限于你的专业领域，多领域的经验也可以增强你的职业竞争力。

4. 网络关系建设

参与行业组织和协会，与同行建立联系。

求助于导师或前辈，他们可以为你提供宝贵的建议和机会。

5. 自我评估

定期评估自己的职业目标和发展路径。

对于未实现的目标，分析原因并调整策略。

6. 保持健康与平衡

确保工作与生活之间的平衡，防止疲劳和倦怠。

注重心理健康，保持乐观和积极的态度。

7. 灵活性

适应行业的变化，随时准备调整你的职业策略。

不要害怕冒险或改变方向，有时这可能是最佳的决策。

8. 培养领导能力

即使你现在不是领导者，也要努力培养和锻炼自己的领导能力。

参与团队项目，勇于承担责任和挑战。

进行职业规划和自我发展是一个持续的过程，需要时间、努力和决心。但只要你始终坚持自己的目标，并不断努力和学习，你一定能够在土木工程领域绽放光芒。

第24章 绿色建筑与可持续性

24.1 现代土木工程中绿色建筑的重要性

随着全球气候变化和资源短缺问题日益严重，绿色建筑在现代土木工程中的重要性逐渐凸显。绿色建筑不仅仅是一种建筑方法，它更是一种响应全球气候危机、实现可持续发展的策略。

24.1.1 绿色建筑对于环境与经济的双重益处

1. 环境益处

资源高效利用：绿色建筑注重使用可再生或高效的材料，从而减少资源浪费。

减少碳排放：通过使用高效的能源系统、优化建筑设计和材料选择，绿色建筑能够显著减少温室气体排放。

保护生态系统：绿色建筑考虑到生态保护，通常在建筑过程中尽量减少对周边环境和生态系统的破坏。

改善室内空气质量：使用低挥发性有机物的建材可以显著改善室内空气质量，对居住者的健康有益。

2. 经济益处

长期节能：虽然绿色建筑的初期投资可能较高，但其在运营期间的能源消耗大大减少，长期来看将带来显著的经济效益。

提高物业价值：随着市场对绿色建筑的需求增加，这些建筑的物业价值也相应上升。

增加就业机会：绿色建筑领域的发展为建筑工人、设计师、工程师等提供了新的就业机会。

创新机会：企业可以通过绿色建筑探索新的设计方法、新材料和新技术，从而在市场上获得竞争优势。

绿色建筑不仅对环境有益，对经济也有积极影响。为了实现全球的可持续发展目标，现代土木工程需要进一步推动绿色建筑的发展。

24.1.2 全球气候变化与绿色建筑的紧迫性

随着全球气候变化的现实与影响变得日益明显，绿色建筑已经从一个环保概念变成了一种迫在眉睫的需求。建筑行业是全球温室气体排放的主要来源之一，因此在建筑过程中采用可持续性方法是至关重要的。

1. 气候变化的现实

升高的全球温度：过去的几十年中，全球平均温度已经上升了约 1℃。这导致了极端天气事件的增加、冰川融化和海平面上升。

极端天气事件：热浪、飓风、洪水和干旱等极端天气事件的频率和强度都在增加，对人类的生活和经济都造成了巨大的影响。

2. 绿色建筑的必要性

减少温室气体排放：建筑行业是全球能源消耗和温室气体排放的主要来源之一。通过绿色建筑，我们可以显著减少 CO_2 和其他有害气体的排放。

适应气候变化： 绿色建筑可以采用被动设计策略、高效的隔热材料和智能技术来应对日益严重的极端天气。

资源高效利用： 在资源日益短缺的今天，绿色建筑强调高效利用资源，如水、能源和材料，减少浪费。

提高生活质量： 绿色建筑为居住者提供了更健康、更舒适的室内环境，从而提高了生活质量。

全球气候变化不仅威胁着我们的生态环境，也威胁着经济和社会的稳定。绿色建筑为我们提供了一种方式，可以在不牺牲生活质量的前提下应对气候变化的挑战。为了我们和后代的未来，推广并实施绿色建筑已经变得迫在眉睫。

24.1.3 社区与居民的福利：健康、舒适与生活质量的提升

绿色建筑不仅关乎环境与经济，它还直接影响到人们的健康和福祉。通过采用可持续建筑策略和技术，我们可以为社区与其居民创造一个更健康、更舒适的生活环境，从而提高整体生活质量。

1. 健康的生活环境

减少有毒物质： 绿色建筑通常使用无毒或低毒的建筑材料，减少居住者暴露于有害化学物质的风险。

优化室内空气质量： 绿色建筑强调有效的通风和空气过滤，从而减少室内空气污染。

2. 提高舒适度

自然光： 通过策略性的窗户布置和高效的窗户材料，绿色建筑可以引入更多的自然光，提供温暖和舒适的室内环境。

温度调控： 通过高效的隔热和建筑设计，绿色建筑可以在冬季保持温暖、夏季保持凉爽。

3. 社区的福利

共享空间： 绿色建筑通常包括公共和共享空间，如屋顶花园、共享庭院或其他公共休息区，增强社区的凝聚力。

资源共享： 例如，雨水收集系统或太阳能供电系统可以供整个社区使用，降低资源消耗并增强社区的可持续性。

4. 提高生活质量

减少能源费用： 绿色建筑通过使用能源高效设备和优化的设计减少能源消耗，从而为居住者节省能源费用。

持久性与低维护： 绿色建筑注重持久性和耐用性，减少维护和维修的需求，为居民提供长期的经济益处。

绿色建筑不仅关注环境与经济效益，还致力于为人们创造更好的生活环境。对于居民和社区而言，这意味着更高的生活质量、更健康的生活环境和更强的社区联系。随着可持续建筑概念的普及，我们有望在全球范围内看到更多这样对人、地球和经济都有益的建筑。

24.2 可持续性原则在工程设计中的应用

24.2.1 使用生命周期评估（LCA）在设计阶段评估环境影响

生命周期评估（Life Cycle Assessment，LCA）是一种定量评估产品或服务整个生命周期内环境影响的工具，包括从原材料采集、生产、使用到废弃的所有阶段。在土木工程设计中，LCA的应用尤为重要，它可以帮助设计师和决策者理解并最小化工程项目的环境足迹。

1. 原材料选择

LCA 可以指导设计师在项目初期选择环境友好的材料。例如，选择具有较低碳足迹、可再生或回收利用的建筑材料。

2. 能源效率

通过评估建筑或工程项目在其使用期间的能源消耗，设计师可以选择更高效的设计方案或系统，从而减少总体环境影响。

3. 水资源管理

LCA 也可以评估项目对水资源的使用和影响，引导设计师采用雨水收集、灰水回收等水资源管理策略。

4. 废物处理

在设计阶段，LCA 可以帮助评估废物处理的最佳策略，例如重复使用、回收或其他可持续的废物处理方法。

5. 设计优化

LCA 的结果可以为设计师提供反馈，指出哪些部分或流程对环境影响最大，从而进行优化。

6. 与利益相关者沟通

使用 LCA 的结果，项目团队可以更好地与客户、承包商和公众沟通，展示他们对环境责任的承诺和实际行动。

生命周期评估（LCA）在土木工程设计中的应用不仅可以确保项目对环境的影响最小，还可以为利益相关者提供有关项目可持续性的清晰、科学的证据。在面临全球气候变化和资源短缺的挑战时，利用 LCA 来指导和优化工程设计将变得越来越重要。

24.2.2 节能与资源高效利用的设计策略

土木工程中的节能与资源高效利用已经成为行业标准的核心，它不仅有助于保护环境，还能节省资金，提高经济效益。以下是一些在土木工程中实现节能与资源高效利用的关键设计策略。

1. 被动设计

太阳能取向：确保建筑的布局和取向可以最大化地利用太阳能，减少冷暖需求。

自然通风：在设计中考虑到自然通风，可以有效减少空调和通风的能源消耗。

热能隔绝：选用高效的保温材料和建筑设计，以减少热能的损失。

2. 资源有效利用

回收水系统：收集雨水或再利用废水进行灌溉或冲厕。

局部材料：优先选择当地可得的建筑材料，减少运输的碳足迹。

持久材料：选择寿命长、维护需求少的材料，减少长期更换和维护的需求。

3. 高效系统

节能照明：利用 LED 灯和自动照明控制系统。

高效家电和设备：选择能效高的设备，如高效空调、加热器和水泵。

绿色屋顶和墙壁：绿植可以提供额外的绝热效果，减少建筑的冷暖需求。

4. 浪费最小化

施工管理：在施工现场实施高效的资源管理和回收策略，减少浪费。

模块化设计：模块化或预制构件的使用可以减少现场浪费。

5. 持续的性能监测

建筑能效管理系统：通过持续监测和数据分析，可以即时了解建筑的能源使用情况，进一步调整策略以提高能效。

在土木工程设计中，通过综合使用上述策略，可以实现高效的能源使用和资源管理。这不仅对环境友好，而且在长期内可以为项目带来经济效益。随着技术的发展和对可持续性的日益重视，这些设计策略在未来将变得更加关键和普遍。

24.2.3 从大到小：宏观城市规划到微观建筑设计的可持续性实践

在现代的土木工程和建筑设计中，可持续性不仅仅是一个概念，它已经渗透到从大型城市规划到具体的建筑设计的每一个环节。以下将探讨如何从不同的规模层面实践可持续性原则。

1. 宏观城市规划

绿色交通：优先考虑公共交通、自行车和步行，减少对私家车的依赖，从而降低碳排放。

绿地系统：设计连续的城市绿地网络，包括公园、河流、绿色走廊等，以促进生物多样性和城市居民的休闲活动。

智慧城市：利用现代技术，如大数据、物联网等，实时监测和管理城市资源，提高效率和响应能力。

城市农业：在城市中引入可持续的农业实践，如屋顶农场、垂直农业，为城市居民提供新鲜、健康的食品。

2. 中观社区规划

混合功能：在同一片区域内提供可工作、居住、休闲等多种功能的场所，减少居民出行的需求。

能源共享：通过社区微电网、太阳能共享等方式，实现能源的互联互通和优化分配。

水资源管理：收集和再利用雨水、灰水，减少对淡水的依赖。

社区互助：通过社区合作，共同维护绿地、共享资源，增强社区凝聚力。

3. 微观建筑设计

被动设计：根据气候和地理位置，利用自然光、通风和热量，达到室内温度的舒适度。

绿色材料：选择可回收、低环境影响和长寿命的建筑材料。

智能系统：通过智能传感器和控制系统，实时调整建筑内的光照、温湿度和通风，提高舒适度和能效。

生态景观：在建筑周围种植本地植物，提供生物多样性，同时为居民提供休闲空间。

可持续性是一个多层次、多维度的概念，它要求我们在各个尺度和环节都考虑到对环境、经济和社会的影响。通过整合各种策略和技术，我们可以在不同的规模上都实现可持续性目标，为未来创造一个更加绿色、健康和和谐的生活环境。

24.3 新材料与技术在绿色建筑中的使用

随着技术的进步和对环境可持续性的日益关注，新型建筑材料和技术的应用在绿色建筑领域变得日益重要。这些新型材料往往更加环保、节能，并且具有更长的使用寿命，为建筑提供了更强的耐久性和效率。

24.3.1 创新生态建筑材料

细菌混凝土（Bacterial Concrete）：这是一种使用特定细菌种类来制造的混凝土。当这些细菌与混凝土成分接触时，它们会产生碳酸钙，这有助于密封混凝土中的裂缝。这不仅增强了混凝土的强度，还延长了其使用寿命。

生态砖块（Eco Bricks）：通常由回收的塑料废物制成，它们被压缩并用作建筑材料。这种方法不仅减少了塑料垃圾，还提供了一个坚固且使用周期长的建筑解决方案。

麻基建筑材料：由工业麻制成，这些材料是可再生的，提供了出色的绝缘性能和结构强度。

太阳能瓦：这些瓦片不仅能为建筑遮风挡雨，还可以捕获太阳能并将其转化为电能，为建筑提供能源。

再生木材：来自拆除的旧建筑或回收的废弃木材，再生木材为建筑提供了绿色且有特色的材料选择。

随着技术的发展和对环境保护的日益关注，各种创新的生态建筑材料正在不断涌现。它们为建筑师和工程师提供了更多的选择，使他们能够设计出既美观又具有可持续性的建筑。利用这些材料，我们不仅可以降低建筑的环境足迹，还可以创造出更健康、更舒适的居住和工作环境。

24.3.2　绿色能源技术在建筑中的应用

随着全球对可再生能源和绿色建筑的日益关注，各种绿色能源技术开始在现代建筑中得到广泛应用。这些技术不仅有助于减少碳排放，还能为建筑物提供经济高效的能源。

太阳能集热系统：太阳能集热器主要用于采集太阳能并转化为热能。这种热能可以用于加热水或支撑建筑的供暖系统。通过利用太阳能集热板或真空管集热器，太阳能集热系统可以大大减少对传统能源的依赖，并降低能源费用。

雨水回收系统：该系统收集、存储并过滤从屋顶流下的雨水，以供灌溉、冲厕所或其他非饮用用途。这有助于减少对市政供水的依赖、降低水费，并对节水做出重要贡献。

绿色屋顶：绿色或生态屋顶由植物覆盖，可以提供额外的绝缘，帮助减少建筑的暖化或冷却需求。此外，它还有助于管理雨水径流和增强城市的生物多样性。

风能技术：尽管大型风力发电主要用于大规模的能源生产，但小型风力涡轮机也可以被安装在建筑物上，为建筑提供部分或全部所需的电力。

地热能：地热能是从地下深处提取的热能。通过地热泵，这种能源可以用于加热或冷却建筑，提供持续且稳定的能源。

利用绿色能源技术，建筑师和开发商现在可以设计出更加可持续、节能的建筑。这些技术不仅对环境友好，而且在经济上也更为高效。随着这些技术的进一步发展和成本的降低，预计在未来它们将在全球范围内得到更加广泛的应用。

24.3.3　自动化与智能控制系统在建筑中的应用

随着科技的快速发展，自动化和智能控制系统已经成为现代建筑中不可或缺的部分。这些系统可以实时监测和调整建筑的各种功能，以优化能源消耗，确保舒适度，并降低运营成本。

智能温控系统：这些系统可以根据室内的实际需要，自动调整供暖、冷却和通风系统。通过学习居住者的生活习惯和偏好，这些系统可以在需要时自动调整室内温度，从而提供最佳的舒适度并降低能源浪费。

智能照明控制：通过感应器检测房间内的光线强度和人员活动，智能照明系统可以自动调整灯光亮度或关闭不必要的灯，从而实现节能。

能源管理系统：这些高度集成的系统可以监测整个建筑的能源消耗，提供详细的数据分析，帮助运营者识别可能的能源浪费，并提供优化建议。

智能窗户与窗帘：通过感应室外的光线和温度，智能窗户可以自动调整玻璃的透明度，而智能窗帘可以自动开启或关闭，以实现最佳的室内环境并降低冷暖负荷。

集成的安全与监控系统：这些系统使用传感器、摄像头和其他技术，实时监控建筑的安全状况，确保居住者和财产的安全。

自动化与智能控制系统在现代建筑中的应用，不仅可以提高居住者和使用者的舒适度，而且可以有效降低能源消耗和运营成本。随着物联网、人工智能和机器学习技术的进一步发展，预计这些系统将更加精准、智能，为建筑的可持续性和效率提供更大的助力。

第25章　未来展望：下一代土木工程的挑战与机会

25.1　当前的土木工程挑战与机会的分析

25.1.1　城市化的加速与基础设施需求的增加

1. 背景

随着全球人口的增长和生活方式的变化，城市化的速度正以前所未有的方式加速。伴随着这种转变，对城市基础设施的需求也日益增长。这为土木工程师提供了无数的机会，但同时也带来了许多挑战。

2. 挑战

资源限制：由于资源的有限性，土木工程师需要寻找更为可持续、环保的方法来满足基础设施的需求。

环境因素：随着全球气候变化的日益严重，工程项目需要考虑到更极端的天气情况和相关的环境影响。

经济压力：经济的不确定性给基础设施项目的筹资和执行带来了额外的压力。

人口密度：由于城市化的加速，城市中的人口密度持续上升，这加大了基础设施的规划、设计和施工的难度。

3. 机会

创新技术：新的技术，如数字化技术、3D打印技术和自动化，为土木工程师提供了前所未有的工具和技术，使他们能够更高效、更环保地完成项目。

绿色建筑：越来越多的工程项目正在采纳绿色建筑和可持续性设计原则，这为土木工程师提供了展示他们专业知识的平台。

跨学科合作：城市化的加速需要不同领域的专家合作，这为土木工程师提供了与其他领域的专家合作的机会，共同解决复杂问题。

公共参与：公众对基础设施项目的关注和参与日益增加，这为土木工程师提供了与公众沟通和教育的机会，增强公众对工程项目的支持。

城市化的加速和基础设施需求的增长为土木工程师提供了巨大的机会，但同时也带来了许多挑战。适应这些变化并有效应对这些挑战，将是土木工程领域未来的关键。

25.1.2　对环境友好与资源高效利用的紧迫需求

1. 背景

随着全球对气候变化和环境保护的日益关注以及资源日渐稀缺，土木工程领域面临着对环境友好和资源高效利用的紧迫需求。

2. 挑战

环境影响：传统的建筑和工程活动产生了大量的碳排放和其他有害物质，对生态系统造成了损害。

资源短缺：随着人口的增长和资源的过度利用，一些关键材料如水、沙子和石头正变得日益稀缺。

法规和标准：为了降低环境影响和提高资源效率，各级政府正在制定更加严格的法规和标准。

3. 机会

绿色材料：研发和使用低碳、可再生和生态友好的建筑材料可以减少环境影响。

循环经济：采用“设计—建造—拆除—再利用”的策略，确保材料和资源在整个生命周期中的最大化利用。

数字技术：数字化技术如建筑信息模型（BIM）和物联网（IoT）可以帮助土木工程师更高效地管理资源和减少浪费。

创新设计：透过生态工程、绿色屋顶和雨水管理等创新方法，降低工程对环境的影响。

面对环境和资源的双重挑战，土木工程领域有机会通过创新、合作和技术进步，满足对环境友好和资源高效利用的需求，从而为构建更可持续的未来作出贡献。

25.1.3　技术进步与其在土木工程中的逐渐普及

1. 背景

随着科技的快速发展，土木工程领域正在经历前所未有的变革。从数字化技术到自动化施工，新技术正在改变这一传统行业的工作方式。

2. 挑战

技能缺口：新技术的引入需要工程师和其他专业人员具备新的技能和知识，这可能导致技能缺口和培训需求。

高初投资：尽管新技术可以带来长期的回报，但其初步投资可能较高，这可能成为一些公司的障碍。

对现有流程的适应：整合新技术可能需要修改或完全改变现有的工作流程和操作。

3. 机会

建筑信息模型（BIM）：BIM 技术允许工程师在一个三维模型中模拟和分析建筑的各个方面，从而提高设计和施工的效率。

无人机和传感器技术：无人机可以用于项目现场的监测和数据收集，而传感器可以实时监测结构的状态和性能。

3D 打印与机器人技术：3D 打印可以用于生产定制的建筑组件，而机器人技术可以自动化一些重复性的施工任务。

智能材料：例如，自修复混凝土和形状记忆合金等，这些可以对环境因素作出响应并有潜力改变土木工程的基本假设。

技术进步为土木工程带来了巨大的机会和挑战。通过培训、合作和持续的创新，土木工程师可以充分利用这些技术，为社会创造更加高效、安全和可持续的基础设施。

25.2　预见未来：技术、社会与环境因素对土木工程的影响

25.2.1　技术革命：从数字化到人工智能的应用

1. 背景

随着第四次工业革命的到来，数字化和人工智能正在迅速地渗透到所有行业，包括土木工

程。这种转变不仅改变了设计和施工的方式，还为行业带来了新的工具和技能需求。

2. 主要趋势

智能设计系统：利用 AI 技术，设计系统可以自动优化建筑和结构设计，以实现最佳的经济和性能效果。

预测性维护：通过分析数据，AI 可以预测哪些设施和结构可能需要维修或更换，从而节省成本并提高效率。

施工机器人：从混凝土浇筑到焊接，机器人正在被用于自动化许多施工任务，从而提高速度和准确性。

虚拟现实和增强现实：这些技术使工程师能够在数字环境中模拟和可视化项目，从而在施工前解决任何潜在问题。

自动化施工日志：通过使用传感器和无人机，可以自动记录施工进度和实时数据，确保项目按计划进行。

3. 对行业的影响

效率提升：新技术可以减少时间浪费、成本超支和设计错误，从而提高项目的整体效率。

技能转变：土木工程师和其他相关职业需要不断学习和适应新技术，以保持与行业的同步。

增强的协作：数字工具可以促进跨团队、跨地域的协作，确保项目利益相关者始终保持同步。

技术革命正在为土木工程行业带来前所未有的机会。而对于土木工程师来说，这不仅意味着要学习新技术，还要考虑如何将这些技术融入传统的工作流程中，以创造更高效、更安全和更可持续的建筑和基础设施。

25.2.2 社会因素：人口老龄化、城市化与其对基础设施的需求变化

1. 背景

随着全球范围内的社会转型，人口老龄化和城市化正在对土木工程行业带来深远的影响。这些变化提出了新的问题和机会，需要土木工程师和决策者具备前瞻性的思维。

2. 主要趋势

1）人口老龄化

设施的无障碍化：随着老龄人口的增加，公共空间和交通工具需考虑更多的无障碍设计，如斜坡、电梯和有声信号。

健康设施的需求增加：可能会看到更多的医疗和康复中心的建设，以满足老年人的健康需求。

2）城市化

高密度建筑：随着人口向城市地区集中，将需要更多的高层建筑和综合体以满足居住和工作的需求。

公共交通基础设施：城市的拥挤需要高效的公共交通系统，如地铁、有轨电车和公交。

绿色和公共空间：城市居民需要休闲和休息的地方，这促进了公园、绿地和其他公共空间的建设。

3）对行业的影响

多功能设计：新的基础设施将需要多功能和可适应性，以满足不断变化的社会需求。

持续投资：城市化和老龄化需要持续的基础设施投资，从修路到新的公共建筑。

社会参与：设计和决策过程中需要更多地考虑公众的意见，确保项目满足社区的需求。

社会因素正在改变土木工程的需求和优先事项。从城市高楼到乡村医院，土木工程师需要思考如何为不断变化的世界提供稳固、安全和高效的基础设施。

25.2.3　环境挑战：气候变化、天然资源的减少与对土木工程的影响

1. 背景

面对全球范围的环境变革，土木工程领域也面临着前所未有的挑战。从气候变化带来的极端天气到天然资源的减少，这些挑战正在重塑土木工程的基本原则和实践。

2. 主要趋势

1）气候变化

极端天气事件：频繁的洪水、暴风雨、干旱和热浪对建筑和基础设施带来了巨大的压力。

海平面上升：沿海地区的基础设施面临侵蚀和洪水的威胁。

地面沉降：部分地区由于地下水开采过度或其他原因导致地面沉降。

2）天然资源的减少

建筑材料的选择：随着某些资源的减少，需要寻找更可持续的替代材料。

节水技术：在水资源紧缺的地区，土木工程需要考虑如何更有效地利用和回收水资源。

循环经济：推进资源的循环利用，从而减少对新资源的依赖。

3）对行业的影响

创新设计：鼓励开发新技术和策略来对抗和适应环境挑战。

持续性考虑：在项目的设计、施工和维护中加入更多的环境和可持续性元素。

政策和法规：可能会有更多的法规出台，要求行业考虑和缓解这些环境挑战。

资金投入：需要更多的资金用于修复和加固因环境问题而受损的基础设施。

气候变化和天然资源的减少正在为土木工程领域带来复杂的挑战。面对这些挑战，行业需要更加强调创新、合作和适应性，确保基础设施的安全、效率和持久性。

25.3　如何为未来做好准备：技能、心态与方法论

25.3.1　技能培养：不断学习新技术、新方法与持续教育的重要性

1. 背景

随着技术和行业的迅速变化，土木工程师需要确保他们拥有最新的技能和知识，以应对不断变化的挑战和机会。

2. 核心技能

数字技能：了解和利用数字化工具，如建筑信息模型（BIM）、3D 打印和人工智能。

持续学习：对新技术、新材料和新方法持开放态度，不断进行学习和培训。

跨学科合作：与其他专业的专家合作，如生态学家、社会学家或城市规划师。

可持续性与环境意识：了解环境保护、绿色建筑和可持续城市发展的原则。

项目管理和团队协作：确保高效、及时和高质量地完成项目。

3. 持续教育的重要性

保持竞争力：随着行业标准和技术的变化，持续教育确保工程师保持其在行业中的领先地位。

拓宽视野：通过与其他专家的互动和学习，可以获取不同的视角和方法。

职业发展：学习新技能和知识可以为职业晋升和转型提供机会。

为了应对未来的土木工程挑战，工程师们不仅需要培养技术和专业技能，还需要培养一种持续学习和适应变化的心态。通过持续教育、研讨会、工作坊和其他培训机会，他们可以确保自己处于行业的前沿。

25.3.2 心态调整：灵活应对变化、持续创新与批判性思考的培养

1. 背景

在快速变化的现代世界中，只有技能上的培训是不够的。土木工程师需要具备正确的心态和方法，以灵活地应对各种挑战和机会。

2. 核心要点

1）适应性

接受变化：变化是唯一不变的事物。工程师需要乐于接受并适应新的技术、方法和流程。

学习型心态：对新知识和技能始终保持好奇和热情。

2）持续创新

求新求异：不断地寻找更好的方法来完成任务和解决问题。

跨界合作：与不同背景的人合作，获得新的视角和想法。

鼓励失败：从失败中学习，并将其视为创新过程的一个部分。

3）批判性思考

问题解决：不仅要找出问题，还要找出原因并提出解决方案。

分析能力：在决策时，要能够收集、评估和解释信息。

挑战现状：不接受“这就是我们一直做的事情”这样的说法。始终考虑是否有更好的方法。

3. 实践建议

定期参加心态和方法论的培训，如创新思维、批判性思考和跨界合作的研讨会。

与不同领域的专家互动，了解他们是如何看待问题和解决问题的。

常设创新团队或工作组，鼓励团队成员提出新的想法和方法。

在土木工程领域，一个强大的技能集合是必要的，但一个开放、创新和批判性的心态同样重要。工程师们需要培养这样的心态，以确保他们能够在未来的挑战和机会中取得成功。

25.3.3 方法论探讨：大学生创新创业之路——从新手到卓越的土木工程师

1. 背景

随着全球经济和科技的快速发展，土木工程领域对新鲜血液的需求越来越大。大学生们拥有的独特视角、学术背景和对新技术的敏感度使他们成为这一变革的主要驱动力。为了成为卓越的土木工程师，他们不仅需要技术和知识，还需要创新精神和创业能力。

2. 核心要点

1）科技创新

创新教育：大学生应该参与到与创新相关的项目中，通过实践来增强他们的研究和解决问题的能力。

技术驱动：鼓励大学生主动探索 AI、BIM 等新技术，了解其在土木工程中的应用。

2）技术转化

大学与产业合作：大学生通过实习或研究项目与企业合作，确保他们的学术研究能够得到实际应用。

现场实践：鼓励大学生参与实际工程项目，亲身体验技术如何从理论转化为实际应用。

3）创新创业

创业精神：鼓励具有创业想法的大学生，为他们提供创业培训、技术指导和资金支持。

从零到一：让大学生明白，成为卓越的土木工程师不仅是技术上的卓越，更是在项目管理、团队协作和创新思维上的全面发展。

3. 实践建议

为大学生提供与工业界的交流机会，如实习、技术研讨会和实地考察。

建立特定的创业指导项目，帮助他们将技术知识转化为商业价值。

与企业合作，为大学生提供真实的工程挑战，让他们在实践中成长。

大学生正处于他们职业生涯的开始阶段，他们拥有巨大的潜能和独特的视角。鼓励他们创新、创业并投身于土木工程实践，将助力他们从新手成长为未来的卓越工程师，为土木工程领域带来新的活力和变革，在国家经济转型、科技创新、技术转化与创新创业中发挥自己的作用。

参 考 文 献

[1] 吴满琳. 大学生创新创业基础[M]. 北京：高等教育出版社，2020.

[2] 教育部高等学校创新创业教育指导委员会. 创新创业教学案例集[M]. 北京：高等教育出版社，2022.

[3] 陈燕菲，杨华山. 土木工程创新创业理论与实践[M]. 北京：机械工业出版社，2022.

[4] 肖杨. 创新创业基础[M]. 北京：清华大学出版社，2023.

[5] 埃里克・莱斯. 精益创业[M]. 北京：中信出版社，2012.

[6] 比尔・奥莱特. 有序创业 24 步法：创新型创业成功的方法论[M]. 北京：机械工业出版社，2017.

[7] 栾海清，薛晓阳. 大学生创新创业能力培养机制：审视与改进[J]. 中国高等教育，2022(12): 59-61.

[8] 高乐. 创新创业教育对大学生职业生涯意义的研究——评《大学生创新创业教育路径探究》[J]. 中国高校科技. 2022(6).

[9] 马永斌，柏喆. 大学创新创业教育的实践模式研究与探索[J]. 清华大学教育研究，2015, 36(6): 99-103.

[10] 张晓慧. 建筑学院创新创业教育的实践思考[J]. 工业建筑，2022, 52(5): 252-253.

[11] 何延宏，王志伟，高春. 土木工程专业创新创业课程体系的建立与研究[J]. 黑龙江高教研究，2016(10): 160-162.

[12] 赵晓霞，王卫东，蒋琦玮. 新工科视角下土木工程核心能力实践教育体系建设[J]. 高等工程教育研究，2020(1): 31-36.

[13] 黎桉君，汪时机，黎强. 多学科交叉融合的土木工程材料创新实验设计[J]. 实验科学与技术，2022, 20(5): 133-139.

[14] 徐阳，金晓威，李惠. 土木工程智能科学与技术研究现状及展望[J]. 建筑结构学报，2022, 43(9): 23-35.

[15] 张治国，张成平，陈有亮. 基于大学生创新创业教育理念的土木工程专业教材出版研究[J]. 出版广角，2019(4): 86-88.

[16] Loh A P, Law E, Putra A S. Innovation, Design & Entrepreneurship in Engineering Education[J]. Advances in Engineering Education, 2021, 9(1): 1-15.

[17] Carayannis E G. Encyclopedia of Creativity, Invention, Innovation and Entrepreneurship[M]. Springer: 2020.

[18] Machado C, Davim J P. Management and Engineering Innovation[M]. Wiley: 2023.

[19] Shkabatur J, Bar-El R, Schwartz D. Innovation and Entrepreneurship for Sustainable Development: Lessons from Ethiopia[J]. Journal of Cleaner Production, 2022(160): 100599.

[20] Loosemore M, McCallum A. The Situational and Individual Determinants of Entrepreneurship in the Construction Industry[J]. Engineering, construction and Architectural Management, 2022, 29(2): 283-300.

[21] Xu G, Zhang R. Research on the Classroom Teaching Reform Method of Bridge Engineering Based on the Cultivation of Innovation and Entrepreneurship Ability[J]. International Joumal of New Developments in Education, 2023, 5(4): 50-54.

[22] Lenderink B, Halman J. Procurement and Innovation Risk Management in Civil Engineering Projects[J]. Journal of Infrastructure Systems, 2022, 28(1): 100747.

[23] Li B. Construction and Implementation of Innovation and Entrepreneurship Education System in Colleges and Universities in the Internet Era[J]. Sciendo, 2024, 9(1): 1-20.

[24] Lotfi H, Douayri K, Boubker O. Antecedents of Civil Engineering Students' Entrepreneurial Intentions[J]. Journal of Business Research, 2023, 49: 109410.

[25] Mogashoa MM, Selebi O. Innovation Capacity: A Perspective on Innovation Capabilities of Consulting Engineering Firms[J]. The Southern African Journal of Entrepreneurship and Small Business

Management, 2021, 13(1): 1-10.

[26] Bakhary NA, Kamaruding M. Perception and Level of Interest of Civil Engineering Students Towards Technology Entrepreneurship Courses[J]. International Journal of Advanced Research in Education and Society, 2023, 5(1): 298-304.

[27] Vasconcellos E F, Leso B H. Challenges and Opportunities for Social Entrepreneurs in Civil Engineering in Brazil[J]. International journal of Organizational Analysis, 2022, 30(3): 648-662.

[28] Zou F, Li R. Construction of Student Innovation and Entrepreneurship Experience System Integrating K-Means Clustering Algorithm[D]. Expert Systems with Applications, 2022, 189, 116174.

[29] Entika C L, Osman S, Mohammad S. The Prominent Dimensions of Entrepreneurial Skillset for Future Civil Engineering Graduates[J]. IEEE Access.2020, 8: 20420-20429.

[30] Wu B, Ye S. The Influencing Factors of Innovation and Entrepreneurship Intention of College Students Based on AHP[J]. Journal of Entrepreneurship in Emerging Economies, 2022, 14(2): 211-225.

[31] Loosemore M, McCallum A. The Situational and Individual Determinants of Entrepreneurship in the Construction Industry[J]. Engineering, construction and Architectural Management, 2022, 29(2): 283-300.

质检04